河南省普通高等教育“十四五”规划教材

高等院校计算机应用系列教材

离散数学

主　编　薛占熬　张艳娜

副主编　于红斌　张立红

清华大学出版社

北　京

内 容 简 介

离散数学是计算机科学的理论基础，是计算机学科的核心课程，主要包括数理逻辑、集合论、代数结构和图论等四个部分。本书分为7章，分别介绍离散数学的命题逻辑、谓词逻辑、集合、关系、函数、图论和特殊图等的基本概念、基本理论和基本方法，并给出大量例题的讲解和练习的实操，有助于提高读者的概括抽象能力、逻辑思维能力、归纳构造能力和问题分析能力，从而培养读者严谨、完整、规范的科学态度。

本书内容阐述上力求严谨、翔实，论述严格，语言精练，通俗易懂，可以作为普通高等学校计算机类、电子信息类专业“离散数学”课程的教材，也可以供从事相关工作的人员参考。

本书封面贴有清华大学出版社防伪标签，无标签者不得销售。
版权所有，侵权必究。举报：010-62782989，beiqinquan@tup.tsinghua.edu.cn。

图书在版编目(CIP)数据

离散数学 / 薛占熬，张艳娜主编. —北京：清华大学出版社，2024.7
高等院校计算机应用系列教材
ISBN 978-7-302-65158-1

Ⅰ. ①离…　Ⅱ. ①薛…　②张…　Ⅲ. ①离散数学－高等学校－教材　Ⅳ. ①O158

中国国家版本馆 CIP 数据核字(2024)第 003188 号

责任编辑：王　定
版式设计：思创景点
封面设计：周晓亮
责任校对：马遥遥
责任印制：刘海龙

出版发行：清华大学出版社
网　址：https://www.tup.com.cn，https://www.wqxuetang.com
地　址：北京清华大学学研大厦 A 座　　邮　编：100084
社 总 机：010-83470000　　邮　购：010-62786544
投稿与读者服务：010-62776969，c-service@tup.tsinghua.edu.cn
质 量 反 馈：010-62772015，zhiliang@tup.tsinghua.edu.cn

印 装 者：河北盛世彩捷印刷有限公司
经　销：全国新华书店
开　本：185mm×260mm　　印　张：13　　字　数：325 千字
版　次：2024 年 8 月第 1 版　　印　次：2024 年 8 月第 1 次印刷
定　价：59.80 元

产品编号：092649-01

前　言

习近平总书记在党的二十大报告中指出：“教育、科技、人才是全面建设社会主义现代化国家的基础性、战略性支撑。必须坚持科技是第一生产力、人才是第一资源、创新是第一动力，深入实施科教兴国战略、人才强国战略、创新驱动发展战略，开辟发展新领域新赛道，不断塑造发展新动能新优势。”

计算机科学的发展反映了人类科技进步的历程。作为计算机科学理论基础之一的离散数学，以研究离散量的结构和相互间的关系为主要目标，其研究对象一般是有限个或可数个元素，它充分描述计算机离散性的特点，是现代数学的一个重要分支，是计算机类的核心、骨干课程，也是计算机类学生的必修课，可以为计算机专业学生学习后续课程提供重要的、扎实的理论基础。

离散数学主要包含数理逻辑、集合论、代数结构和图论等四部分基础内容，介绍离散数学各个分支的基本概念、基本理论和基本方法，这些概念、理论以及方法大量地应用在数字电路、编译原理、数据结构、操作系统、数据库系统、算法的分析与设计、人工智能、计算机网络等专业课程中，有助于提高学生的概括抽象能力、逻辑思维能力、归纳构造能力和问题分析能力，以及培养学生严谨、完整、规范的科学态度。

借助于河南省普通高等教育“十四五”规划教材建设之机，结合新工科，我们对离散数学课程进行了梳理，并编写出本书。本书具有以下主要特色：

(1) 从数理逻辑出发，将离散数学的主要内容(数理逻辑、集合与关系、图论)有机地整合在一起，数理逻辑贯彻始终，使内容前后呼应，且各部分内容又相对独立。

(2) 强化基本概念和基本性质的论述，在内容阐述中力求深入浅出、循序渐进、突出重点，介绍一系列抽象的概念、定义及定理证明，并每章配备适当数量的习题供读者练习。目的在于培养学生的抽象思维能力和逻辑推理能力，为学生夯实数学基础。

(3) 结合新工科的特点，采用“理论知识”+“算法”+“应用”的模式，增加一些算法和应用，使抽象的理论知识变得浅显易懂，目的在于提高学生自主学习的能力、分析和解决问题的能力，以便分析解决实际问题。

(4) 配备丰富的教学资源，方便教师授课，也便于学生自学。

本书由薛占熬、张艳娜任主编，于红斌、张立红任副主编，此外，参与编写的还有王川、薛天宇等。在编写过程中参阅了大量离散数学的教材与相关资料，得到许多同行的悉心指导和帮助，在此向这些作者和同行表示衷心的感谢。

由于编者水平有限，书中难免存在一些疏漏和不当之处，恳请同行专家与广大读者批评指正。

本书配套有教学课件、教学大纲、教学计划、模拟试卷和习题参考答案，读者可扫描下列二维码下载学习。

教学课件

教学大纲

教学计划

模拟试卷

习题参考答案

编　者

2024 年 5 月于河南师范大学

目　录

第 1 章 命题逻辑

数理逻辑又称符号逻辑。它是数学的一个分支，是用数学方法研究逻辑或形式逻辑的学科。所谓数学方法就是指数学采用的一般方法，包括使用符号和公式、已有的数学成果和方法，特别是使用形式的公理方法来描述和处理思维形式的逻辑结构及其规律，从而把对思维的研究转变为对符号的研究。它是现代计算机技术的基础。新的时代将是数学大发展的时代，而数理逻辑在其中将会起到很关键的作用。

数理逻辑最重要的两个基本组成部分是：命题逻辑和谓词逻辑。

【本章主要内容】

- 命题符合化和联结词
- 命题公式及等价公式
- 重言式和蕴含式
- 其他命题联结词与最小联结词组
- 对偶式与范式
- 命题逻辑的推理理论
- 命题的应用

1.1 命题符号化和联结词

在数理逻辑研究中，推理是重要的问题，而推理的前提和结论都是用能够判断的陈述句表达出来的。因而，称能够判断真假的陈述句为**命题**。能够判断真假的陈述句只有两种情况：正确的判断和错误的判断。因此，判断正确的命题的真值为真，记作“真”(Ture)，用 1 表示；判断错误的命题的真值为假，记作“假”(False)，用 0 表示。所有这些命题都应具有确定的真值。下面给出实例，以说明命题的概念。

【例题 1.1】判断下列语句是否是命题。

(1) 这朵花多好看啊！

(2) 我们要努力学习！

(3) 今天是星期天吗？

(4) 离散数学是计算机科学与技术的重要基础课。

(5) 雪是黑的。

(6) $x+y>0$。

(7) 明年5月1日是晴天。

(8) 我学英语，或者我学离散数学。

(9) 我正在说谎。

解：(1)是感叹句，(2)是祈使句，(3)是疑问句，这3句话都不是陈述句，它们都不是命题。(4)是能够判断的陈述句，它是命题且真值为真。(5)是能够判断的陈述句，是命题，但是它的真值为假。(6)可能成立，也可能不成立，无法判断它的真假，它不是命题。(7)是命题，真值现在不知道，到明年5月1日再判断。(8)是命题，是由两个命题组成的复合命题。(9)不是命题，无法判断它的真假，它是悖论，另当别论，本书不讨论，感兴趣的读者可参阅其他书籍。

从以上分析可知，判断一句话是否是命题分为两步：①判断该句是否陈述句，不是陈述句肯定不是命题；②如果是命题再判断它的真假。

命题有两种类型：若一个命题是一个简单的陈述句，则称为简单命题或原子命题。简单命题或原子命题是不能再分解成其他命题的命题；由若干个原子命题经过联结词复合而成的陈述句，称为复合命题。例如，(8)我学英语，或者我学离散数学。“我学英语”和“我学离散数学”是两个原子命题，通过联结词“或者”复合构成一个命题。又如，如果明天是晴天，那么我去锻炼身体。“明天是晴天”与“我去锻炼身体”是两个原子命题，通过联结词“如果……那么……”复合构成一个复合命题。

在数理逻辑中，通常用大写字母、带有下标的大写字母或[数字]表示命题，如P，Q，A_1，[8]，…用来表示命题，而这些符号也称为命题的标识符。用符号表示命题，称为命题的符号化过程。例如

P：我是一名教师。[8]：她是一名学生。

P和[8]分别表示“我是一名教师”和“她是一名学生”两个命题。

表示命题的符号称为命题标识符，P和[8]就是标识符。

一个命题标识符如表示确定的命题，就称为命题常量(常元)；如果命题标识符只表示任意命题的位置标志，就称为命题变元(变项)。因为命题变元可以表示任意命题，所以它不能确定真值，故命题变元不是命题。当命题变元P用一个特定命题取代时才能确定真值，称对P进行指派，或者称为对P的赋值或解释。

在命题公式中，对各个命题变元的各种可能真值进行赋值，就确定了这个命题公式的各种真值情况，并将其汇列成表，此表称为命题公式的真值表。

在数理逻辑中，复合命题由原子命题与逻辑联结词组合而成，联结词是复合命题中的重要组成部分，为了便于书写和推演，必须对联结词作出明确规定并符号化。下面介绍各个联结词。

1.1.1 否定

定义1.1 设P为一命题，P的否定是一个新的命题，记作$\neg P$。若P为1，$\neg P$为0；若P为0，$\neg P$为1(如表1.1所示)。联结词“$\neg$”表示命题的否定，亦可记为“—”。

表 1.1

P	$\neg P$
0	1
1	0

【例题 1.2】 设 P：小张会开汽车。

$\neg P$：小张不会开汽车。

“否定”的意义仅是修改了命题的内容。

在自然语言中，否定用表示“不”“非”等，它是一个一元运算。

1.1.2 合取

定义 1.2 设 P 和 Q 是两个命题，“P 与 Q”是一个复合命题，称为 P 和 Q 的合取，记作 $P \wedge Q$。当且仅当 P，Q 同时为 1 时，$P \wedge Q$ 为 1；否则，$P \wedge Q$ 的真值都是 0(如表 1.2 所示)。

表 1.2

P	Q	$P \wedge Q$
0	0	0
0	1	0
1	0	0
1	1	1

“∧”是日常语言中“并且”“既……又……”“与”“和”“以及”等联结词的逻辑抽象，但不完全等同，需要根据语义来确定。一般情况下，如果没有联结词，而是由逗号隔开的两个简单陈述句，也采用合取词“∧”。

【例题 1.3】 (1) 设 P：今天下雨；Q：明天下雨。

$P \wedge Q$：今天与明天都下雨。

(2) 设 A：张芳的成绩很好；B：张芳的品德很好。

$A \wedge B$：张芳的成绩很好并且品德很好。

【例题 1.4】 设 P：今天是星期二；Q：302 教室有投影设备。

$P \wedge Q$：今天是星期二且 302 教室有投影设备。

由例 1.4 知，在日常生活中，一般情况合取词应用在两者之间有内在联系，但是数理逻辑中，仅关心复合命题与构成复合命题的各原子命题之间的真值关系，不关心它们之间是否有内在联系，因此，可以把两个毫不相干的命题合取运算在一起。

1.1.3 析取

定义 1.3 设 P 和 Q 是两个命题，“P 或 Q”是一个复合命题，称为 P 和 Q 的析取，记作 $P \vee Q$。当且仅当 P，Q 同时为 0 时，$P \vee Q$ 为 0；否则，$P \vee Q$ 的真值都是 1(如表 1.3 所示)。

表 1.3

P	Q	$P \vee Q$
0	0	0
0	1	1
1	0	1
1	1	1

【例题 1.5】李名 2006 年出生或 2007 年出生。

【例题 1.6】薛芳是 100 米或 400 米赛跑的冠军。

例题 1.5 中的“或”是“排斥或”，例题 1.6 中的“或”是“可兼或”，而析取指的是“可兼或”。还有一些汉语中的“或”字，实际不是命题联结词。

【例题 1.7】他昨天做了二十或三十道习题。

此例子中的“或”只表示做习题的大概数目，不能用联结词“析取”表示，它只是个原子命题。

【例题 1.8】张三或李四都可以做这件事。

此例子中的“或”用联结词“合取”表示。

从析取的定义可知，联结词∨与汉语中的“或”的意义也不全相同，因为汉语中的“或”可表示“排斥或”，也可表示“可兼或”，或者其他意义，所以，在符号化时，一定要根据语义进行。注意，析取指的是“可兼或”。

1.1.4 条件

定义 1.4 设 P 和 Q 是两个命题，其条件命题是一个复合命题，记作 $P \to Q$，读作“如果 P，那么 Q”或“若 P，则 Q”。当且仅当 P 的真值为 1，Q 的真值为 0 时，$P \to Q$ 的真值为 0，否则 $P \to Q$ 的真值为 1(如表 1.4 所示)。我们称 P 为前件(前提)，Q 为后件(结论)。

表 1.4

P	Q	$P \to Q$
0	0	1
0	1	1
1	0	0
1	1	1

【例题 1.9】(1) 如果天气好，那么我去接你。

(2) 如果小明来了，那么 2+2=4。

(3) 如果雪是黑的，那么太阳从西方出来。

例题 1.9 中的三个命题都可以用条件命题 $P \to Q$ 表示。

在自然语言中，“如果……”与“那么……”之间常常是有因果联系的，否则就没有意义，但对条件命题 $P \to Q$ 来说，只要 P，Q 能够分别确定命题，$P \to Q$ 即成为命题。此外，自然语言中，“如果……，那么”这样的语句，当前提为假时，结论不管真假，这个语句的意义往往无法判断。而在条件命题中，前件为假时，不管后件真或假，它的真值都为真，这是“善意的推定”。

也有些逻辑学的书中，条件命题 $P\rightarrow Q$ 亦可叫作 P 蕴含 Q，$\rightarrow$ 叫“蕴含联结词”，本书“蕴含”概念有另外定义。

1.1.5　双条件

定义 1.5　设 P 和 Q 是两个命题，其复合命题 $P\leftrightarrow Q$ 称作双条件命题，读作“P 当且仅当 Q”。当 P 和 Q 的真值相同时，$P\leftrightarrow Q$ 的真值为 1，否则 $P\leftrightarrow Q$ 的真值为 0，如表 1.5 所示。

表 1.5

P	Q	$P\leftrightarrow Q$
0	0	1
0	1	0
1	0	0
1	1	1

【例题 1.10】 (1) $\triangle ABC$ 是直角三角形当且仅当 $\triangle ABC$ 中有一个角为 90°。

(2) 中国的首都在北京当且仅当 4+5=9。

(3) 燕子飞回南方，春天来了。

例题 1.10 中的三个命题都可用双条件命题 $P\leftrightarrow Q$ 表示。与条件联结词一样，对双条件命题也可以不顾其内在联系，而只根据联结词定义确定真值。

双条件联结词亦可记作“$\rightleftarrows$”或 iff。它亦是二元运算。

到此为止介绍了 5 个联结词：$\neg$、$\wedge$、$\vee$、$\rightarrow$、$\leftrightarrow$，同时说明了 5 个联结词在符号化时的注意事项，我们要根据自然语言的真实含义进行符号化。$\neg$ 是一元运算，其他 4 个联结词都是二元运算。

习题 1-1

1. 说明下列语句哪些是命题，哪些不是。如果是命题，给出它的真值。

(1) 离散数学是计算机科学、人工智能专业的重要基础课。

(2) 5 月 1 日我想去旅游。

(3) 今天你有空吗？

(4) 请勿随地吐痰！

(5) 这个公园多好看啊！

(6) 我们要努力学习。

(7) 不存在最大质数。

(8) 如果我掌握了英语、法语，那么学习其他欧洲语言就容易得多。

(9) $9+2\leqslant 10$

(10) $x=5$

2. 将下列命题符号化。

(1) 李明既聪明又用功。

(2) 张非虽聪明但不用功。

(3) 今天天气很好或很热。

(4) 除非你努力，否则你将失败。

(5) 如果 a 和 b 是奇数，那么 $a+b$ 是偶数。

(6) 四边形 $ABCD$ 是平行四边形，当且仅当它的对边平行。

(7) 停机的原因在于语法错误或程序错误。

(8) 刘英与李进是同学。

(9) 老王或小李都能完成这个任务。

(10) 假如上午不下雨，我去看电影，否则就在家里读书或看报。

(11) 我今天进城，除非下雨。

(12) 仅当你走我将留下。

1.2 命题公式及等价公式

1.2.1 命题公式的概念

上一节讨论了命题、命题联结词及命题符号化。本节主要讨论命题公式及等价公式。

定义 1.6 命题演算的合式公式(wff)，规定为：

(1) 单个命题变元本身是一个合式公式。

(2) 如果 A 是合式公式，那么 $\neg A$ 是合式公式。

(3) 如果 A 和 B 是合式公式，那么 $(A\wedge B)$，$(A\vee B)$，$(A\rightarrow B)$ 和 $(A\leftrightarrow B)$ 都是合式公式。

(4) 当且仅当能够有限次地应用(1)(2)(3)所得到的包含命题变元、联结词和括号的符号串是合式公式。

定义 1.6 是以递归形式给出的，其中(1)称为基础，(2)(3)称为归纳，(4)称为界限。

根据定义 1.6，$\neg(P\vee\neg Q)$，$\neg(P\wedge Q)$，$(((P\rightarrow Q)\wedge(Q\rightarrow R))\leftrightarrow(S\leftrightarrow T))$ 都是合式公式，而 $P\rightarrow(\wedge Q)$，$P\rightarrow QR$，$(P\wedge Q)\rightarrow Q)$ 等都不是合式公式。

为了减少使用圆括号的数量，约定最外层圆括号可以省略。

如果规定了联结词运算的优先次序为 $\neg$，$\wedge$，$\vee$，$\rightarrow$，$\leftrightarrow$，则 $P\wedge Q\rightarrow R$ 也是合式公式。

注意：命题公式是没有真值的，仅当在一个公式中命题变元用确定的命题代换时，得到一个命题。这个命题的真值依赖于代换变元的那些命题的真值。

并不是由命题变元、联结词和一些括号组成的字符串都能成为命题公式。需要根据定义 1.6 判断是否命题公式。

定义 1.7 设 A 和 B 为两个命题公式，且 P_1，P_2，…，P_n 是所有出现于 A 和 B 中的分量，若给 P_1，P_2，…，P_n 任一组真值赋值，A 和 B 的真值都相同，则称 A 和 B 是等价的，或者逻辑相等。记作 $A\Leftrightarrow B$。

【例题 1.11】 证明 $P\leftrightarrow Q\Leftrightarrow(P\rightarrow Q)\wedge(Q\rightarrow P)$。

证明：根据题设，列出真值表，如表 1.6 所示。

表 1.6

P	Q	$P \to Q$	$Q \to P$	$P \leftrightarrow Q$	$(P \to Q) \wedge (Q \to P)$
0	0	1	1	1	1
0	1	1	0	0	0
1	0	0	1	0	0
1	1	1	1	1	1

由表 1.6 可知，最后两列对应的真值相同，故 $P \leftrightarrow Q \Leftrightarrow (P \to Q) \wedge (Q \to P)$。

1.2.2　命题定律

列出的命题定律都可以用真值表予以验证，如表 1.7 所示。

表 1.7

对合律	$\neg\neg P \Leftrightarrow P$
幂等律	$P \vee P \Leftrightarrow P$，$P \wedge P \Leftrightarrow P$
结合律	$(P \vee Q) \vee R \Leftrightarrow P \vee (Q \vee R)$，$(P \wedge Q) \wedge R \Leftrightarrow P \wedge (Q \wedge R)$
交换律	$P \vee Q \Leftrightarrow Q \vee P$，$P \wedge Q \Leftrightarrow Q \wedge P$
分配律	$P \vee (Q \wedge R) \Leftrightarrow (P \vee Q) \wedge (P \vee R)$，$P \wedge (Q \vee R) \Leftrightarrow (P \wedge Q) \vee (P \wedge R)$
吸收律	$P \vee (P \wedge Q) \Leftrightarrow P$，$P \wedge (P \vee Q) \Leftrightarrow P$
De Morgan 律	$\neg(P \vee Q) \Leftrightarrow \neg P \wedge \neg Q$，$\neg(P \wedge Q) \Leftrightarrow \neg P \vee \neg Q$
同一律	$P \vee 0 \Leftrightarrow P$，$P \wedge 1 \Leftrightarrow P$
零律	$P \vee 1 \Leftrightarrow 1$，$P \wedge 0 \Leftrightarrow 0$
否定律	$P \vee \neg P \Leftrightarrow 1$，$P \wedge \neg P \Leftrightarrow 0$

【例题 1.12】证明德・摩根(De Morgan)律：$\neg(P \wedge Q) \Leftrightarrow \neg P \vee \neg Q$，$\neg(P \vee Q) \Leftrightarrow \neg P \wedge \neg Q$。

证明：根据 De Morgan 律列出真值表，如表 1.8 所示。

表 1.8

P	Q	$\neg P$	$\neg Q$	$P \wedge Q$	$\neg(P \wedge Q)$	$\neg P \vee \neg Q$
0	0	1	1	0	1	1
0	1	1	0	0	1	1
1	0	0	1	0	1	1
1	1	0	0	1	0	0

在表 1.8 中，第 6 列与第 7 列对应的真值完成相同，故 $\neg(P \wedge Q) \Leftrightarrow \neg P \vee \neg Q$，同理可证，$\neg(P \vee Q) \Leftrightarrow \neg P \wedge \neg Q$。

类似例题 1.12 的证明方法，可以证明表 1.7 中其他公式成立。

【例题 1.13】证明吸收律：$P \vee (P \wedge Q) \Leftrightarrow P$，$P \wedge (P \vee Q) \Leftrightarrow P$。

证明：列出真值表，如表1.9所示。

表1.9

P	Q	$P\wedge Q$	$P\vee(P\wedge Q)$	$P\vee Q$	$P\wedge(P\vee Q)$
0	0	0	0	0	0
0	1	0	0	1	0
1	0	0	1	1	1
1	1	1	1	1	1

表1.9中，第1列与第4列、第6列对应的真值完成相同，故$P\vee(P\wedge Q)\Leftrightarrow P$，$P\wedge(P\vee Q)\Leftrightarrow P$。

【例题1.14】 证明$((P\wedge Q)\vee(\neg P\wedge\neg Q))\Leftrightarrow(P\leftrightarrow Q)$。

证明：列出真值表，如表1.10所示。

表1.10

P	Q	$\neg P$	$\neg Q$	$P\wedge Q$	$\neg P\wedge\neg Q$	$P\leftrightarrow Q$	$(P\wedge Q)\vee(\neg P\wedge\neg Q)$
0	0	1	1	0	1	1	1
0	1	1	0	0	0	0	0
1	0	0	1	0	0	0	0
1	1	0	0	1	0	1	1

表1.10中，第7列与第8列对应的真值完成相同，故$((P\wedge Q)\vee(\neg P\wedge\neg Q))\Leftrightarrow(P\leftrightarrow Q)$。

根据条件和双条件的定义，用真值可以证明如下性质：

(1) $P\rightarrow Q\Leftrightarrow\neg P\vee Q$，

(2) $P\rightarrow Q\Leftrightarrow\neg Q\rightarrow\neg P$，

(3) $\mathrm{P}\leftrightarrow\mathrm{Q}\Leftrightarrow\mathrm{Q}\leftrightarrow\mathrm{P}$，

(4) $(\mathrm{P}\leftrightarrow\mathrm{Q})\leftrightarrow\mathrm{R}\Leftrightarrow\mathrm{P}\leftrightarrow(\mathrm{Q}\leftrightarrow\mathrm{R})$，

(5) $\mathrm{P}\leftrightarrow\mathrm{Q}\Leftrightarrow(\mathrm{P}\rightarrow\mathrm{Q})\wedge(\mathrm{Q}\rightarrow\mathrm{P})$，

(6) $P\leftrightarrow Q\Leftrightarrow(\neg P\vee Q)\wedge(\neg Q\vee P)\Leftrightarrow(P\wedge Q)\vee(\neg P\wedge\neg Q)$。

用真值表证明两个命题公式等价，证明步骤如下：

(1) 在命题公式中找出所有的分量(命题变元)，对分量所有可能进行赋值。

(2) 在真值表中按照联结词运算的顺序从低到高写出各层次命题公式的真值。

(3) 对应每个赋值，计算命题公式各层次的值，直到最后计算出整个命题公式的真值。

1.2.3 等价置换

定义1.8 如果X是合式公式A的一部分，且X本身也是一个合式公式，则称X为公式A的子公式。

定理1.1 设X是合式公式A的子公式，若$X\Leftrightarrow Y$，如果将A中的X用Y来置换，所得到的公式B与公式A等价，即$A\Leftrightarrow B$。

证明：因为在相应变元的任一种指派情况下，X与Y的真值相同，故以Y取代X后，公式

B 与公式 A 在相应的指派情况下，其真值亦必相同，故 $A \Leftrightarrow B$。

满足定理 1.1 条件的置换称为等价置换(等价代换)。

一个命题公式 A 可以进行多次等价置换，所得到的新公式与原公式等价。注意要用同一个子公式替换公式中同一个原子变元，或者用同一个子公式替换另外一个相同的子公式。

【例题 1.15】 证明 $(A \vee B) \to C \Leftrightarrow (A \to C) \wedge (B \to C)$。

证明：$(A \vee B) \to C \Leftrightarrow \neg(A \vee B) \vee C \Leftrightarrow (\neg A \wedge \neg B) \vee C$

$$\Leftrightarrow (\neg A \vee C) \wedge (\neg B \vee C) \Leftrightarrow (A \to C) \wedge (B \to C)$$

【例题 1.16】 证明 $P \to (Q \to R) \Leftrightarrow Q \to (P \to R) \Leftrightarrow \neg R \to (Q \to \neg P)$。

证明：$P \to (Q \to R) \Leftrightarrow \neg P \vee (\neg Q \vee R) \Leftrightarrow \neg Q \vee (\neg P \vee R) \Leftrightarrow Q \to (P \to R)$

又

$$P \to (Q \to R) \Leftrightarrow \neg P \vee (\neg Q \vee R) \Leftrightarrow R \vee (\neg Q \vee \neg P) \Leftrightarrow \neg R \to (Q \to \neg P)$$

【例题 1.17】 证明 $P \leftrightarrow Q \Leftrightarrow (P \to Q) \wedge (Q \to P)$。

证明：

$$\begin{aligned}
& (P \to Q) \wedge (Q \to P) \\
\Leftrightarrow\ & (\neg P \vee Q) \wedge (\neg Q \vee P) \\
\Leftrightarrow\ & (\neg P \wedge (\neg Q \vee P)) \vee (Q \wedge (\neg Q \vee P)) \\
\Leftrightarrow\ & (\neg P \wedge \neg Q) \vee (\neg P \wedge P) \vee (Q \wedge \neg Q) \vee (Q \wedge P) \\
\Leftrightarrow\ & (\neg P \wedge \neg Q) \vee 0 \vee 0 \vee (Q \wedge P) \\
\Leftrightarrow\ & (\neg P \wedge \neg Q) \vee (Q \wedge P) \\
\Leftrightarrow\ & P \leftrightarrow Q
\end{aligned}$$

1.2.4　基本等价命题公式

现将常用的基本等价命题公式汇总成表，如表 1.11 所示。

表 1.11

E_1	$\neg\neg P \Leftrightarrow P$
E_2	$P \wedge Q \Leftrightarrow Q \wedge P$
E_3	$P \vee Q \Leftrightarrow Q \vee P$
E_4	$(P \wedge Q) \wedge R \Leftrightarrow P \wedge (Q \wedge R)$
E_5	$(P \vee Q) \vee R \Leftrightarrow P \vee (Q \vee R)$
E_6	$P \wedge (Q \vee R) \Leftrightarrow (P \wedge Q) \vee (P \wedge R)$
E_7	$P \vee (Q \wedge R) \Leftrightarrow (P \vee Q) \wedge (P \vee R)$
E_8	$\neg(P \wedge Q) \Leftrightarrow \neg P \vee \neg Q$
E_9	$\neg(P \vee Q) \Leftrightarrow \neg P \wedge \neg Q$
E_{10}	$P \vee P \Leftrightarrow P$
E_{11}	$P \wedge P \Leftrightarrow P$
E_{12}	$R \vee (P \wedge \neg P) \Leftrightarrow R$
E_{13}	$R \wedge (P \vee \neg P) \Leftrightarrow R$
E_{14}	$R \vee (P \vee \neg P) \Leftrightarrow 1$

(续表)

E_{15}	$R\wedge(P\wedge\neg P)\Leftrightarrow 0$
E_{16}	$P\to Q\Leftrightarrow \neg P\vee Q$
E_{17}	$\neg(P\to Q)\Leftrightarrow P\wedge\neg Q$
E_{18}	$P\to Q\Leftrightarrow \neg Q\to\neg P$
E_{19}	$P\to(Q\to R)\Leftrightarrow (P\wedge Q)\to R$
E_{20}	$P\leftrightarrow Q\Leftrightarrow (P\to Q)\wedge(Q\to P)$
E_{21}	$P\leftrightarrow Q\Leftrightarrow (P\wedge Q)\vee(\neg P\wedge\neg Q)$
E_{22}	$\neg(P\leftrightarrow Q)\Leftrightarrow P\leftrightarrow\neg Q$

由表 1.7 中的定律、上面例题和表 1.11 给出的一些基本等价命题公式，能推演出更复杂的命题公式。由已知的等价式推出另一些等值式的过程称为**等值演算**，在演算过程中要使用置换规则和等价代换。

习题 1-2

1. 判别下列公式哪些是合式公式，哪些不是。

(1) $(P\leftrightarrow(R\to S))$

(2) $(Q\to R\wedge S)$

(3) $(RS\to Q)$

(4) $((\neg P\to Q)\to(Q\to P))$

(5) $((P\to(Q\to R))\to((P\to Q)\to(P\to R)))$

2. 对下列各式用指定的公式进行替换。

(1) $(Q\to((P\to P)\to Q))$，用 P 替换 Q，用 Q 替换$(P\to P)$。

(2) $(((A\to B)\to B)\to A)$，用$(A\to C)$替换 A，用$((B\wedge C)\to A)$替换 B。

(3) $((A\to B)\vee(B\to A))$，用 B 替换 A。

3. 设 P：天下雪；Q：我将去图书馆；R：我有时间。以符号形式写出下列命题。

(1) 如果天不下雪和我有时间，那么我将去图书馆。

(2) 我将去图书馆，仅当我有时间。

(3) 天下雪，那么我不去图书馆。

4. 用 P，Q，R 等表示原子命题，然后将下列句子符号化。

(1) 李名不能既考试离散数学，又考试英语。

(2) 如果张三和李四都不去，那么王五就去。

(3) 如果你来了，那么他唱不唱歌将看你是否伴奏而定。

5. 求下列命题公式的真值表。

(1) $(A\vee C)\wedge(A\to B)$

(2) $(P\vee Q)\leftrightarrow(Q\vee P)$

(3) $(A\to(B\to C))\to((A\to B)\to(A\to C))$

6. 证明下列等价式。

(1) $\neg(P\rightarrow Q)\Leftrightarrow P\wedge\neg Q$

(2) $\neg(P\leftrightarrow Q)\Leftrightarrow(P\vee Q)\wedge\neg(P\wedge Q)$

(3) $P\rightarrow(Q\rightarrow P)\Leftrightarrow\neg P\rightarrow(P\rightarrow\neg Q)$

(4) $\neg(P\leftrightarrow Q)\Leftrightarrow(P\wedge\neg Q)\vee(\neg P\wedge Q)$

(5) $(P\rightarrow R)\wedge(Q\rightarrow R)\Leftrightarrow(P\vee Q)\rightarrow R$

(6) $((A\wedge B)\rightarrow C)\wedge(B\rightarrow(D\vee C))\Leftrightarrow(B\wedge(D\rightarrow A))\rightarrow C$

7. 如果 $\mathrm{P}\vee\mathrm{R}\Leftrightarrow\mathrm{Q}\vee\mathrm{R}$，是否有 $\mathrm{P}\Leftrightarrow\mathrm{Q}$？如果 $\mathrm{P}\wedge\mathrm{R}\Leftrightarrow\mathrm{Q}\wedge\mathrm{R}$，是否有 $\mathrm{P}\Leftrightarrow\mathrm{Q}$？如果 $\neg\mathrm{P}\rightleftarrows\neg\mathrm{Q}$，是否有 $\mathrm{P}\Leftrightarrow\mathrm{Q}$？

1.3 重言式和蕴含式

从上节真值表和命题的等价公式推证中可知，有些命题公式，无论对分量作何种指派，其对应的真值都为 1 或都为 0，这两类特殊的命题公式在命题演算中有重要作用。

1.3.1 重言式

定义 1.9 给定 A 命题公式，若无论对 A 分量作怎样的指派，其对应的真值永为 1，则称该命题公式 A 为重言式或永真公式。

定义 1.10 给定命题公式 A，若无论对 A 分量作怎样的指派，其对应的真值永为 0，则称该命题公式 A 为矛盾式或永假公式。

【例题 1.18】 $(P\wedge Q)\wedge\neg P$ 是矛盾式，构造真值表进行证明，如表 1.12 所示。

表 1.12

P	Q	$P\wedge Q$	$\neg P$	$(P\wedge Q)\wedge\neg P$
0	0	0	1	0
0	1	0	1	0
1	0	0	0	0
1	1	1	0	0

【例题 1.19】 $\neg(P\wedge Q)\leftrightarrow(\neg P\vee\neg Q)$是重言式，构造真值表进行证明，如表 1.13 所示。

表 1.13

P	Q	$P\wedge Q$	$\neg(P\wedge Q)$	$\neg P$	$\neg Q$	$\neg P\vee\neg Q$	$\neg(P\wedge Q)\leftrightarrow(\neg P\vee\neg Q)$
0	0	0	1	1	1	1	1
0	1	0	1	1	0	1	1
1	0	0	1	0	1	1	1
1	1	1	0	0	0	0	1

定理 1.2 任何两个重言式的合取或析取仍然是一个重言式。

证明：设 A 和 B 为两个重言式，则不论 A 和 B 的分量指派任何真值，总有 A 为 1，B 为 1，

故 $A\wedge B\Leftrightarrow 1$，$A\vee B\Leftrightarrow 1$。

定理 1.3 一个重言式，对同一分量都用任何合式公式置换，其结果仍为一重言式。

证明：由于重言式的真值与分量的指派无关，故对同一分量以任何合式公式置换后，重言式的真值仍永为 1。

同理，矛盾式也有类似于定理 1.2 和定理 1.3 的结果。

定理 1.4 任何两个矛盾式的合取或析取仍然是一个矛盾式。

定理 1.5 一个矛盾式，对同一分量都用任何合式公式置换，其结果仍为一矛盾式。

定理 1.6 设 A，B 为两个命题公式，$A\Leftrightarrow B$ 当且仅当 $A\leftrightarrow B$ 为一个重言式。

证明：若 $A\Leftrightarrow B$，则 A、B 有相同真值，即 $A\leftrightarrow B$ 永为 1。

若 $A\leftrightarrow B$ 为重言式，则 $A\leftrightarrow B$ 永为 1，故 A、B 的真值相同，即 $A\Leftrightarrow B$。

【例题 1.20】 证明 $\neg(P\wedge Q)\Leftrightarrow(\neg P\vee\neg Q)$。

证明：由表 1.13 可知，$\neg(P\wedge Q)\leftrightarrow(\neg P\vee\neg Q)$ 为重言式，根据定理 1.6 得

$$\neg(P\wedge Q)\Leftrightarrow(\neg P\vee\neg Q)$$

1.3.2 蕴含式

定义 1.11 当且仅当 $P\rightarrow Q$ 是一个重言式时，我们称“P 蕴含 Q”，并记作 $P\Rightarrow Q$。

表 1.14

P	Q	$\neg P$	$\neg Q$	$P\rightarrow Q$	$\neg Q\rightarrow\neg P$	$Q\rightarrow P$	$\neg P\rightarrow\neg Q$
0	0	1	1	1	1	1	1
0	1	1	0	1	1	0	0
1	0	0	1	0	0	1	1
1	1	0	0	1	1	1	1

从表 1.14 可以看出 $(P\rightarrow Q)\Leftrightarrow(\neg Q\rightarrow\neg P)$，$(Q\rightarrow P)\Leftrightarrow(\neg P\rightarrow\neg Q)$。

如表 1.14 所示，$P\rightarrow Q$ 不是对称的，即 $P\rightarrow Q$ 与 $Q\rightarrow P$ 不等价。对 $P\rightarrow Q$ 来说，$Q\rightarrow P$ 称作它的逆换式，$\neg P\rightarrow\neg Q$ 称作它的反换式，$\neg Q\rightarrow\neg P$ 称作它的逆反式。

要证 $P\Rightarrow Q$，只需对条件命题 $P\rightarrow Q$ 的前件 P 指定真值为 1，若由此推出 Q 的真值也为 1，则 $P\rightarrow Q$ 是重言式，即 $P\Rightarrow Q$ 成立；同理，对于 $\neg Q\rightarrow\neg P$ 来说，假定 Q 的真值取 0，若由此推出 P 的真值为 0，即推证了 $\neg Q\Rightarrow\neg P$。因为 $(\neg Q\rightarrow\neg P)\Leftrightarrow(P\rightarrow Q)$，等同于对条件命题 $P\rightarrow Q$，假定后件 Q 的真值取 0，若由此推出前件 P 的真值也为 0，即推证了 $\neg Q\Rightarrow\neg P$，因此 $P\Rightarrow Q$ 成立。

【例题 1.21】 证明 $\neg Q\wedge(P\rightarrow Q)\Rightarrow\neg P$。

证法 1：假定 $\neg Q\wedge(P\rightarrow Q)$ 为 1，则 $\neg Q$ 为 1，且 $(P\rightarrow Q)$ 为 1。由 Q 为 0，$P\rightarrow Q$ 为 1，可知 P 必为 0，$\neg P$ 故为 1。

证法 2：假定 $\neg P$ 为 0，则 P 为 1。

① 若 Q 为 0，则 $P\rightarrow Q$ 为 0，$\neg Q\wedge(P\rightarrow Q)$ 为 0。

② 若 Q 为 1，则 $\neg Q$ 为 0，$\neg Q\wedge(P\rightarrow Q)$ 为 0。

故 $\neg Q\wedge(P\rightarrow Q)\Rightarrow\neg P$。

表 1.15 所列各蕴含式都可采用上述推理方法证明。

表 1.15

I_1	$P \wedge Q \Rightarrow P$
I_2	$P \wedge Q \Rightarrow Q$
I_3	$P \Rightarrow P \vee Q$
I_4	$Q \Rightarrow P \vee Q$
I_5	$\neg P \Rightarrow P \rightarrow Q$
I_6	$Q \Rightarrow P \rightarrow Q$
I_7	$\neg(P \rightarrow Q) \Rightarrow P$
I_8	$\neg(P \rightarrow Q) \Rightarrow \neg Q$
I_9	$P，Q \Rightarrow P \wedge Q$
I_{10}	$\neg P，P \vee Q \Rightarrow Q$
I_{11}	$P \wedge (P \rightarrow Q) \Rightarrow Q$
I_{12}	$\neg Q \wedge (P \rightarrow Q) \Rightarrow \neg P$
I_{13}	$(P \rightarrow Q) \wedge (Q \rightarrow R) \Rightarrow P \rightarrow R$
I_{14}	$(P \vee Q) \wedge (P \rightarrow R) \wedge (Q \rightarrow R) \Rightarrow R$
I_{15}	$(P \rightarrow Q) \wedge (R \rightarrow S) \Rightarrow (P \wedge R) \rightarrow (Q \wedge S)$
I_{16}	$(P \leftrightarrow Q) \wedge (Q \leftrightarrow R) \Rightarrow (P \leftrightarrow R)$
I_{17}	$A \rightarrow B \Rightarrow (A \vee C) \rightarrow (B \vee C)$
I_{18}	$A \rightarrow B \Rightarrow (A \wedge C) \rightarrow (B \wedge C)$

1.3.3　蕴含的性质

像联结词中$\leftrightarrow$和$\rightarrow$的关系那样，等价式与蕴含式之间也存在联系，具体如下：

定理 1.7　设 P，Q 为任意两个命题公式，$P \Leftrightarrow Q$ 的充要条件是 $P \Rightarrow Q$ 且 $Q \Rightarrow P$。

证明：若 $P \Leftrightarrow Q$，则 $P \leftrightarrow Q$ 为重言式，因为 $P \leftrightarrow Q \Leftrightarrow (P \rightarrow Q) \wedge (Q \rightarrow P)$，故 $P \rightarrow Q$ 为 1 且 $Q \rightarrow P$ 为 1，即 $P \Rightarrow Q$，$Q \Rightarrow P$ 成立。反之，若 $P \Rightarrow Q$ 且 $Q \Rightarrow P$，则 $P \rightarrow Q$ 为 1 且 $Q \rightarrow P$ 为 1，因此 $P \leftrightarrow Q$ 为 1，$P \leftrightarrow Q$ 为重言式，即 $P \Leftrightarrow Q$。

常用的蕴含性质如下：

性质 1.1　设 P，Q，R 为合式公式，则蕴含具有如下性质：

(1) 若 $P \Rightarrow Q$ 且 P 是重言式，则 Q 必是重言式。

(2) 若 $P \Rightarrow Q$，$Q \Rightarrow R$，则 $P \Rightarrow R$，即传递性。

(3) 若 $P \Rightarrow Q$，且 $P \Rightarrow R$，则 $P \Rightarrow (Q \wedge R)$。

(4) 若 $P \Rightarrow R$ 且 $Q \Rightarrow R$，则 $P \vee Q \Rightarrow R$。

证明：(1) 根据蕴含定义，$P \rightarrow Q$ 永为 1，所以，当 P 为 1 时，Q 必永为 1，即 Q 必是重言式。

(2) 由题设 $P \Rightarrow Q$，$Q \Rightarrow R$ 知，$P \rightarrow Q$，$Q \rightarrow R$ 都为重言式。所以，$(P \rightarrow Q) \wedge (Q \rightarrow R)$为重言式。由表 1.15 的($I_{13}$)式可知，$(P \rightarrow Q) \wedge (Q \rightarrow R) \Rightarrow P \rightarrow R$，故，$P \rightarrow R$ 为重言式，即 $P \Rightarrow R$。

(3) 由假设 $P \rightarrow Q$，$P \rightarrow R$ 为重言式，设 P 为 1，则 Q、R 为 1，所以 $Q \wedge R$ 为 1。因此，

$P \to (Q \wedge R)$为 1。

若 P 为 0，则 $Q \wedge R$ 不论有怎样的真值，$P \to (Q \wedge R)$为 1。

故 $P \Rightarrow (Q \wedge R)$。

(4) 因为 $P \Rightarrow R$ 且 $Q \Rightarrow R$，即 $P \to R$ 为 1，$Q \to R$ 为 1，所以$(\neg P \vee R) \wedge (\neg Q \vee R)$为 1。即$(\neg P \wedge \neg Q) \vee R$ 为 1，则$(P \vee Q) \to R$ 为 1。故 $P \vee Q \Rightarrow R$。

习题 1-3

1. 证明下列命题公式是重言式。

(1) $\neg P \to (P \to Q)$

(2) $((P \to Q) \wedge (Q \to R)) \to (P \to R)$

(3) $((P \vee Q) \wedge \neg(\neg P \wedge (\neg Q \vee \neg R))) \vee (\neg P \wedge \neg Q) \vee (\neg P \wedge \neg R)$

2. 证明下列命题公式是矛盾式。

(1) $((P \wedge (P \to Q)) \to Q) \wedge 0$

(2) $(\neg P \wedge P) \vee 0$

(3) $(P \wedge (Q \vee R)) \wedge (\neg P \wedge \neg Q) \vee (\neg P \wedge \neg R)$

(4) $(P \vee Q) \wedge (\neg Q \vee R) \wedge (\neg P \vee Q) \wedge \neg R$

3. 不用真值法来证明下列蕴含式。

(1) $\neg(P \wedge Q) \Rightarrow \neg A \vee \neg Q$

(2) $P \Rightarrow \neg P \to Q$

(3) $(P \to Q) \to Q \Rightarrow P \vee Q$

(4) $(P \to Q) \Rightarrow P \to (P \wedge Q)$

(5) $\neg P \wedge Q \wedge R \to \Rightarrow R$

(6) $R \Rightarrow P \vee Q \vee \neg Q$

(7) $(Q \to (P \wedge \neg P)) \to (R \to (R \to (P \wedge \neg P))) \Rightarrow P \to Q$

4. 先将自然语言符号化，然后推演它成立。

如果张明学习，那么张明的离散数学不会不及格。

如果张明不热衷于玩游戏，那么张明将学习。

但张明的离散数学不及格。

因此，张明热衷于玩游戏。

5. 先将自然语言符号化，然后推演它成立。

如果 28 是偶数，则 2+3 等于 5。

或 29 不是素数，或 2+3 不等于 5。但 29 是素数。

所以，28 是奇数。

1.4 其他联结词与最小联结词组

1.1 节中介绍了 5 个联结词，但这些联结词还不能完全表达命题间的联系，为此再定义 4

个命题联结词。

1.4.1　其他联结词

定义 1.12 设 P 和 Q 是两个命题公式，复合命题 $P \overline{\vee} Q$ 称作 P 和 Q 的不可兼析取。当且仅当 P 与 Q 的真值不相同时，$P \overline{\vee} Q$ 的真值为 1，否则 $P \overline{\vee} Q$ 的真值为 0，如表 1.16 所示。

表 1.16

P	Q	$P \overline{\vee} Q$
0	0	0
0	1	1
1	0	1
1	1	0

显然，$(P \overline{\vee} Q) \Leftrightarrow \neg(P \leftrightarrow Q)$。

定理 1.8 设 P, Q, R 为命题公式。如果 $P \overline{\vee} Q \Leftrightarrow R$，则 $P \overline{\vee} R \Leftrightarrow Q, Q \overline{\vee} R \Leftrightarrow P$，且 $P \overline{\vee} Q \overline{\vee} R$ 为一矛盾式。

证明：如果 $P \overline{\vee} Q \Leftrightarrow R$，则

$$P \overline{\vee} R \Leftrightarrow P \overline{\vee} P \overline{\vee} Q \Leftrightarrow 0 \overline{\vee} Q \Leftrightarrow Q$$

$$Q \overline{\vee} R \Leftrightarrow Q \overline{\vee} P \overline{\vee} Q \Leftrightarrow 0 \overline{\vee} P \Leftrightarrow P$$

$$P \overline{\vee} Q \overline{\vee} R \Leftrightarrow R \overline{\vee} R \Leftrightarrow 0$$

定义 1.13 设 P 和 Q 是两个命题公式，复合命题 $P \overset{c}{\rightarrow} Q$ 称作命题 P 和 Q 的条件否定，当且仅当 P 的真值为 1，Q 的真值为 0，$P \overset{c}{\rightarrow} Q$ 的真值为 1，否则 $P \overset{c}{\rightarrow} Q$ 的真值为 0，如表 1.17 所示。

表 1.17

P	Q	$P \overset{c}{\rightarrow} Q$
0	0	0
0	1	0
1	0	1
1	1	0

显然，$P \overset{c}{\rightarrow} Q \Leftrightarrow \neg(P \rightarrow Q)$。

定义 1.14 设 P 和 Q 是两个命题公式，复合命题 $P \uparrow Q$ 称作 P 和 Q 的与非。当且仅当 P 和 Q 的真值都是 1 时，$P \uparrow Q$ 为 0，否则 $P \uparrow Q$ 的真值都为 1。

联结词"↑"的定义如表 1.18 所示。

表 1.18

P	Q	$P \uparrow Q$
0	0	1
0	1	1

(续表)

P	Q	$P\uparrow Q$
1	0	1
1	1	0

显然，$P\uparrow Q\Leftrightarrow \neg(P\wedge Q)$。

定义 1.15 设 P 和 Q 是两个命题公式，复合命题 $P\downarrow Q$ 称作 P 和 Q 的或非，当且仅当 P 和 Q 的真值都为 0 时，$P\downarrow Q$ 的真值为 1，否则 $P\downarrow Q$ 真值都为 0，如表 1.19 所示。

表 1.19

P	Q	$P\downarrow Q$
0	0	1
0	1	0
1	0	0
1	1	0

显然，$P\downarrow Q\Leftrightarrow \neg(P\vee Q)$。

至此，我们一共介绍了九个联结词，是否还需要定义其他联结词呢？

在命题演算中两个分量恰可构成 2^4 个不等价的命题公式，如表 1.20 所示。

表 1.20

P	Q	f_1	f_2	f_3	f_4	f_5	f_6	f_7	f_8	f_9	f_{10}	f_{11}	f_{12}	f_{13}	f_{14}	f_{15}	f_{16}
0	0	0	0	0	0	1	0	0	1	0	1	1	0	1	1	1	1
0	1	0	0	0	1	0	0	1	0	1	0	1	1	1	0	1	1
1	0	0	0	1	0	0	1	0	0	1	1	0	1	0	1	1	1
1	1	0	1	0	0	0	1	1	1	0	0	0	1	1	1	0	1
		0	$\wedge$	$\overset{c}{\rightarrow}$	$\overset{c}{\rightarrow}$	$\downarrow$	P	Q	$\leftrightarrow$	$\overline{\vee}$	$\neg Q$	$\neg P$	$\vee$	$\rightarrow$	$\rightarrow$	$\uparrow$	1

从表 1.20 中可以看出，9 个命题联结词就够了，但是并非必要，因为一些联结词的公式可以用另外一些联结词的公式等价代换。下面给出最小联结词组的概念。

1.4.2 最小联结词组

最小联结词组，就是对于任何一个命题公式，都能由仅含这些联结词的命题公式等价代换。

(1) $(P\leftrightarrow Q)\Leftrightarrow(P\rightarrow Q)\wedge(Q\rightarrow P)$

(2) $(P\rightarrow Q)\Leftrightarrow \neg P\vee Q$

(3) $P\wedge Q\Leftrightarrow \neg(\neg P\vee\neg Q)$，$P\vee Q\Leftrightarrow \neg(\neg P\wedge\neg Q)$

(4) $P\,\overline{\vee}\,Q\Leftrightarrow \neg(P\leftrightarrow Q)$

(5) $P\overset{c}{\rightarrow}Q\Leftrightarrow \neg(P\rightarrow Q)$

(6) $P\uparrow Q\Leftrightarrow \neg(P\wedge Q)$

(7) $P\downarrow Q \Leftrightarrow \neg(P\vee Q)$

根据上面的 7 个命题公式，联结词组$\{\neg, \vee\}$或$\{\neg, \wedge\}$可以等价代换其他联结词，并且$\neg$和$\vee$，$\neg$和$\wedge$两者不能相互等价代换。故$\{\neg, \vee\}$或$\{\neg, \wedge\}$是最小联结词组。

同理，可证$\{\uparrow\}$或$\{\downarrow\}$也是最小联结词组。

习题 1-4

1. 把下列各式用只含$\vee$和$\neg$的等价式表达，并尽可能简单。

(1) $P\to(\neg P\to Q)$

(2) $(P\to(Q\vee\neg R))\wedge\neg P\wedge Q$

(3) $(P\wedge Q)\wedge\neg P$

(4) $\neg P\wedge\neg Q\wedge(\neg R\to P)$

2. 对下列各式分别仅用与非($\uparrow$)或非($\downarrow$)表达。

(1) $\neg P$

(2) $P\vee Q$

(3) $P\wedge Q$

(4) $P\to(\neg P\to Q)$

3. 把 $P\uparrow Q$ 表示为只含有“$\downarrow$”的等价公式。

4. 证明：

$$\neg(B\uparrow C)\Leftrightarrow\neg B\downarrow\neg C$$

$$\neg(B\downarrow C)\Leftrightarrow\neg B\uparrow\neg C$$

5. 证明$\{\rightleftarrows, \neg\}$和$\{\overline{\vee}, \neg\}$不是最小联结词组。

6. 证明$\{\neg, \to\}$和$\{\neg, \stackrel{c}{\to}\}$是最小联结词组。

1.5 对偶式与范式

在实际推理演算和命题公式证明过程中主要用$\neg$、$\vee$、$\wedge$这 3 个联结词，且表 1.7 中命题定律一般情况是成对出现的，将$\vee$和$\wedge$互换而得到。下面讨论这类命题公式。

1.5.1 对偶式

定义 1.16 在给定的命题公式 A 中，将联结词$\vee$换成$\wedge$，$\wedge$换成$\vee$，若有特殊变元 1 和 0 亦相互取代，所得公式 A^* 称为 A 的对偶式。

显然，A 也是 A^* 的对偶式。

例如，根据对偶式定义，3 个命题公式$(P\wedge Q)\vee 1$，$\neg(P\vee Q)\wedge(P\vee(\neg Q\wedge\neg S))$，$(P\vee Q)\wedge R$ 的对偶式分别为：$(P\vee Q)\wedge 0$，$\neg(P\wedge Q)\vee(P\wedge\neg(Q\vee\neg S))$，$(P\wedge Q)\vee R$。

可以证明，$P\uparrow Q$ 和 $P\downarrow Q$ 互为对偶式。

定理 1.9 设 A 和 A^* 是对偶式，P_1，P_2，…，P_n 是出现在 A 和 A^* 中的分量，则

$$\neg A(P_1, P_2, \cdots, P_n) \Leftrightarrow A^*(\neg P_1, \neg P_2, \cdots, \neg P_n)$$
$$A(\neg P_1, \neg P_2, \cdots, \neg P_n) \Leftrightarrow \neg A^*(P_1, P_2, \cdots, P_n)$$

证明：对变元个数 n 进行归纳证明。当 $n=2$ 时，

由 De Morgan 定律可知

$$\neg(P \wedge Q) \Leftrightarrow (\neg P \vee \neg Q), \quad \neg(P \vee Q) \Leftrightarrow (\neg P \wedge \neg Q)$$

上面两个原式成立。

假定 $n=k$ 时，

$$\neg A(P_1, P_2, \cdots, P_k) \Leftrightarrow A^*(\neg P_1, \neg P_2, \cdots, \neg P_k)$$
$$\neg A^*(P_1, P_2, \cdots, P_k) \Leftrightarrow A(\neg P_1, \neg P_2, \cdots, \neg P_k)$$

成立。

假定 $n=k+1$ 时，是在 $\neg A(P_1, P_2, \cdots, P_k) \Leftrightarrow A^*(\neg P_1, \neg P_2, \cdots, \neg P_k)$ 中增加一个分量 P_{k+1}，而增加分量 P_{k+1} 与 $A(P_1, P_2, \cdots, P_k)$ 要么是 $\wedge$，要么是 $\vee$，利用 De Morgan 定律，很容易证明

$$\neg A(P_1, P_2, \cdots, P_k, P_{k+1}) \Leftrightarrow A^*(\neg P_1, \neg P_2, \cdots, \neg P_k, \neg P_{k+1})$$

同理，有

$$\neg A^*(P_1, P_2, \cdots, P_k, P_{k+1}) \Leftrightarrow A(\neg P_1, \neg P_2, \cdots, \neg P_k, \neg P_{k+1})$$

故

$$\neg A(P_1, P_2, \cdots, P_n) \Leftrightarrow A^*(\neg P_1, \neg P_2, \cdots, \neg P_n)$$
$$A(\neg P_1, \neg P_2, \cdots, \neg P_n) \Leftrightarrow \neg A^*(P_1, P_2, \cdots, P_n)$$

【例题 1.22】 设 $A(P, Q, R)$ 是 $(\neg P \wedge Q) \vee (P \wedge \neg Q) \vee R$，证明

$$A(P, Q, R) \Leftrightarrow \neg A^*(\neg P, \neg Q, \neg R)$$

证明：由于 $A(P, Q, R)$ 是 $(\neg P \wedge Q) \vee (P \wedge \neg Q) \vee R$，$A^*(P, Q, R)$ 是 $(\neg P \vee Q) \wedge (P \vee \neg Q) \wedge R$，$A^*(\neg P, \neg Q, \neg R)$ 是 $(P \vee \neg Q) \wedge (\neg P \vee Q) \wedge \neg R$，$\neg A^*(\neg P, \neg Q, \neg R)$ 是 $(\neg P \wedge Q) \vee (P \wedge \neg Q) \vee R$，所以

$$A(P, Q, R) \Leftrightarrow \neg A^*(\neg P, \neg Q, \neg R)$$

定理 1.10 设 $P_1, P_2, \cdots, P_n$ 是出现在公式 A 和 B 中的所有分量，如果 $A \Leftrightarrow B$，则 $A^* \Leftrightarrow B^*$。

证明：因为 $A \Leftrightarrow B$，即 $A(P_1, P_2, \cdots, P_n) \leftrightarrow B(P_1, P_2, \cdots, P_n)$ 是一个重言式，故，$A(\neg P_1, \neg P_2, \cdots, \neg P_n) \leftrightarrow B(\neg P_1, \neg P_2, \cdots, \neg P_n)$ 也是一个重言式。即

$$A(\neg P_1, \neg P_2, \cdots, \neg P_n) \Leftrightarrow B(\neg P_1, \neg P_2, \cdots, \neg P_n)$$

由定理 1.9 得

$$\neg A^*(P_1, P_2, \cdots, P_n) \Leftrightarrow \neg B^*(P_1, P_2, \cdots, P_n)$$

因此，$A^* \Leftrightarrow B^*$。

1.5.2 范式

在推演过程中，同一命题公式可以有多种相互等价的表达形式。为了把命题公式规范化，下面讨论命题公式的范式问题。

定义 1.17 一个命题公式称为合取范式，当且仅当它具有如下形式：

$$A_1 \wedge A_2 \wedge \cdots \wedge A_n, \quad n \geq 1$$

其中 A_1，A_2，…，A_n 都是由命题变元或其否定所组成的析取式。

例如 P，$\neg Q$，$(\neg P\vee Q)$，$(P\vee\neg Q)\wedge(P\vee R)$是合取范式。

定义 1.18 一个命题公式称为析取范式，当且仅当它具有如下形式：

$$A_1\vee A_2\vee\cdots\vee A_n,\ n\geqslant 1$$

其中 A_1，A_2，…，A_n 都是由命题变元或其否定所组成的合取式。

例如 P，$\neg Q$，$(\neg P\wedge Q)$，$(P\wedge Q)\vee(P\wedge\neg Q\wedge R)$是析取范式。

求命题公式的合取范式或析取范式的步骤如下：

(1) 将命题公式中的联结词等价代换为$\wedge$，$\vee$及$\neg$。

(2) 运用 De Morgan 律将否定符号“$\neg$”直接移到各个命题变元之前。

(3) 运用分配律、结合律、交换律等将公式等价代换为合取范式或析取范式。

【例题 1.23】 求$(P\wedge(Q\to R))\to Q$ 的合取范式和析取范式。

解：
$$(P\wedge(Q\to R))\to Q\Leftrightarrow(P\wedge(\neg Q\vee R))\to Q$$
$$\Leftrightarrow\neg(P\wedge(\neg Q\vee R))\vee Q\Leftrightarrow\neg P\vee(Q\wedge\neg R)\vee Q\qquad\text{析取范式}$$
$$\Leftrightarrow(\neg P\vee Q)\vee(Q\wedge\neg R)$$
$$\Leftrightarrow(\neg P\vee Q)\wedge(\neg P\vee Q\vee\neg R)\qquad\text{合取范式}$$

命题公式的合取范式或析取范式是不唯一的，因此下面介绍主范式，使命题公式等价代换为唯一的标准形式。

定义 1.19 n 个命题变元的合取式称作布尔合取或小项，其中每个变元与它的否定只能有一个出现且仅出现一次。

例如，n=2，即两个变元 P 和 Q 的小项为：$P\wedge Q$，$P\wedge\neg Q$，$\neg P\wedge Q$，$\neg P\wedge\neg Q$。

n=3，即三个变元 P，Q 和 R 的小项为：$P\wedge Q\wedge R$，$P\wedge Q\wedge\neg R$，$P\wedge\neg Q\wedge R$，$P\wedge\neg Q\wedge\neg R$，$\neg P\wedge Q\wedge R$，$\neg P\wedge Q\wedge\neg R$，$\neg P\wedge\neg Q\wedge R$，$\neg P\wedge\neg Q\wedge\neg R$。

一般说来，n 个命题变元共有 2^n 个小项。

表 1.21、表 1.22 分别为 2 个和 3 个变元的小项的真值表。

表 1.21

P	Q	$P\wedge Q$	$P\wedge\neg Q$	$\neg P\wedge Q$	$\neg P\wedge\neg Q$
0	0	0	0	0	1
0	1	0	0	1	0
1	0	0	1	0	0
1	1	1	0	0	0

表 1.22

P	Q	R	$\neg P\wedge\neg Q\wedge\neg R$	$\neg P\wedge\neg Q\wedge R$	$\neg P\wedge Q\wedge\neg R$	$\neg P\wedge Q\wedge R$
0	0	0	1	0	0	0
0	0	1	0	1	0	0
0	1	0	0	0	1	0
0	1	1	0	0	0	1

(续表)

1	0	0	0	0	0	0
1	0	1	0	0	0	0
1	1	0	0	0	0	0
1	1	1	0	0	0	0
P	**Q**	**R**	**$P\wedge\neg Q\wedge\neg R$**	**$P\wedge\neg Q\wedge R$**	**$P\wedge Q\wedge\neg R$**	**$P\wedge Q\wedge R$**
0	0	0	0	0	0	0
0	0	1	0	1	0	0
0	1	0	0	0	1	0
0	1	1	0	0	0	1
1	0	0	1	0	0	0
1	0	1	0	1	0	0
1	1	0	0	0	1	0
1	1	1	0	0	0	1

为了写出小项，首先要规定变元按字母表的次序出现，如 P，Q，R，然后根据小项成真赋值的唯一性和每个指派仅对应一个取值为真的小项，规定变元本身为 1，它的否定为 0，这样可以很快写出一种下标为二进制编码的小项，用带下标的 m 表示小项。同时为了讨论方便，可以将二进制转换为十进制。

例如，

$$m_{000}=\neg P\wedge\neg Q\wedge\neg R \qquad m_{100}=P\wedge\neg Q\wedge\neg R$$
$$m_{001}=\neg P\wedge\neg Q\wedge R \qquad m_{101}=P\wedge\neg Q\wedge R$$
$$m_{010}=\neg P\wedge Q\wedge\neg R \qquad m_{110}=P\wedge Q\wedge\neg R$$
$$m_{011}=\neg P\wedge Q\wedge R \qquad m_{111}=P\wedge Q\wedge R$$

性质 1.2 小项的性质如下：

(1) 每个小项都只对应一组真值指派其真值为 1，即当其真值指派与编码相同时，其真值为 1，在其余 2^n-1 种指派情况下均为 0。

(2) 任意两个不同小项是不等价的。例如，$P\wedge\neg Q\wedge R$ 和 $P\wedge\neg Q\wedge\neg R$ 是不等价的。

(3) 任意两个不同小项的合取式永假。例如，

$$m_{001}\wedge m_{100}=(\neg P\wedge\neg Q\wedge R)\wedge(P\wedge\neg Q\wedge\neg R)$$
$$\Leftrightarrow \neg P\wedge P\wedge\neg Q\wedge R\wedge\neg R\Leftrightarrow 0$$

(4) 全体小项的析取式为永真，记为

$$\sum_{i=0}^{2^n-1} m_i = m_0\vee m_1\vee\cdots\vee m_{2^n-1}\Leftrightarrow 1$$

定义 1.20 对于给定的命题公式，如果有一个等价公式，它仅由小项的析取所组成，则该等价式称作原式的主析取范式。

一个公式的主析取范式可用构成真值表的方法写出。

定理 1.11 在真值表中，一个公式的真值为 1 的指派所对应的小项的析取，即为此公式的

主析取范式。

证明：设给定公式为 A，其真值为 1 的指派所对应的小项为m_1'，m_2'，…，m_k'，这些小项的析取式记为 B，为此要证 $A \Leftrightarrow B$，即要证 A 与 B 在相应指派下具有相同的真值。

首先对 A 为 1 的某一指派，其对应的小项为m_i'，则因为m_i'为 1，而m_1'，m_2'，…，m_{i-1}'，m_{i+1}'，…，m_k'均为 0，故 B 为 1。

其次，对 A 为 0 的某一指派，其对应的小项不包含在 B 中，即m_1'，m_2'，…，m_k'均为 0，故 B 为 0。因此，$A \Leftrightarrow B$。

【例题 1.24】 用真值表法，求$(P \to Q) \wedge R$ 的主析取范式。

解：该公式的真值表如表 1.23 所示。

表 1.23

P	Q	R	$(P \to Q)$	$(P \to Q) \wedge R$
0	0	0	1	0
0	0	1	1	1
0	1	0	1	0
0	1	1	1	1
1	0	0	0	0
1	0	1	0	0
1	1	0	1	0
1	1	1	1	1

根据真值表，可知$(P \to Q) \wedge R$ 的主析取范式为

$$(\neg P \wedge \neg Q \wedge R) \vee (\neg P \wedge Q \wedge R) \vee (P \wedge Q \wedge R)$$

除用真值表方法外，也可利用等价公式构成主析取范式。

【例题 1.25】 试求 $P \to ((P \to Q) \wedge \neg(\neg Q \vee \neg P)$的主析取范式。

解：

$$\begin{aligned}
& P \to ((P \to Q) \wedge \neg(\neg Q \vee \neg P)) \\
\Leftrightarrow\ & \neg P \vee ((\neg P \vee Q) \wedge (Q \wedge P)) \\
\Leftrightarrow\ & \neg P \vee ((\neg P \wedge Q \wedge P) \vee (Q \wedge Q \wedge P)) \\
\Leftrightarrow\ & \neg P \vee 0 \vee (Q \wedge P) \\
\Leftrightarrow\ & \neg P \vee (Q \wedge P) \\
\Leftrightarrow\ & (\neg P \wedge (Q \vee \neg Q)) \vee (Q \wedge P) \\
\Leftrightarrow\ & (\neg P \wedge Q) \vee (\neg P \wedge \neg Q) \vee (P \wedge Q)
\end{aligned}$$

构成命题公式的主析取范式主要有两种方法：用真值表写出，由基本等价公式推出。

由基本等价公式推出的步骤如下：

(1) 将原式化为析取范式。

(2) 除去析取范式中所有永假的合取项。

(3) 将析取式中重复出现的合取项或者相同的变元合并。

(4) 对合取项补入没有出现的命题变元，如添加$(P \vee \neg P)$，然后，应用分配律展开公式。

将命题公式变元的个数及出现次序进行固定，然后推出命题公式的主析取范式是唯一的。因此，可以利用真值表方法来判断两个命题公式是否等价，即分别推出两个命题公式的主析取范式，然后看其小项是否相同，如果相同，则它们等价，否则不等价。

与主析取范式类似的是主合取范式。

定义 1.21 n 个命题变元的析取式称作布尔析取或大项。其中每个变元与它的否定只能有一个出现且仅出现一次。例如，$P\vee Q$，$P\vee\neg Q$，$\neg P\vee Q$，$\neg P\vee\neg Q$；又如，$P\vee Q\vee R$，$P\vee Q\vee\neg R$，…，$\neg P\vee\neg Q\vee\neg R$。

类似于小项，可以对大项进行 n 位二进制编码，规定变元本身为 0，它的否定为 1，用带下标的 M 表示大项。例如，

$M_{00}=P\vee Q$，$M_{01}=P\vee\neg Q$，$M_{10}=\neg P\vee Q$，$M_{11}=\neg P\vee\neg Q$

$M_{000}=P\vee Q\vee R$，$M_{100}=\neg P\vee Q\vee R$，$M_{001}=P\vee Q\vee\neg R$，$M_{101}=\neg P\vee Q\vee\neg R$

$M_{010}=P\vee\neg Q\vee R$，$M_{110}=\neg P\vee\neg Q\vee R$，$M_{011}=P\vee\neg Q\vee\neg R$，$M_{111}=\neg P\vee\neg Q\vee\neg R$

性质 1.3 大项的性质如下：

(1) 每个大项当其真值指派与编码相同时，其真值为 0，在其余 2^n-1 种指派情况下均为 1。

(2) 任意两个不同小项是不等价的。例如，$P\vee Q\vee\neg R$ 和 $P\vee\neg Q\vee R$ 是不等价的。

(3) 任意两个不同大项的析取式为永真。即

$$M_{001}\vee M_{110}\Leftrightarrow 1 \qquad (i\neq j)$$

(4) 全体大项的合取式必为永假，记为

$$\prod_{i=0}^{2^n-1} M_i = M_0\wedge M_1\wedge\cdots\wedge M_{2^n-1}\Leftrightarrow 0$$

定义 1.22 对于给定的命题公式，如果有一个等价公式，它仅由大项的合取所组成，则该等价式称作原式的主合取范式。

一个公式的主合取范式亦可用真值表的方法写出。

定理 1.12 在真值表中，一个公式的真值为 0 的指派所对应的大项的合取即为此公式的主合取范式。

此定理的证法与定理 1.11 类似。

【例题 1.26】 利用真值表法，求$(P\wedge Q)\vee(\neg P\wedge R)$的主合取范式与主析取范式。

解：公式$(P\wedge Q)\vee(\neg P\wedge R)$的真值表如表 1.24 所示。

表 1.24

P	Q	R	$\neg P$	$P\wedge Q$	$\neg P\wedge R$	$(P\wedge Q)\vee(\neg P\wedge R)$
0	0	0	1	0	0	0
0	0	1	1	0	1	1
0	1	0	1	0	0	0
0	1	1	1	0	1	1
1	0	0	0	0	0	0
1	0	1	0	0	0	0

(续表)

P	Q	R	$\neg P$	$P\wedge Q$	$\neg P\wedge R$	$(P\wedge Q)\vee(\neg P\wedge R)$
1	1	0	0	1	0	1
1	1	1	0	1	0	1

故主合取范式为

$(P\wedge Q)\vee(\neg P\wedge R)\Leftrightarrow(P\vee Q\vee R)\wedge(P\vee\neg Q\vee R)\wedge(\neg P\vee Q\vee R)\wedge(\neg P\vee Q\vee\neg R)$

主析取范式为

$(P\wedge Q)\vee(\neg P\wedge R)\Leftrightarrow(\neg P\wedge\neg Q\wedge R)\vee(\neg P\wedge Q\wedge R)\vee(P\wedge Q\wedge\neg R)\vee(P\wedge Q\wedge R)$

一个公式的主合取范式亦可用基本等价式推出，其推演步骤为：

(1) 将原式化为合取范式。

(2) 除去合取范式中所有为永真的析取项。

(3) 合并相同的析取项或者相同的变元。

(4) 对析取项补入没有出现的命题变元，如添加$(P\wedge\neg P)$，然后应用分配律等展开公式。

例如，运用大项将例题 1.26 中$(P\wedge Q)\vee(\neg P\wedge R)$化为主合取范式。

解：$(P\wedge Q)\vee(\neg P\wedge R)\Leftrightarrow((P\wedge Q)\vee\neg P)\wedge((P\wedge Q)\vee R)$

$\Leftrightarrow(P\vee\neg P)\wedge(Q\vee\neg P)\wedge(P\vee R)\wedge(Q\vee R)$

$\Leftrightarrow(Q\vee\neg P)\wedge(P\vee R)\wedge(Q\vee R)$

$\Leftrightarrow(Q\vee\neg P\vee(R\wedge\neg R))\wedge(P\vee R\vee(Q\wedge\neg Q))\wedge((Q\vee R)\vee(P\wedge\neg P))$

$\Leftrightarrow(Q\vee\neg P\vee R)\wedge(Q\vee\neg P\vee\neg R)\wedge(P\vee R\vee Q)\wedge(P\vee R\vee\neg Q)\wedge(Q\vee R\vee P)$
$\wedge(Q\vee R\vee\neg P)$

$\Leftrightarrow(\neg P\vee Q\vee R)\wedge(\neg P\vee Q\vee\neg R)\wedge(P\vee\neg Q\vee R)\wedge(P\vee Q\vee R)$

为了使主析取范式和主合取范式表达简洁，用Σ表示小项的析取，$\Sigma i, j, k$ 即表示 $m_i\vee m_j\vee m_k$；用Π表示大项的合取，$\Pi i, j, k$ 即表示 $M_i\wedge M_j\wedge M_k$。

例题 1.26 可表示为

$(P\wedge Q)\vee(\neg P\wedge R)\Leftrightarrow m_{001}\vee m_{011}\vee m_{110}\vee m_{111}=\Sigma 1，3，6，7$

$(P\wedge Q)\vee(\neg P\wedge R)\Leftrightarrow M_{000}\wedge M_{010}\wedge M_{100}\wedge M_{101}=\Pi 0，2，4，5$

容易证明，小项与大项之间满足如下关系：

$$\neg M_i\Leftrightarrow m_i，\ \neg m_i\Leftrightarrow M_i$$

如

$$\neg M_5\Leftrightarrow\neg M_{101}\Leftrightarrow\neg(\neg P\vee Q\vee\neg R)\Leftrightarrow(P\wedge\neg Q\wedge R)\Leftrightarrow m_{101}\Leftrightarrow m_5$$

设命题公式 A 中含有 n 个命题变元，且 A 的主析取范式中含有 k 个小项$m_{i_1},m_{i_2},\cdots,m_{i_k}$，则$\neg A$ 的主析取范式中含有 2^n-k 个小项，设为$m_0,m_1,m_2,\cdots,m_{i_1-1},m_{i_1+1},\cdots,m_{i_2-1},m_{i_2+1},\cdots,m_{i_k-1},m_{i_k+1},\cdots,m_{2^n-1}$，得

$\neg A\Leftrightarrow m_0\vee m_1\vee m_2\vee\cdots\vee m_{i_1-1}\vee m_{i_1+1}\vee\cdots\vee m_{i_2-1}\vee m_{i_2+1}\vee\cdots\vee m_{i_k-1}\vee m_{i_k+1}\vee\cdots\vee m_{2^n-1}$

$A\Leftrightarrow\neg\neg A\Leftrightarrow\neg(m_0\vee m_1\vee m_2\vee\cdots\vee m_{i_1-1}\vee m_{i_1+1}\vee\cdots\vee m_{i_2-1}\vee m_{i_2+1}\vee\cdots\vee m_{i_k-1}\vee m_{i_k+1}\vee\cdots\vee m_{2^n-1})$

$\Leftrightarrow\neg m_0\wedge\neg m_1\wedge\neg m_2\wedge\cdots\wedge\neg m_{i_1-1}\wedge\neg m_{i_1+1}\wedge\cdots\wedge\neg m_{i_2-1}\wedge\neg m_{i_2+1}\wedge\cdots\wedge\neg m_{i_k-1}\wedge$

$\neg m_{i_k+1} \wedge \cdots \wedge \neg m_{2^n-1}$

$\Leftrightarrow M_0 \wedge M_1 \wedge M_2 \wedge \cdots \wedge M_{i_1-1} \wedge M_{i_1+1} \wedge \cdots \wedge M_{i_2-1} \wedge M_{i_2+1} \wedge \cdots \wedge M_{i_k-1} \wedge M_{i_k+1} \wedge \cdots \wedge M_{2^n-1}$

由以上分析可得如下定理。

定理 1.13 如果命题公式 P 的主析取范式为

$$\sum i_1,\ i_2,\ \cdots,\ i_k,$$

则 P 的主合取范式为

$$\prod 0,\ 1,\ 2,\ \cdots,\ i_1-1,\ i_1+1,\ \cdots,\ i_k-1,\ i_k+1,\ \cdots,\ 2^n-1$$

由定理 1.13 可知，对一个命题公式只要求主析取范式，就直接写出主合取范式；同理，对一个命题公式只要求主合取范式，就直接写出主析取范式。

习题 1-5

1. 求下列公式的析取范式和合取范式。

(1) $\neg(P \wedge Q) \wedge (P \vee Q)$

(2) $P \vee (\neg P \wedge Q \wedge R)$

(3) $(\neg P \wedge Q) \vee (P \wedge \neg Q)$

(4) $\neg(P \rightarrow Q)$

(5) $(\neg P \wedge Q) \rightarrow R$

(6) $P \rightarrow ((Q \wedge R) \rightarrow S)$

(7) $(P \rightarrow Q) \rightarrow R$

(8) $\neg(P \rightarrow Q) \vee (P \vee Q)$

(9) $P \wedge (P \rightarrow Q)$

(10) $(P \rightarrow Q) \rightarrow R$

2. 求下列各式的主析取范式及主合取范式，并指出哪些是重言式。

(1) $\neg(P \vee \neg Q) \wedge (S \rightarrow R)$

(2) $Q \wedge (P \vee \neg Q)$

(3) $(Q \rightarrow P) \wedge (\neg P \wedge Q)$

(4) $(\neg P \vee \neg Q) \rightarrow (P \leftrightarrow \neg Q)$

(5) $P \vee (\neg P \rightarrow (Q \vee (\neg Q \rightarrow R)))$

(6) $(P \rightarrow (Q \wedge R)) \wedge (\neg P \rightarrow (\neg Q \wedge \neg R))$

(7) $P \rightarrow (P \wedge (Q \rightarrow P))$

3. 用主析取范式的方法，证明下列各题中的两式是等价的。

(1) $(P \rightarrow Q) \wedge (P \rightarrow R)$，$P \rightarrow (Q \wedge R)$

(2) $(P \rightarrow Q) \rightarrow (P \wedge Q)$，$(\neg P \rightarrow Q) \wedge (Q \rightarrow P)$

(3) $P \wedge Q \wedge (\neg P \vee \neg Q)$，$\neg P \wedge \neg Q \wedge (P \vee Q)$

(4) $P \vee (P \rightarrow (P \wedge Q))$，$\neg P \vee \neg Q \vee (P \wedge Q)$

4. 三人估计比赛结果，甲说“A 第一，B 第二”，乙说“C 第二，D 第四”，丙说“A 第二，D 第四”。结果三人估计得都不全对，但都对了一个，求 A，B，C，D 的名次。要求使用主析取范式的方法对各人的说法进行分析。

5. 要在 A，B，C，D 四个人中派两个人出差，按下述三个条件有几种派法？如何派？

(1) 若 A 去，则 C 和 D 中要去一人；

(2) B 和 C 不能都去；

(3) 若 C 去，则 D 要留下。

1.6　命题逻辑推理理论

在数学和其他自然科学中，常常是从某些前提 A_1，A_2，…，A_n 出发，然后推导出某结论。而在实际推理中，常常把本学科的一些定律、定理和条件作为假设前提。尽管这些前提并非永真，但在推理过程中，却将假设这些命题为真，并使用一些公认的规则得到另外的命题，形成结论，这种过程就是论证。

定义 1.23　设 A 和 C 是两个命题公式，当且仅当 $A \to C$ 为一重言式，即 $A \Rightarrow C$，称 C 是 A 的有效结论，或 C 可由 A 逻辑地推出。

这个定义可以推广到有 m 个前提的情况。

设 H_1，H_2，…，H_m，C 为命题公式，当且仅当

$$H_1 \wedge H_2 \wedge \cdots \wedge H_m \Rightarrow C \qquad (*)$$

称 C 是一组前提 H_1，H_2，…，H_m 的有效结论。

判别有效结论的过程即论证过程，论证的方法较多，主要有真值表法、直接证法和间接证法三种方法。

1.6.1　真值表法

设 P_1，P_2，…，P_n 是出现于前提 H_1，H_2，…，H_m 和结论 C 中的全部命题变元，假定对 P_1，P_2，…，P_n 作了全部的真值指派，确定 H_1，H_2，…，H_m 和 C 的所有真值，列出这个真值表，即可看出式(*)是否成立。

根据 $P \Rightarrow Q$ 的证明过程，给出运用真值表的判别方法，具体如下：

从真值表中找出 H_1，H_2，…，H_m 的真值均为 1 的行，对于每一个这样的行，若 C 也有真值 1，则式(*)成立。或者观察 C 的真值为 0 的行，在每一个这样的行中，H_1，H_2，…，H_m 的真值中至少有一个为 0，则式(*)也成立。

【例题 1.27】 用真值表证明两难公式：$(P \to R) \wedge (Q \to R) \wedge (P \vee Q) \Rightarrow R$。

证明：根据题设列出真值，如表 1.25 所示。

表 1.25

P	Q	R	$P \to R$	$Q \to R$	$P \vee Q$
0	0	0	1	1	0
0	0	1	1	1	0
0	1	0	1	0	1

(续表)

P	Q	R	$P\to R$	$Q\to R$	$P\vee Q$
0	1	1	1	1	1
1	0	0	0	1	1
1	0	1	1	1	1
1	1	0	0	0	1
1	1	1	1	1	1

从真值表中看到$P\to R$，$Q\to R$，$P\vee Q$的真值都为1的情况为第4行、第6行和第8行，而在这三行中R的真值均为1。故

$$(P\to R)\wedge(Q\to R)\wedge(P\vee Q)\Rightarrow R$$

这个公式是表1.15中的I_{14}，即两难推理。

1.6.2 直接证法

直接证法就是由一组前提，利用一些公认的推理规则，根据已知的等价式或蕴含公式，推演得到有效的结论。

P规则：前提在推导过程中的任何时候都可以引入使用。

T规则：在推导中，如果有一个或多个公式、重言蕴含着公式S，则公式S可以引入推导之中。

在推理证明过程时，常常要使用表1.11所示的等价式(E规则)和表1.15所示的蕴含式(I规则)。

【例题1.28】证明$(W\vee V)\to V$，$V\to C\vee S$，$S\to U$，$\neg C\wedge\neg U\Rightarrow\neg W$。

证明：(1) $\neg C\wedge\neg U$　　P

(2) $\neg U$　　T(1)，I

(3) $S\to U$　　P

(4) $\neg S$　　T(2)(3)，I

(5) $\neg C$　　T(1)，I

(6) $\neg C\wedge\neg S$　　T(4)(5)，I

(7) $\neg(C\vee S)$　　T(6)，E

(8) $(W\vee V)\to V$　　P

(9) $V\to(C\vee S)$　　P

(10) $(W\vee V)\to(C\vee S)$　　T(8)(9)，I

(11) $\neg(W\vee V)$　　T(7)(10)，I

(12) $\neg W\wedge\neg V$　　T(11)，E

(13) $\neg W$　　T(12)，I

【例题1.29】证明$(A\vee B)\wedge(A\to C)\wedge(B\to D)\Rightarrow C\vee D$。

证法1：(1) $A\vee B$　　P

(2) $\neg A \to B$　　T(1)，E
(3) $B \to D$　　P
(4) $\neg A \to D$　　T(2)(3)，I
(5) $\neg D \to A$　　T(4)，E
(6) $A \to C$　　P
(7) $\neg D \to C$　　T(5)(6)，I
(8) $D \vee C$　　T(7)，E

证法 2：(1) $A \to C$　　P
(2) $A \vee B \to C \vee B$　　T(1)，I
(3) $B \to D$　　P
(4) $B \vee C \to D \vee C$　　T(3)，I
(5) $A \vee B \to D \vee C$　　T(2)(4)，I
(6) $A \vee B$　　P
(7) $D \vee C$　　T(5)(6)，I

1.6.3　不相容

定义 1.24　假设公式 H_1，H_2，…，H_m 中的命题变元为 P_1，P_2，…，P_n，对于 P_1，P_2，…，P_n 的一些真值指派，如果能使 $H_1 \wedge H_2 \wedge \cdots \wedge H_m$ 的真值为真，则称公式 H_1，H_2，…，H_m 是相容的；如果对于 P_1，P_2，…，P_n 的每一组真值指派使得 $H_1 \wedge H_2 \wedge \cdots \wedge H_m$ 的真值均为假，则称公式 H_1，H_2，…，H_m 是不相容的。

推证过程为：设有一组前提 H_1，H_2，…，H_m，要推出结论 C，即证 H_1，H_2，…，$H_m \Rightarrow C$，记作 $S \Rightarrow C$，即 $\neg C \to \neg S$ 为永真，或 $C \vee \neg S$ 为永真，故 $\neg C \wedge S$ 为永假。因此要证明 H_1，H_2，…，$H_m \Rightarrow C$，只要证明 H_1，H_2，…，H_m 与 $\neg C$ 是不相容的。

【例题 1.30】 证明 $A \to B$，$\neg(B \vee C) \Rightarrow \neg A$。

证明：(1) A　　P(附加前提)
(2) $A \to B$　　P
(3) B　　T(1)(2)，I
(4) $\neg(B \vee C)$　　P
(5) $\neg B \wedge \neg C$　　T(4)，E
(6) $\neg B$　　T(5)，I
(7) $B \wedge \neg B$(矛盾)　　T(3)(6)，I

【例题 1.31】 证明 $(P \vee Q) \wedge (P \to R) \wedge (Q \to S) \Rightarrow S \vee R$。

证明：(1) $\neg(S \vee R)$　　P(附加前提)
(2) $\neg S \wedge \neg R$　　T(1)，E
(3) $P \vee Q$　　P
(4) $\neg P \to Q$　　T(3)，E
(5) $Q \to S$　　P
(6) $\neg P \to S$　　T(4)(5)，I

(7) $\neg S \to P$　　T(6)，E

(8) $(\neg S \wedge \neg R) \to (P \wedge \neg R)$　　T(7)，I

(9) $P \wedge \neg R$　　T(2)(8)，I

(10) $P \to R$　　P

(11) $\neg P \vee R$　　T(10)，E

(12) $\neg (P \wedge \neg R)$　　T(11)，E

(13) $(P \wedge \neg R) \wedge \neg (P \wedge \neg R)$ (矛盾)　　T(9)(12)，I

1.6.4 CP 规则

间接证法的另一种情况是：证 H_1，H_2，…，$H_m \Rightarrow (R \to C)$。设 H_1，H_2，…，H_m 为 S，即证 $S \Rightarrow (R \to C)$或 $S \Rightarrow (\neg R \vee C)$，故 $S \to (\neg R \vee C)$为永真式。因为 $S \to (\neg R \vee C) \Leftrightarrow \neg S \vee (\neg R \vee C) \Leftrightarrow (\neg S \vee \neg R) \vee C \Leftrightarrow \neg (S \wedge R) \vee C \Leftrightarrow (S \wedge R) \to C$，所以若 $S \to (\neg R \vee C)$为永真式，则$(S \wedge R) \to C$ 为永真式，即 $S \wedge R \Rightarrow C$。若将 R 作为附加前提，如有 $S \wedge R \Rightarrow C$，即证得 $S \Rightarrow (R \to C)$。由$(S \wedge R) \Rightarrow C$ 证得 $S \Rightarrow (R \to C)$称为 CP 规则。

【例题 1.32】 证明 $A \to (B \to C)$，$\neg D \vee A$，$B \Rightarrow D \to C$。

证明：(1) D　　P(附加前提)

(2) $\neg D \vee A$　　P

(3) A　　T(1)(2)，I

(4) $A \to (B \to C)$　　P

(5) $B \to C$　　T(3)(4)，I

(6) B　　P

(7) C　　T(5)(6)，I

(8) $D \to C$　　CP 规则(1)(7)

【例题 1.33】 证明$(P \wedge Q) \to R$，$R \to S$，$\neg S \Rightarrow P \to \neg Q$。

证明：(1) P　　P(附加前提)

(2) $R \to S$　　P

(3) $\neg S$　　P

(4) $\neg R$　　T(2)(3)，I

(5) $(P \wedge Q) \to R$　　P

(6) $\neg (P \wedge Q)$　　T(4)(5)，I

(7) $\neg P \vee \neg Q$　　T(6)，E

(8) $\neg Q$　　T(1)(7)，I

(9) $P \to \neg Q$　　CP 规则(1)(8)

【例题 1.34】 符号化下列命题，并用推理规则证明：

如果今天是星期一，则10点钟要进行离散数学或程序设计语言两门课程中的一门课的考试；如果程序设计语言课程的老师出差，则不考程序设计语言；今天是星期一，并且程序设计语言课程的老师出差。所以今天进行离散数学的考试。

解：首先将命题符号化。设：P：今天是星期一；Q：10 点钟要进行离散数学考试；R：10

点钟要进行程序设计语言考试；S：程序设计语言课的老师出差；

则上述命题可符号化为：$P\rightarrow Q\,\overline{\vee}\,R$，$S\rightarrow R$，$P\wedge S\Rightarrow Q$。

(1) $P\wedge S$	P
(2) S	T(1)，I
(3) $S\rightarrow R$	P
(4) R	T(2)(3)，I
(5) P	T(1)，I
(6) $P\rightarrow Q\,\overline{\vee}\,R$	P
(7) $Q\,\overline{\vee}\,R$	T (5)(6)，I
(8) Q	T (4)(7)，I

【例题 1.35】 符号化下列命题，并用推理规则证明：

如果小明是计算机学院的学生，则他要学习离散数学或者统计分析；如果小明不转专业，他就不用学习统计分析。小明是计算机学院的学生且不转专业，则他学习离散数学。

解：首先将命题符号化。设：P：小明是计算机学院的学生。Q：小明学习离散数学。R：小明学习统计分析。S：小明转专业。

则上述可以符号化为：$P\rightarrow(Q\vee R)$，$\neg S\rightarrow\neg R\Rightarrow(P\wedge\neg S)\rightarrow Q$。

(1) $P\wedge\neg S$	P(附加前提)
(2) P	T(1)，I
(3) $\neg S$	T(1)，I
(4) $P\rightarrow(Q\vee R)$	P
(5) $Q\vee R$	T(2)(4)，I
(6) $\neg S\rightarrow\neg R$	P
(7) $\neg R$	T(3)(6)，I
(8) Q	T(5)(7)，I
(9) $(P\wedge\neg S)\rightarrow Q$	CP(1)(8)

习题 1-6

1. 用真值法证明下列各式。

(1) $\neg(P\wedge\neg Q)$，$\neg Q\vee R$，$\neg R\Rightarrow\neg P$

(2) $\neg P\vee Q$，$R\rightarrow\neg Q\Rightarrow P\rightarrow\neg R$

2. 用直接方法证明下列公式。

(1) $B\wedge C$，$(B\leftrightarrow C)\rightarrow(H\vee G)\Rightarrow G\vee H$

(2) $P\rightarrow Q$，$(\neg Q\vee R)\wedge\neg R$，$\neg(\neg P\vee S)\Rightarrow\neg S$

(3) $J\rightarrow(M\vee N)$，$(H\vee G)\rightarrow J$，$H\vee G\Rightarrow M\vee N$

(4) $(A\rightarrow B)\wedge(C\rightarrow D)$，$(B\rightarrow E)\wedge(D\rightarrow F)$，$\neg(E\wedge F)$，$A\rightarrow C\Rightarrow\neg A$

3. 用不相容的方法证明下列各式。

(1) $(R\rightarrow\neg Q)$，$R\vee S$，$S\rightarrow\neg Q$，$P\rightarrow Q\Rightarrow\neg P$

(2) $S \to \neg Q$，$S \vee R$，$\neg R$，$\neg R \leftrightarrow \neg Q \Rightarrow \neg P$

4. 用 CP 规则证明下列公式。

(1) $A \vee B \to C \wedge D$，$D \vee E \to F \Rightarrow A \to F$

(2) $A \to (B \to C)$，$(C \wedge D) \to E$，$\neg F \to (D \wedge \neg E) \Rightarrow A \to (B \to F)$

(3) $A \to (B \wedge C)$，$\neg B \vee D$，$(E \to \neg F) \to \neg D$，$B \to (A \wedge \neg E) \Rightarrow B \to E$

5. 下面的每一组前提，没有写出结论，请你应用推理规则说明是否能推证有效结论。

(1) 如果我跑步，那么，我很疲劳。
我没有疲劳。

(2) 如果我的程序通过，那么我很快乐。
如果我快乐，那么，阳光很好。
现在是晚上十一点，天很暖。

(3) 如果他犯了错误，那么，他神色慌张。
他神色慌张。

6. 符号化下面的命题，并用推理规则证明结论是否有效。

(1) 如果我努力学习，那么我的离散数学不会不及格；如果我不热衷于玩游戏，那么我将努力学习；我离散数学不及格。因此我热衷于玩游戏。

(2) 只要 A 曾到过受害者房间并且 11 点以前没离开，A 就犯了谋杀罪；A 曾到过受害者房间；如果在 11 点以前离开，看门人会看见他；看门人没有看见他。所以 A 犯了谋杀罪。

1.7 命题逻辑的应用

可以结合新工科的特点，将命题逻辑知识应用于日常生活和工程技术中。下面从几个方面进行简要介绍，希望起到抛砖引玉的作用。

1.7.1 电路设计

命题逻辑在电路设计中有着广泛的应用。可以用电子元件物理实现逻辑运算，用这些元件组合成的电路物理实现命题公式，这就是组合电路。实现∧，∨，¬的元件分别称为与门、或门、非门。与门有 2 个(或 2 个以上)输入，每个输入是 1 个真值，有 1 个输出，输出它的所有输入的合取。或门也有 2 个(或 2 个以上)输入，每个输入是 1 个真值，有 1 个输出，输出它的所有输入的析取。非门只有 1 个输入，输入是 1 个真值，有 1 个输出，输出它的输入的否定。它们的图形符号如图 1.1 所示。

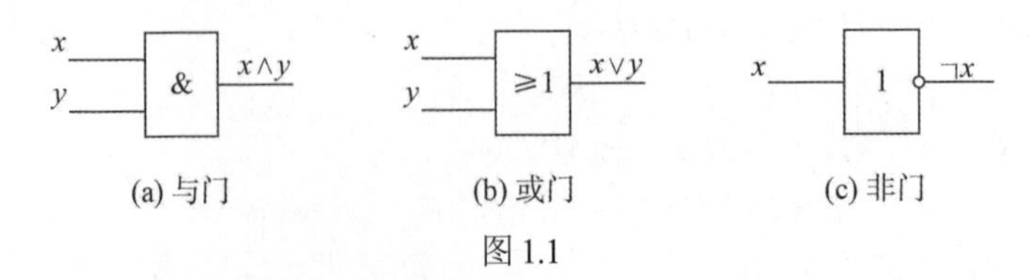

(a) 与门　(b) 或门　(c) 非门

图 1.1

【例题 1.36】假设有一盏灯由设在门口和床头的两个开关控制，要求按动任何一个开关都能打开或关闭灯。试设计一个这样的线路。解用 x, y 分别表示这两个开关，开关的两个状态分别用 1 和 0 表示。用 F 表示灯的状态，打开为 1，关闭为 0。不妨设当两个开关都为 0 或 1 时灯是打开的。根据题目的要求，开关的状态与灯的状态的关系如表 1.26 所示。表 1.26 是一个真值表，也是一个真值函数。根据此表可以写出 F 的主析取范式：

$$F=m_0\vee m_3=(\neg x\wedge\neg y)\vee(x\wedge y)$$

表 1.26

x	y	$F(x,y)$
0	0	1
0	1	0
1	0	0
1	1	1

根据这个公式，可得控制这盏电灯的组合电路如图 1.2 所示。

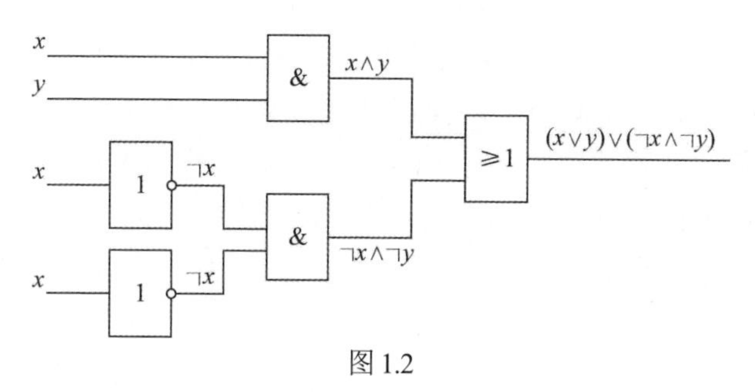

图 1.2

【例题 1.37】一家航空公司为了保证安全，用计算机复核飞行计划。每台计算机能给出飞行计划正确或有误的回答。由于计算机也可能发生故障，因此采用三台计算机同时复核。由所给答案，再根据“少数服从多数”的原则作出判定，试将结果用命题公式表示，并加以简化，画出电路图。

解：设 A，B，C 分别表示三台计算机的答案。Y 表示判断结果。根据题意，得到真值表如表 1.27 所示。可得

$$\begin{aligned}Y &\Leftrightarrow (\neg A\wedge B\wedge C)\vee(A\wedge\neg B\wedge C)\vee(A\wedge B\wedge\neg C)\vee(A\wedge B\wedge C)\\ &\Leftrightarrow ((\neg A\vee A)\wedge B\wedge C)\vee(A\wedge(\neg B\vee B)\wedge C)\vee(A\wedge B\wedge(C\vee\neg C))\\ &\Leftrightarrow (B\wedge C)\vee(A\wedge C)\vee(A\wedge B)\end{aligned}$$

表 1.27

A	B	C	Y
0	0	0	0
0	0	1	0
0	1	0	0
0	1	1	1
1	0	0	0
1	0	1	1
1	1	0	1
1	1	1	1

电路图如图 1.3 所示。

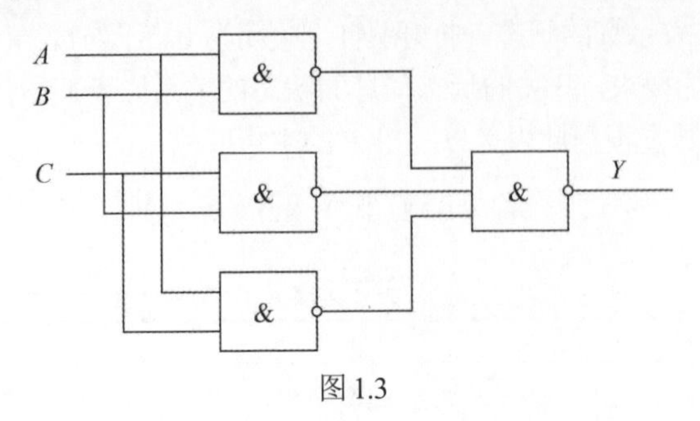

图 1.3

这里只是给出一个电路方面的问题，感兴趣的读者可以查阅有关书籍。此问题可以拓展为某种比赛中有三位评委的情况，评委认为参赛者可晋级，则按动手中的按钮。比赛规则为：两位以上评委按动手中的按钮，将使晋级信号灯点亮。试设计该信号灯控制电路。

设计组合电路时，首先构造一个输入输出表，给出所有可能的输入与对应的输出，即构造一个真值函数。根据这个表可以写出表示这个真值函数的主析取范式，从而设计出需要的组合电路。但是在主析取范式中可能包含许多不必要的运算，使得组合电路中使用许多不必要的元件。例如，考虑一个组合电路，当且仅当 $x=y=z=1$ 或 $x=y=1$ 且 $z=0$ 时输出 1。这个输出的主析取范式为 $F=m_6\vee m_7=(x\wedge y\wedge \neg z)\vee(x\wedge y\wedge z)$。如果直接按照这个公式设计电路，需要用 4 个与门、1 个或门和 1 个非门。实际上，$(x\wedge y\wedge z)\vee(x\wedge y\wedge \neg z)\Leftrightarrow x\wedge y$，只需要一个与门即可。因此，需要对主析取范式进行化简，以使得公式中包含尽可能少的运算。这种包含最少运算的公式称作最简展开式。

1.7.2 数学建模

【例题 1.38】有一逻辑学家误入某部落，被拘于牢狱，酋长意欲放行，他对逻辑学家说：“今有两门，一为自由，一为死亡，你可任意开启一门。为协助你脱逃，今加派两名士兵负责解答你所提的任何问题。惟可虑者，此两士兵中一名天性诚实，一名说谎成性，今后生死由你自己选择。”逻辑学家沉思片刻，即向一士兵发问，然后开门从容离去。该逻辑学家应如何发问？

解：逻辑学家手指一门问身旁一名士兵说：“这扇门是死亡门，他(指另一名士兵)将回答‘是’，对吗？”当被问士兵回答“对”，则逻辑学家开启所指的门从容离去；当被问士兵回答“否”，则逻辑学家开启另一门从容离去。

分析：如果被问者是诚实士兵，他回答“对”。则另一名士兵是说谎士兵，他回答“是”，那么，这扇门不是死亡门。如果被问者是诚实士兵，他回答“否”。则另一名是说谎士兵，他回答“不是”，那么，这扇门是死亡门。

如果被问者是说谎士兵，可以类似分析。

设：P：被问士兵是诚实人。Q：被问士兵的回答是“是”。R：另一士兵的回答是“是”。S：这扇门是死亡门。

可得真值表如表 1.28 所示。

表 1.28

P	*Q*	*R*	*S*
0	0	1	1
0	1	0	0
1	0	0	1
1	1	1	0

故有

$$R \Leftrightarrow P \leftrightarrow Q$$

$$S \Leftrightarrow (P \wedge \neg Q) \vee (\neg P \wedge \neg Q) \Leftrightarrow (P \vee \neg Q) \wedge \neg Q \Leftrightarrow \neg Q$$

因此当被问人回答“是”时，此门不是死亡门，逻辑学家可开此门从容离去。当被问人回答“否”时，此门是死亡门，逻辑学家可开另一扇门从容离去。

1.7.3　算法代码

1. 逻辑联结词“合取”的代码

将 P, Q 进行合取运算，其结果放在 Z 中，即 $Z \Leftrightarrow P \wedge Q$ 。程序如下：

```
#include"stdio.h"
main()
{
    int z,p,q;
    printf("验证逻辑联结词'合取'");
    printf("\t");
    printf("z=p∧q");
    printf("\n");
    while((p!=0&&p!=1)||(q!=0&&q!=1))
    {
        printf("Please input p(0 or 1):p=  ");
        scanf("% d",&p);
        printf("Please input q(0 or 1):q=  ");
        scanf("% d",&q);
    }
    if ((p==1)&&(q==1))
        z=1;
    else
        z=0;
    printf("z = % d\n",z);
}
```

2. 逻辑联结词“析取”的代码

将 P, Q 进行析取运算，其结果放在 Z 中，即 $Z \Leftrightarrow P \vee Q$ 。程序如下：

```
#include"stdio.h"
main()
{
    int z,p,q;
    printf("验证逻辑联结词'析取'");
    printf("\t");
    printf("z=p∨ q");
    printf("\n");
    while((p!=0&&p!=1)||(q!=0&&q!=1))
    {
        printf("Please input p(0 or 1):p=  ");
        scanf("% d",&p);
        printf("Please input q(0 or 1):q=  ");
        scanf("% d",&q);
    }
    if ((p==1)||(q==1))
        z=1;
    else
        z=0;
    printf("z = % d\n",z);
}
```

3. 构造合式公式真值表的算法代码

(1) 功能。

给出任意变元的合式公式，构造该合式公式的真值表。

(2) 基本思想。

以用数值变量表示命题变元为前提规范，在程序计算前将转换后的合式公式输入到本程序首个 sign：语句后的条件位置上。另外，我们使用一维数组 $a[N]$来表示合式公式中出现的 n 个命题变元。例如，合式公式$\neg(P\vee Q)\wedge((P\vee R)\vee S)$应该表示成如下语句：

```
if(!(a[1]==1||a[2]==1)&&((a[1]==1||a[3]==1)||a[4]==1)) z=1;  else z=0;
```

一维数组 $a[N]$除表示 n 个命题变元外，它还是一个二进制加法器的模拟器，每当在这个模拟器中产生一个二进制数时，就相当于为各命题变元产生了一组真值指派。其中数值 1 表示真值为真，而 0 表示真值为假。

(3) 算法逻辑。

① 对二进制加法器模拟器 $a[N]$赋初值，$0\Leftrightarrow a_i$，$i=1,2,\cdots,n$。

② 计算模拟器中所对应的一组真值指派下合式公式的真值(条件语句)。

③ 输出真值表中对应于模拟器所给出的一组真值指派及这组真值指派所对应的一行真值。

④ 在模拟器 $a[N]$中，模拟产生下一个二进制数值。

⑤ 若 $a[N]$中的数值等于 2^n，则结束，否则转②。

(4) 程序及解释说明：

```
#include"stdio.h"
#define N  4
main()
{
   int a[N];
   int i,z;
   printf("构造任意公式的真值表");
   printf("\n");
   for (i=1;i<=4;i++)
   {
      a[i]=0;
      printf("a[% 4d]=0",i);
   }
   sign:
   if(!(a[1]==1||a[2]==1)&&((a[1]==1||a[3]==1)||a[4]==1))
      z=1;
   else
      z=0;
   for (i=N;i>=1;i--)
      printf("% 4d",a[i]);
   printf("   |% 4d\n",z);
   i=1;
   sing:
   a[i]=a[i]+1;
   if (a[i]<2)
      goto sign;
   else
      a[i]=0;
   i++;
   if (i<=4)
      goto sing;
}
```

程序解释说明。

N：合式公式中所有不同的命题变元的个数。

a[N]：一维数组，用于模拟二进制加法器。每个下标变量存放一位二进制数，a 共可存放 n 位二进制数。另外，每个下标变量表示一个命题变元。

Z：存放所给出的合式公式对应于各组真值指派的真值。

I：工作变量。

习题 1-7

1. 银行的金库装设有自动报警装置。仅当总经理室的一个人工控制开关合上时，它才能动作。如果这个人工开关合上，那么当金库的门被撬或者当工作人员尚未切断监视器电源且通向金库的通道上有人时，就会发出警报。试设计这个控制线路。

2. 设计红绿灯自动控制线路。要求传感器中计数器内容为 Z。当 $Z \geqslant 5$ 时，亮绿灯；当 $Z \leqslant 2$ 时，亮红灯；当 $2 < Z < 5$ 时，亮黄灯。

第 2 章 谓词逻辑

在命题逻辑中，命题和命题演算的基本组成单位是原子命题，原子命题是不可分解的。有些简单的论断也无法用命题逻辑进行推证。例如著名的苏格拉底三段论：所有的人都是要死的，苏格拉底是人，所以苏格拉底是要死的。即符号化为$P,Q \Rightarrow R$，无法推证其有效性。呈现出命题逻辑推证的局限性。

但是，实际上对原子命题还可以进一步分析，特别是两个原子命题间常常有一些共同特征，如，李明是个大学生，王伟是个大学生，其共同特征是"是个大学生"。为此，需要刻划命题内部的逻辑结构，然后引入谓词并对命题内部结构进行深入研究。

本章在命题逻辑的基础上引入量词的概念，谓词公式及其解释，讨论在谓词逻辑中谓词公式的等价与蕴含关系及范式，并介绍相应的推理理论。

【本章主要内容】

谓词逻辑的基本概念(谓词、个体、量词)

谓词合式公式

谓词公式的等价式与蕴含式

约束变元与自由变元

谓词公式的前束范式

谓词逻辑的推理理论

2.1 谓词与量词

2.1.1 谓词

命题是反映判断的陈述句，反映判断的陈述句由主语和谓语两部分组成。例如，李明是计算机科学与技术专业的学生。其中"李明"是主语，"是计算机科学与技术专业的学生"是谓语。主语一般是客体，客体可以独立存在，它可以是具体的，也可以是抽象的。例如小张、老师、学生、5、x 以及 XX 代表团等。用以刻划客体的性质或刻划客体间关系的词语称为**谓词**。例如：薛洋是个大学生，李飞是个大学生，王伟是个大学生，这 3 个命题可能用不同的命题符号表示，但是这 3 个命题有共同的属性："是个大学生"，即它们的谓语。因此引入一个符号表示"是个大学生"，同样也引入符号表示客体名称。

我们用大写字母表示谓词，用小写字母表示客体名称，例如 A 表示“是个大学生”，c 表示薛洋，e 表示李飞，d 表示王伟，则 $A(c)$，$A(e)$，$A(d)$分别表示薛洋是个大学生，李飞是个大学生，王伟是个大学生。

用谓词表达命题，必须包括客体和谓词字母两个部分，一般地说，“b 是 A”类型的命题可用 $A(b)$表达。对于“a 小于 b”这种两个客体之间关系的命题，可表达为 $B(a，b)$，其中 B 表示“小于”。又如命题“点 a 在 b 与 c 之中”可以表示为 L：……在……和……之中，故可记为 $L(a，b，c)$。

注意：代表客体名称的字母，它在多元谓词表示式中出现的次序与事先约定有关。

单独一个谓词不是完整的命题，我们把谓词字母后填以客体所得的式子称为谓词填式，这样谓词和谓词填式应该是两个不同的概念，但是，我们在讨论时不加区别。

【例题 2.1】(1) 设 H 是谓词“是一名大学生”，a 表示客体名称李明，b 表示赵丽，c 表示王伟，那么 $H(a)$，$H(b)$，$H(c)$等分别表示各个不同的命题，但它们有一个共同的形式 $H(x)$。当 x 分别取 a，b，c 时就表示“李明是一名大学生”“赵丽是一名大学生”“王伟是一名大学生”。

(2) 若 $L(x，y)$：“$x<y$”，那么 $L(2，3)$表示“$2<3$”，命题的真值为真；而 $L(5，1)$表示“$5<1$”，命题的真值为假。

(3) 设 $A(x，y，z)$表示一个关系“$x+y=z$”。则 $A(3，2，5)$表示“$3+2=5$”，命题的真值为真；而 $A(1，2，4)$表示“$1+2=4$”，命题的真值为假。

由上述三例可以看出，$H(x)$，$L(x，y)$，$A(x，y，z)$本身不是一个命题，只有当变元 x，y，z 等取特定的客体时，才能成为一个确定的命题。

定义 2.1　由一个谓词、一些客体变元组成的表达式称为**简单命题函数**。

根据这个定义可知，n 元谓词就是有 n 个客体变元的命题函数。当 $n=0$ 时，称为 0 元谓词，它本身就是一个命题，故命题是 n 元谓词的一种特殊情况。

由一个或 n 个简单命题函数以及逻辑联结词组合而成的表达式称为**复合命题函数**。

逻辑联结词$\neg$，$\wedge$，$\vee$，$\rightarrow$，$\leftrightarrow$的意义与命题演算中的解释完全相同。

【例题 2.2】设 $S(x)$：x 学习很好，$W(x)$：x 工作很好。则：

$\neg S(x)$：x 学习不是很好。$S(x)\wedge W(x)$：x 的工作和学习都很好。$S(x)\rightarrow W(x)$：若 x 学习很好，则 x 工作就很好。

【例题 2.3】设 $Q(x，y)$表示“x 比 y 重”，当 x，y 指人或物时，它是一个命题；但若 x，y 指实数时，$Q(x，y)$就不是一个命题。

【例题 2.4】$R(x)$表示“x 是大学生”，如果 x 的讨论范围为某大学里班级中的学生，则 $R(x)$是永真式。

如果 x 的讨论范围为某中学里班级中的学生，则 $R(x)$是永假式。

如果 x 的讨论范围为一个影剧院中的观众，观众中有大学生也有非大学生，那么，对某些观众，$R(x)$为真，对另一些观众，$R(x)$为假。

【例题 2.5】$(P(x，y)\wedge P(y，z))\rightarrow P(x，z)$的解释分析。

若 $P(x，y)$解释为“x 小于 y”，当 x，y，z 都在实数域中取值时，则这个式子表示“若 x 小于 y 且 y 小于 z，则 x 小于 z”，它是一个永真式。

如果 $P(x，y)$解释为“x 为 y 的儿子”，当 x，y，z 都指人时，则该式表示“若 x 为 y 的儿

子且 y 是 z 的儿子则 x 是 z 的儿子”，它是一个永假式。

如果 $P(x, y)$ 解释为“x 与 y 的距离为 10 米”，若 x，y，z 表示地面上的房子，那么“x 与 y 的距离为 10 米且 y 与 z 的距离为 10 米，则 x 与 z 的距离为 10 米”。这个命题的真值将由 x，y，z 的具体位置而定，在平面上 x，y，z 分别为等边三角形的顶点时，这个命题的真值为真，否则为假。

从上述例题可以看出，命题函数不是一个命题，只有客体变元取特定名称时，才能成为一个命题。但是客体变元在哪些范围内取特定的值，对是否成为命题及命题的真值极有影响。因此，将命题函数确定为命题，与客体变元的论述范围有关。

定义 2.2　在命题函数中，命题变元的论述范围称作**个体域**。个体域可以是有限集，也可以是无限集，把各种个体域综合在一起作为论述范围的域称**全总个体域**。

2.1.2　量词

在日常生活中，表达各种命题时，常常出现“所有的”和“存在一些”的概念。例如：$S(x)$：x 是大学生。如果 x 的个体域为某中学的学生，所有的学生都是中学生，该命题的真值为假；如果 x 的个体域为某大学的学生，所有的学生都是大学生，该命题的真值为真；如果 x 的个体域为影剧院的观众，则存在一些观众是大学生，该命题的真值为真。为了刻划“所有的”“任意的”“一切的”和“存在一些”“一些的”等不同概念，因此需要引入量词：全称量词与存在量词。全称量词与存在量词统称为量词。

定义 2.3　符号“$\forall$”称为全称量词，用来表达“所有的”“每一个”“任一个”等。用符号$(\forall x)$表示“所有的 x”。

【例题 2.6】 (1) 设 $M(x)$：x 是人；$H(x)$：x 要呼吸。

所有的人都是要呼吸的，写成$(\forall x)(M(x)\rightarrow H(x))$。

(2) 设 $P(x)$：x 是学生；$Q(x)$：x 要参加考试。

每个学生都要参加考试，写成$(\forall x)(P(x)\rightarrow Q(x))$。

(3) 设 $I(x)$：x 是整数；$R(x)$：x 是正数；$N(x)$：x 是负数；$z(x)$：x 是 0。

任何整数或是正的或是负的或是零，写成$(\forall x)(I(x)\rightarrow(R(x)\vee N(x)\vee z(x))$。

定义 2.4　符号“$\exists$”称为存在量词，可用来表达“存在一些”“至少有一个”“对于一些”等。用符号$(\exists x)$表示“存在一些 x”。

【例题 2.7】 (1) 设 $P(x)$：x 是质数；$Q(x)$：x 是数。

存在一些数是质数，写成$(\exists x)(Q(x)\wedge P(x))$。

(2) 设 $M(x)$：x 是人；$R(x)$：x 是聪明的。

一些人是聪明的，写成$(\exists x)(M(x)\wedge R(x))$。

(3) 设 $M(x)$：x 是人；$E(x)$：x 早饭吃雨包。

有些人早饭吃面包，写成$(\exists x)(M(x)\wedge E(x))$。

每个由量词确定的表达式都与个体域有关。例如：$(\forall x)(M(x)\rightarrow H(x))$表示所有的人都要呼吸，如果把个体域限制在“人类”的范围，可简单地表示为$(\forall x)(H(x))$。指定论域，不仅与表达形式有关，且不同的指定论域会有不同的命题真值。如设论域为“人类”，$(\forall x)(H(x))$的真值为真；如果论域为自然数，则这个命题的真值为假。因此，在讨论带有量词的命题函数时，必须确定其个体域。一般情况，将所有谓词的个体域全部统一，使用全总个体域，就要对每一个客体变元的变化范围用特性谓词加以限制，这样在谓词符号化时，对于全称量词，特性谓词常作条件的前件；对于存在量词，此特性谓词常作合取项。例如：在全总个体域中$(\forall x)(H(x))$可写成$(\forall x)(M(x)\rightarrow H(x))$，$(\exists x)(H(x))$可写成$(\exists x)(M(x)\wedge H(x))$，其中$M(x)$为$H(x)$的特性谓词。特性谓词$M(x)$限定了$H(x)$中变元的范围。

习题 2-1

1. 用谓词表达式写出下列命题。

(1) 每一个有理数都是实数。

(2) 某些实数是有理数。

(3) 并非每一个实数都是有理数。

(4) 小张不是学生。

(5) 张非是田径或球类运动员。

(6) 肖雪是非常聪明和美丽的。

2. 写出以下句子所对应的谓词表达式。

(1) 所有教练员是运动员。

(2) 某些运动员是大学生。

(3) 某些教练是年老的，但是健壮的。

(4) 金教练既不年老也不是健壮的。

(5) 某些大学生运动员是国家选手。

(6) 有些女同志既是教练员又是国家选手。

2.2 谓词合式公式

上一节说明简单命题函数与逻辑联结词可以组合成一些谓词表达式，并且给出了谓词与量词的概念。为了使谓词表达式所能刻划的命题更广泛和深入。下面介绍谓词的合式公式。

将$A(x_1, x_2, \cdots, x_n)$称作为谓词演算的原子公式，即由一个谓词A和客体变元x_1，x_2，$\cdots$，x_n组成，而且Q，$A(x)$，$A(x, y)$，$A(f(x), y)$，$A(x, y, z)$，$A(a, y)$等都是$A(x_1, x_2, \cdots, x_n)$的特例。

定义 2.5 谓词演算的合式公式(*wff*)，若由下述各条组成：

(1) 原子谓词公式是合式公式。

(2) 若A是合式公式，则$\neg A$也是合式公式。

(3) 若A和B都是合式公式，则$(A\wedge B)$，$(A\vee B)$，$(A\rightarrow B)$和$(A\leftrightarrow B)$也是合式公式。

(4) 如果A是合式公式，x是A中出现的任何变元，则$(\forall x)A$和$(\exists x)A$都是合式公式。

(5) 只有经过有限次地应用规则(1)(2)(3)(4)所得到的公式是合式公式。

其中，(1)称为基础，(2)(3)(4)称为归纳，(5)称为界限。

约定谓词合式公式最外层的括号可以省略，但需注意，若量词后面有括号则不能省略。谓词合式公式简称谓词公式。

下面举例说明如何用谓词公式表达自然语言中一些有关命题。

【例题 2.8】(1) 并非每个实数都是有理数。($R(x)$，$Q(x)$)

(2) 没有不犯错误的人。($F(x)$，$M(x)$)

(3) 尽管有人聪明，但未必一切人都聪明。($P(x)$，$M(x)$)

解：根据题意，上面 3 个命题的谓词公式表达如下：

(1) $\neg\forall x\,(R(x)\rightarrow Q(x))$

(2) $\neg(\exists x\,(M(x)\wedge\neg F(x)))$

(3) $\exists x\,(M(x)\wedge P(x))\wedge\neg(\forall x\,(M(x)\rightarrow P(x)))$

【例题 2.9】在数学分析中极限定义为：任给小正数 ε，则存在一个正数 δ，使得当 $0<|x-a|<\delta$ 时有 $|f(x)-b|<\varepsilon$。此时即称 $\lim\limits_{x\to a}f(x)=b$。

解：$P(x, y)$表示"x 大于 y"，$Q(x,y)$表示"x 小于 y"，故 $\lim\limits_{x\to a}f(x)=b$ 可表示为

$$(\forall\varepsilon)(\exists\delta)(\forall x)(((P(\varepsilon,0)\rightarrow P(\delta,0))\wedge Q(|x-a|,\delta)\wedge P(|x-a|,0))\rightarrow Q(|f(x)-b|,\varepsilon))$$

【例题 2.10】这只大红书柜摆满了那些古书。

解法 1：设 $F(x, y)$：x 摆满了 y；$R(x)$；x 是大红书柜；$Q(y)$：y 是古书；a：这只；b：那些。

根据题意，表达为

$$R(a)\wedge Q(b)\wedge F(a,\ b)$$

解法 2：设 $A(x)$：x 是书柜；$B(x)$：x 是大的；$C(x)$：x 是红的；$D(x)$：y 是古老的；$E(x)$：y 是图书；$F(x, y)$：x 摆满了 y；a：这只；b：那些。

根据题意，表达为

$$A(a)\wedge B(a)\wedge C(a)\wedge D(b)\wedge E(b)\wedge F(a,\ b)$$

由例题 2.10 可知，将命题表示成谓词公式灵活性很大，由于对个体描述性质的刻划深度不同，就可表示成不同形式的谓词公式。本例中 $R(x)$表示 x 是大红书柜，而 $A(x)\wedge B(x)\wedge C(x)$可表示大红书柜，但后一种将更方便于对书柜的大小及颜色进行讨论，这样由于对个体刻划深度的不同，就可符号化成不同的谓词公式。将来表达谓词演算公式时，应根据题意和解决问题的深度的实际情况而定。

习题 2-2

1. 设 $P(x)$表示"x 是质数"；$E(x)$表示"x 是偶数"；$O(x)$表示"x 是奇数"；$D(x, y)$表示"x 除尽 y"。把以下各式译成汉语：

(1) $P(3)$

(2) $E(2)\wedge P(2)$

(3) $(\forall x)(D(2,\ x)\rightarrow E(x))$

(4) $(\exists x)(E(x)\wedge D(x,\ 8))$

(5) $(\forall x)(\neg E(x)\rightarrow\neg D(2,\ x))$

(6) $(\forall x)(P(x)\rightarrow(\exists y)(E(y)\wedge D(x,\ y)))$

2. 设 $P(x)$，$L(x)$，$R(x, y, z)$和 $E(x, y)$分别表示"x 是一个点"，"x 是一条直线"，"z 通过

x 和 y” 和 “$x=y$”，符号化下面的句子：

有且仅有一条直线通过任意两点。

3. 用谓词公式符号化下列命题。

(1) 如果有限个数的乘积为零，那么至少有一个因子等于零。

(2) 对于每一个实数 x，存在一个更大的实数 y。

(3) 存在实数 x，y 和 z，使得 x 与 y 之和大于 x 与 z 之积。

4. 自然数一共有三条公理(自然数从 1 开始)：

(1) 每个数都有唯一的数是它的后继数。

(2) 没有一个数使数 1 是它的后继数。

(3) 每个不等于1的数都有唯一的数是它的直接先行者。

用两个谓词表达上述三条公理。

5. 取个体域为实数集 $\mathbb{R}$，函数 f 在 a 点连续的定义是：f 在点 a 连续，当且仅当对每个 $\varepsilon>0$，存在一个 $\delta>0$，使得对所有 x，若 $|x-a|<\delta$，则 $|f(x)-f(a)|<\varepsilon$。把上述定义用符号化的形式表达。

2.3 约束变元与自由变元

给定 α 为一个谓词公式，其中有一部分公式形式为 $(\forall x)P(x)$ 或 $(\exists x)P(x)$。其中 $\forall x$，$\exists x$ 后面所跟的 x 叫作谓词的指导变元或作用变元，$P(x)$ 叫作相应量词的作用域(或辖域)。在作用域中 x 的一切出现称为 x 在 α 中的约束出现，x 亦称为被相应量词中的指导变元所约束，即约束变元。在 α 中除约束变元以外所出现的变元称作自由变元。自由变元是不受约束的变元，虽然它有时也在谓词的作用域中出现，但它不受相应量词中指导变元的约束，故我们可把自由变元看作公式中的参数。

【例题 2.11】说明以下各式的作用域与变元约束的情况。

(1) $(\forall x)(P(x)\to Q(x))$

(2) $(\forall x)(P(x)\to(\exists y)R(x,\ y))$

(3) $(\forall x)(\forall y)(P(x,\ y)\wedge Q(y,\ z))\wedge(\exists x)P(x,\ y)$

(4) $(\forall x)(P(x)\wedge(\exists x)Q(x,\ z)\to(\exists y)R(x,\ y))\vee Q(x,\ y)$

解：(1) $(\forall x)$的作用域是 $P(x)\to Q(x)$，其中 x 是约束变元。

(2) $(\forall x)$的作用域是$(P(x)\to(\exists y)R(x,\ y))$，$(\exists y)$的作用域是 $R(x,\ y)$，其中 x，y 都是约束变元。

(3) $(\forall x)$和$(\forall y)$的作用域是$(P(x,\ y)\wedge Q(y,\ z))$，其中 x，y 是约束变元，z 是自由变元。$(\exists x)$的作用域是 $P(x,\ y)$，其中 x 是约束变元，y 是自由变元。在整个公式中，x 是约束出现，y 既是约束出现又是自由出现，z 是自由出现。

(4) $(\forall x)$的作用域是$(P(x)\wedge(\exists x)Q(x,\ z)\to(\exists y)R(x,\ y))$，其中 x 和 y 都是约束变元，但 $Q(x,\ z)$中的 x 受 $\exists x$ 的约束，而不受 $\forall x$ 的约束。$Q(x,\ y)$中的 x，y 是自由变元。

从约束变元的概念可以看出，$P(x_1,\ x_2,\ \cdots,\ x_n)$是 n 元谓词，它有 n 个相互独立的自由变元，若对其中 k 个变元进行约束则成为 $n-k$ 元谓词，因此，谓词公式中如果没有自由变元出现，则该式就成为一个命题。例如，$(\forall x)P(x, y, z)$是二元谓词，$(\forall x)(\exists y)P(x, y, z)$是一元谓词，$(\forall x)(\exists y)(\exists z)P(x,y,z)$是命题。

为了避免由于变元的约束与自由同时出现，引起概念上的混乱，可对约束变元进行换名。使得一个变元在一个公式中只呈一种形式出现，即呈自由出现或呈约束出现。

我们知道，一个公式的约束变元所使用的名称符号是无关紧要的，故$(\forall x)P(x)$与$(\forall y)P(y)$具有相同的意义。设$A(x)$表示x不小于 0，那么：

$(\forall x)A(x)$表示一切x都使得x不小于 0；

$(\forall y)A(y)$表示一切y都使得y不小于 0；

$(\forall t)A(t)$表示一切t都使得t不小于 0。

这三个命题在实数域中都表示假命题“一切实数均不小于 0”。同理，$(\exists x)P(x)$与$(\exists y)P(y)$的意义亦相同。

2.3.1 换名规则

对谓词公式α中的约束变元换名，其规则为：

(1) 对于约束变元可以换名，其更改的变元名称范围是量词中的指导变元以及该量词作用域中所出现的该变元，公式的其余部分不变。

(2) 换名时一定要更改为作用域中没有出现的变元名称。

【例题 2.12】 对$(\forall x)(P(x)\rightarrow R(x, y))\wedge Q(x, y)$换名。

解：可换名为$(\forall z)(P(z)\rightarrow R(z, y))\wedge Q(x, y)$，但不能换名为$(\forall y)(P(y)\rightarrow R(y, y))\wedge Q(x, y)$以及$(\forall z)(P(z)\rightarrow R(x, y))\wedge Q(x, y)$。因为后两种更改都将使公式中量词的约束范围有所变动。

2.3.2 代入规则

对于谓词公式中的自由变元的更改，规则如下：

(1) 对于谓词公式中的自由变元可进行代入，代入需对公式中出现该自由变元的每一处进行。

(2) 用以代入的变元与原公式中所有变元的名称不能相同。

【例题 2.13】 对$(\exists x)(P(x)\wedge R(x, z))$的自由变元进行代入。

解：对x进行代入，经代入后公式为

$$(\exists x)P(x)\wedge R(y, z)$$

但是$(\exists x)P(x)\wedge R(x, x)$与$(\exists y)(P(y)\wedge R(x, z))$这两种代入都是与规则不符的。

需要指出的是，量词作用域中的约束变元，当论域的元素有限时，客体变元的所有可能的取代是可枚举的。

设论域元素为$a_1, a_2, \cdots, a_n$，则

$$(\forall x)A(x)\Leftrightarrow A(a_1)\wedge A(a_2)\wedge\cdots\wedge A(a_n)$$
$$(\exists x)A(x)\Leftrightarrow A(a_1)\vee A(a_2)\vee\cdots\vee A(a_n)$$

习题 2-3

1. 对下面每个公式指出约束变元和自由变元。

(1) $(\forall x)P(x)\to P(y)$

(2) $(\forall x)(P(x)\wedge Q(x))\wedge(\exists x)S(x)$

(3) $(\exists x)(\forall y)(P(x)\wedge Q(y))\to(\forall x)R(x)$

(4) $(\exists x)(\exists y)(P(x, y)\wedge Q(z))$

2. 设论域是集合$\{a, b, c\}$，消去下面公式中的量词。

(1) $(\forall x)P(x)$

(2) $(\forall x)R(x)\wedge(\forall x)S(x)$

(3) $(\forall x)(P(x)\to Q(x))$

(4) $(\forall x)\neg P(x)\vee(\forall x)P(x)$

3. 求下列各式的真值。

(1) $(\forall x)(P(x)\vee Q(x))$，其中$P(x)$表示$x$=1，$Q(x)$表示$x$=2，并且论域是{1，2}。

(2) $(\forall x)(P\to Q(x))\vee R(a)$，其中$P$表示2>1，$Q(x)$表示$x\leqslant 3$，$R(x)$表示$x>5$，$a$表示5，论域是{-2，3，6}。

4. 对下列谓词公式中的约束变元进行换名。

(1) $(\forall x)(\exists y)(P(x, z)\to Q(y))\leftrightarrow S(x, y)$

(2) $((\forall x)(P(x)\to(R(x)\vee Q(x)))\wedge(\exists x)R(x)\to(\exists z)S(x, z)$

5. 对下列谓词公式中的自由变元进行代入。

(1) $((\exists y)(A(x, y)\to(\forall x)B(x, z))\wedge(\exists x)(\forall z)C(x, y, z)$

(2) $((\forall y)P(x, y)\wedge(\exists z)Q(x, z))\vee(\forall x)R(x, y))$

2.4 谓词公式的等价式与蕴含式

前面介绍了谓词公式和约束变元的概念，下面给出谓词公式的赋值概念，以及判断谓词公式类型的概念，然后讨论谓词演算的一些等价式和蕴含式。

定义 2.6 在谓词公式中常包含命题变元和客体变元，当客体变元由确定的客体所取代、命题变元用确定的命题所取代时，就称作对谓词公式赋值。

一个谓词公式经过赋值以后，就成为具有确定真值(1 或 0)的命题。

定义 2.7 给定任意两个谓词公式A和B，设它们有共同的个体域U，若对A和B的任一组变元进行赋值，所得命题的真值相同，则称谓词公式A和B在U上是等价的，记作：$A\Leftrightarrow B$。

定义 2.8 给定任意谓词公式A，其个体域为U，且对于A的所有赋值都为真，则称该谓词公式A在U上是有效的(或永真的)。

定义 2.9 给定任意谓词公式A，其个体域为U，且对于A的所有赋值都为假，则称该谓词公式A在U上是不可满足的(或永假的)。

定义 2.10 给定任意谓词公式A，其个体域为U，且对于A至少在一种赋值下为真，则称该谓词公式A在U上是可满足的。

有了谓词公式的等价和永真等概念，就可以讨论谓词演算的一些等价式和蕴含式。

2.4.1　命题公式的推广

命题演算中的等价式和蕴含式都可推广到谓词演算中使用。在命题演算的等价式和蕴含式中的同一命题变元用同一个谓词公式替换，替换后新的谓词公式仍然满足等价式和蕴含式的要求。如，在命题演算中的任一永真公式，其中同一命题变元用同一谓词公式替换，得到的新的谓词公式仍然是永真公式。当然，谓词演算中的公式替换命题演算中永真公式的变元时，所得的谓词公式为有效的公式。例如：

$(\forall x)(P(x)\rightarrow Q(x))\Leftrightarrow(\forall x)(\neg P(x)\vee Q(x))$

$(\forall x)\neg P(x)\vee(\exists y)R(x,y)\Leftrightarrow\neg(\neg(\forall x)\neg P(x)\wedge\neg(\exists y)R(x,y))$

$(\exists x)H(x,y))\wedge\neg(\exists x)H(x,y))\Leftrightarrow 0$

2.4.2　量词转化律

(1) $\neg(\forall x)P(x)\Leftrightarrow(\exists x)\neg P(x)$。

(2) $\neg(\exists x)P(x)\Leftrightarrow(\forall x)\neg P(x)$。

这里约定，出现在量词之前的否定不是否定该量词，而是否定被量化了的整个式子，如 $\neg(\forall x)P(x)$是否定$(\forall x)P(x)$整体。

可以看到，将量词前面的“$\neg$”移到量词的后面时，存在量词改为全称量词，全称量词改为存在量词；反之，将量词后面的“$\neg$”移到量词前面时，也要作相应的改变，这种量词与“$\neg$”的关系是普遍成立的。此定律给出了量词与联结词“$\neg$”之间的关系，此定律称为量词转化律。

对于此定律，可在有限个体域上给出证明。

设个体域中的客体变元为 a_1，a_2，…，a_n，则：

$$
\begin{aligned}
\neg(\forall x)P(x)&\Leftrightarrow\neg(P(a_1)\wedge P(a_2)\wedge\cdots\wedge P(a_n))\\
&\Leftrightarrow\neg P(a_1)\vee\neg P(a_2)\vee\cdots\vee\neg P(a_n)\\
&\Leftrightarrow(\exists x)\neg P(x)\\
\neg(\exists x)P(x)&\Leftrightarrow\neg(P(a_1)\vee P(a_2)\vee\cdots\vee P(a_n))\\
&\Leftrightarrow\neg P(a_1)\wedge\neg P(a_2)\wedge\cdots\wedge\neg P(a_n)\\
&\Leftrightarrow(\forall x)\neg P(x)
\end{aligned}
$$

对于无穷个体域的情况，量词转化律也成立。

【例题 2.14】 设 $P(x)$表示 x 今天来校上课，则$\neg P(x)$表示 x 今天没有来校上课。

故不是所有人今天来上课与存在一些人今天没有来上课在意义上相同，即$\neg(\forall x)P(x)\Leftrightarrow(\exists x)\neg P(x)$。又如，不是存在一些人今天来上课与所有的人今天都没有来上课在意义上相同，即$\neg(\exists x)P(x)\Leftrightarrow(\forall x)\neg P(x)$。

2.4.3　量词作用域的扩张与收缩

量词的作用域中常有合取或析取项，如果其中一项为一个命题，则可将该命题移至量词作用域之外。具体如下：

(1) $(\forall x)(A(x)\vee B)\Leftrightarrow(\forall x)A(x)\vee B$

(2) $(\forall x)(A(x)\wedge B)\Leftrightarrow(\forall x)A(x)\wedge B$

(3) $(\exists x)(A(x)\vee B)\Leftrightarrow(\forall x)A(x)\vee B$

(4) $(\exists x)(A(x)\wedge B)\Leftrightarrow(\forall x)A(x)\wedge B$

这是因为在 B 中没有出现约束变元 x，故它属于或不属于量词的作用域均有同等意义。

根据上述 4 个式子，可推得如下几个式子。

(1) $(\forall x)A(x)\to B\Leftrightarrow(\exists x)(A(x)\to B)$

(2) $(\exists x)A(x)\to B\Leftrightarrow(\forall x)(A(x)\to B)$

(3) $B\to(\forall x)A(x)\Leftrightarrow(\forall x)(B\to A(x))$

(4) $B\to(\exists x)A(x)\Leftrightarrow(\exists x)(B\to A(x))$

这里仅证明$(\forall x)A(x)\to B\Leftrightarrow(\exists x)(A(x)\to B)$，具体如下：

$$
\begin{aligned}
(\forall x)A(x)\to B&\Leftrightarrow\neg(\forall x)A(x)\vee B\\
&\Leftrightarrow(\exists x)\neg A(x)\vee B\\
&\Leftrightarrow(\exists x)(\neg A(x)\vee B)\\
&\Leftrightarrow(\exists x)(A(x)\to B)
\end{aligned}
$$

当谓词的变元与量词的指导变元不同时，有类似于上述的公式。例如

$(\forall x)(P(x)\vee Q(y))\Leftrightarrow(\forall x)(P(x)\vee Q(y)$

$(\forall x)((\forall y)P(x,y)\wedge Q(z))\Leftrightarrow(\forall x)(\forall y)P(x,y)\wedge Q(z)$

2.4.4 谓词公式的等价式和蕴含式

$$
\begin{aligned}
&(\forall x)(A(x)\wedge B(x))\Leftrightarrow(\forall x)A(x)\wedge(\forall x)B(x)\\
&(\exists x)(A(x)\vee B(x))\Leftrightarrow(\exists x)A(x)\vee(\exists x)B(x)\\
&(\forall x)A(x)\vee(\forall x)B(x)\Rightarrow(\forall x)(A(x)\vee B(x))\\
&(\exists x)(A(x)\wedge B(x))\Rightarrow(\exists x)A(x)\wedge(\exists x)B(x)\\
&(\forall x)(A(x)\to B(x))\Rightarrow(\forall x)A(x)\to(\forall x)B(x)\\
&(\forall x)(A(x)\leftrightarrow B(x))\Rightarrow(\forall x)A(x)\leftrightarrow(\forall x)B(x)
\end{aligned}
$$

现将在谓词中新增加的常用的等价式或蕴含式汇总于表 2.1 中。表 2.1 是在表 1.11 和表 1.15 的基础上新增加的公式。

表 2.1

E_{23}	$(\exists x)(A(x)\vee B(x))\Leftrightarrow(\exists x)A(x)\vee(\exists x)B(x))$
E_{24}	$(\forall x)(A(x)\wedge B(x))\Leftrightarrow(\forall x)A(x)\wedge(\forall x)B(x)$
E_{25}	$\neg(\exists x)A(x)\Leftrightarrow(\forall x)\neg A(x)$
E_{26}	$\neg(\forall x)A(x)\Leftrightarrow(\exists x)\neg A(x)$
E_{27}	$(\forall x)(A\vee B(x))\Leftrightarrow A\vee(\forall x)B(x)$
E_{28}	$(\exists x)(A\wedge B(x))\Leftrightarrow A\wedge(\exists x)B(x)$
E_{29}	$(\exists x)(A(x)\to B(x))\Leftrightarrow(\forall x)A(x)\to(\exists x)B(x)$
E_{30}	$(\forall x)A(x)\to B\Leftrightarrow(\exists x)(A(x)\to B)$
E_{31}	$(\exists x)A(x)\to B\Leftrightarrow(\forall x)(A(x)\to B)$
E_{32}	$A\to(\forall x)B(x)\Leftrightarrow(\forall x)(A\to B(x))$

(续表)

E_{33}	$A \to (\exists x)B(x) \Leftrightarrow (\exists x)(A \to B(x))$
I_{19}	$(\forall x)A(x) \vee (\forall x)B(x) \Rightarrow (\forall x)(A(x) \vee B(x))$
I_{20}	$(\exists x)(A(x) \wedge B(x)) \Rightarrow (\exists x)A(x) \wedge (\exists x)B(x)$
I_{21}	$(\exists x)A(x) \to (\forall x)B(x) \Rightarrow (\forall x)(A(x) \to B(x))$

2.4.5　多个量词的使用

量词对变元的约束往往与量词的次序有关。

例如，在实数域中，$(\forall y)(\exists x)(x<(y-2))$表示对任意 y 均存在 x，使得 $x<y-2$ 成立，该命题真值为真。$(\exists x)(\forall y)\ (x<(y-2))$表示存在 x 对任意 y，使得 $x<y-2$ 成立，该命题真值为假。$(\forall y)(\exists x)(x<(y-z))$与$(\exists x)(\forall y)(x<(y-z))$是不等价的。

因此，对于在命题中的多个量词，约定按从左到右的次序表达含义。需要注意的是量词次序不能随意颠倒，否则将与原命题意义不符。

为了方便，我们只分析两个量词的情况，更多量词的情况与其类似。对于二元谓词，如果不考虑自由变元，有以下八种情况：$(\forall x)(\forall y)A(x,y)$，$(\forall y)(\forall x)A(x,y)$，$(\exists x)(\exists y)A(x,y)$，$(\exists y)(\exists x)A(x,y)$，$(\forall x)(\exists y)A(x,y)$，$(\exists y)(\forall x)A(x,y)$，$(\forall y)(\exists x)A(x,y)$，$(\exists x)(\forall y)A(x,y)$。它们之间具有如下关系：

$$(\forall x)(\forall y)A(x,y) \Leftrightarrow (\forall y)(\forall x)A(x,y)$$
$$(\exists x)(\exists y)A(x,y) \Leftrightarrow (\exists y)(\exists x)A(x,y)$$
$$(\forall x)(\forall y)A(x,y) \Rightarrow (\exists y)(\forall x)A(x,y)$$
$$(\forall y)(\forall x)A(x,y) \Rightarrow (\exists x)(\forall y)A(x,y)$$
$$(\exists y)(\forall x)A(x,y) \Rightarrow (\forall x)(\exists y)A(x,y)$$
$$(\exists x)(\forall y)A(x,y) \Rightarrow (\forall y)(\exists x)A(x,y)$$
$$(\forall x)(\exists y)A(x,y) \Rightarrow (\exists y)(\exists x)A(x,y)$$
$$(\forall y)(\exists x)A(x,y) \Rightarrow (\exists x)(\exists y)A(x,y)$$

【例题 2.15】求$\forall x \exists y\,(G(x) \wedge H(x,y))$的真值，其中，论域为$\{a, b\}$，$G(a)$为 0，$G(b)$为 1，$H(a, a)$为 1，$H(a, b)$为 1，$H(b, a)$为 0，$H(b, b)$为 0。

解：$(\forall x)(\exists y)(G(x) \wedge H(x,y)) \Leftrightarrow (\forall x)((G(x) \wedge H(x, a)) \vee (G(x) \wedge H(x, b)))$

$\Leftrightarrow ((G(a) \wedge H(a, a)) \vee (G(a) \wedge H(a, b))) \wedge ((G(b) \wedge H(b, a)) \vee (G(b) \wedge H(b, b)))$

$\Leftrightarrow ((0 \wedge 1) \vee (0 \wedge 1)) \wedge ((1 \wedge 0) \vee (1 \wedge 0)) \Leftrightarrow (0 \vee 0) \wedge (0 \vee 0) \Leftrightarrow 0$

习题 2-4

1. 考虑以下赋值。

论域 $D=\{1，2\}$。

指定常数 a 和 b：

a	b
1	2

指定函数 f：

$f(1)$	$f(2)$
2	1

指定谓词 P：

$P(1,1)$	$P(1,2)$	$P(2,1)$	$P(2,2)$
1	1	0	0

求以下各公式的真值。

(1) $P(a, f(a))\wedge P(b, f(b))$

(2) $(\forall x)(\exists y)P(y, x)$

(3) $(\forall x)(\forall y)(P(x, y)\rightarrow P(f(x), f(y)))$

2. 对以下各公式赋值后求真值。

(1) $(\forall x)(P(x)\rightarrow Q(f(x), a))$

(2) $(\exists x)(P(f(x))\wedge Q(x, f(a)))$

(3) $(\exists x)(P(x)\wedge Q(x, a))$

(4) $(\forall x)(\exists y)(P(x)\wedge Q(x, y))$

其中，论域 $D=\{1, 2\}$，$a=1$，函数 f 及谓词 P，Q 见下表。

$f(1)$	$f(2)$
2	1

$P(1)$	$P(2)$
0	1

$Q(1,1)$	$Q(1,2)$	$Q(2,1)$	$Q(2,2)$
1	1	0	0

3. 证明：

(1) $(\exists x)(A(x)\rightarrow B(x))\Leftrightarrow(\forall x)A(x)\rightarrow(\exists x)B(x)$

(2) $(\forall x)A(x)\vee(\forall x)B(x)\Leftrightarrow(\forall x)(A(x)\vee B(x))$

(3) $(\forall x)(\forall y)(P(x)\rightarrow Q(y))\Leftrightarrow(\exists x)P(x)\rightarrow(\forall y)Q(y)$

2.5 谓词公式的前束范式

在命题演算中，常常要将公式化成规范形式。对于谓词演算，也有类似情况，一个谓词演算公式可以化为与它等价的范式。

定义 2.11 一个公式，如果量词均在全式的开头，它们的作用域延伸到整个公式的末尾，则该公式叫作前束范式。

前束范式记为：$(\Box v_1)(\Box v_2)\cdots(\Box v_n)A$，其中□可能是量词∀或量词∃，$v_i(i=1, 2, \cdots, n)$是客体变元，$A$ 是没有量词的谓词公式。

例如，$(\forall x)(\forall y)(\exists z)(Q(x, y)\rightarrow R(z))$，$(\forall y)(\forall x)(\neg P(x, y)\rightarrow Q(y))$等都是前束范式。

定理 2.1　任意一个谓词公式均和一个前束范式等价。

证明：首先利用量词转化公式，把否定深入到命题变元和谓词填式的前面，其次利用量词作用域的扩张公式把量词移到全式的最前面，这样便得到前束范式。

【例题 2.16】把下列谓词公式等价转化为前束范式。

(1) $(\forall x)P(x)\to(\exists x)Q(x)$

(2) $(\forall x)(\forall y)((\exists z)(P(x,z)\wedge P(y,z))\to(\exists x)Q(x,y,z))$

解：(1) $(\forall x)P(x)\to(\exists x)Q(x)\Leftrightarrow(\exists x)\neg P(x)\vee(\exists x)Q(x)$

$$\Leftrightarrow(\exists x)(\neg P(x)\vee Q(x))$$

(2) $(\forall x)(\forall y)((\exists z)(P(x,z)\wedge P(y,z))\to(\exists x)Q(x,y,z))$

$$\Leftrightarrow(\forall x)(\forall y)(\neg(\exists z)(P(x,z)\wedge P(y,z))\vee(\exists u)Q(x,y,u))$$

$$\Leftrightarrow(\forall x)(\forall y)((\forall z)\neg(P(x,z)\wedge P(y,z))\vee(\exists u)Q(x,y,u))$$

$$\Leftrightarrow(\forall x)(\forall y)(\forall z)(\exists u)(\neg(P(x,z)\wedge P(y,z))\vee Q(x,y,u))$$

定义 2.12　如果一个谓词公式 A 具有如下形式，则称其为前束合取范式。

$$(\Box v_1)(\Box v_2)\cdots(\Box v_n)[(A_{11}\vee A_{12}\vee\cdots\vee A_{1l_1})\wedge(A_{21}\vee A_{22}\vee\cdots\vee A_{2l_2})\wedge\cdots\wedge(A_{m1}\vee A_{m2}\vee\cdots\vee A_{ml_m})]$$

其中□可能是量词∀ 或∃，$v_i(i=1,2,\cdots,n)$是客体变元，A_{ij}是原子公式或其否定。

例如，公式$(\forall x)(\exists z)(\forall y)\{[\neg P\vee(x\neq a)\vee(z=b)]\wedge[Q(y)\vee(a=b)]\}$是前束合取范式。

定理 2.2　每一个谓词公式 A 都可转化为与其等价的前束合取范式。(证明略)

【例题 2.17】将谓词公式 D：$(\forall x)[(\forall y)P(x)\vee(\forall z)Q(z,y)\to\neg(\forall y)R(x,y)]$化为与它等价的前束合取范式。

解：第一步，取消多余量词。

$$D\Leftrightarrow(\forall x)[P(x)\vee(\forall z)Q(z,y)\to\neg(\forall y)R(x,y)]$$

第二步，换名(代入)。

$$D\Leftrightarrow(\forall x)[P(x)\vee(\forall z)Q(z,y)\to\neg(\forall w)R(x,w)]$$

第三步，将其他联结词等价代换为$\neg$，$\vee$，$\wedge$。

$$D\Leftrightarrow(\forall x)[\neg(P(x)\vee(\forall z)Q(z,y))\vee\neg(\forall w)R(x,w)]$$

第四步，将$\neg$深入谓词之前。

$$D\Leftrightarrow(\forall x)[(\neg P(x)\wedge(\exists z)\neg Q(z,y))\vee(\exists w)\neg R(x,w)]$$

第五步，将量词移到左边。

$$D\Leftrightarrow(\forall x)(\exists z)(\exists w)[(\neg P(x)\wedge\neg Q(z,y))\vee\neg R(x,w)]$$

第六步，将作用域等价代换为前束合取范式。

$$D\Leftrightarrow(\forall x)(\exists z)(\exists w)[(\neg P(x)\vee\neg R(x,w))\wedge(\neg Q(z,y)\vee\neg R(x,w)]$$

定义 2.13　如果一个谓词公式具有如下形式，则称其为前束析取范式。

$$(\Box v_1)(\Box v_2)\cdots(\Box v_n)[(A_{11}\wedge A_{12}\wedge\cdots\wedge A_{1l_1})\vee(A_{21}\wedge A_{22}\vee\cdots\wedge A_{2l_2})\vee\cdots\vee(A_{m1}\wedge A_{m2}\wedge\cdots\wedge A_{ml_m})]$$

其中，□，v_i与 A_{ij}的概念与定义 2.12 中相同。

定理 2.3　每一个谓词公式 A 都可以转换为与它等价的前束析取范式。(证明略)

任一个谓词公式 A 转换为等价的前束析取范式的步骤与例题 2.17 类同。

【例题 2.18】将谓词公式 W：$\neg(\forall x)\{(\exists y)A(x,y)\to(\exists x)(\forall y)[B(x,y)\wedge(\forall y)(A(y,x)\to B(x,y))]\}$化为前束析取范式。

解：第一步，取消多余量词。该式没有多余量词，省略。

第二步，换名。

$$W \Leftrightarrow \neg(\forall x)\{(\exists y)A(x, y) \to (\exists x)(\forall y)[B(x, y) \wedge (\forall y)(A(y, x) \to B(x, y))]\}$$
$$\Leftrightarrow \neg(\forall x)\{(\exists y)A(x, y) \to (\forall u)(\exists s)[B(u, s) \wedge (\forall z)(A(z, u) \to B(u, z))]\}$$

第三步，将其他联结词等价代换为$\neg$，$\vee$，$\wedge$。

$$W \Leftrightarrow \neg(\forall x)\{\neg(\exists y)A(x, y) \vee (\forall u)(\exists s)[B(u, s) \wedge ((\forall z)(\neg A(z, u) \vee B(u, z)))]\}$$

第四步，将“$\neg$”深入谓词之前。

$$W \Leftrightarrow (\exists x)\{(\exists y)A(x, y) \wedge (\exists u)(\forall s)[\neg B(u, s) \vee (\exists z)(A(z, u) \wedge \neg B(u, z))]\}$$

第五步，将量词移到左边。

$$W \Leftrightarrow (\exists x)(\exists y)(\exists u)(\forall s)(\exists z)\{A(x, y) \wedge [\neg B(u, s) \vee \neg(A(z, u) \wedge B(u, z))]\}$$

第六步，将作用域等价代换为前束析取(合取)范式。

$$W \Leftrightarrow (\exists x)(\exists y)(\exists u)(\forall s)(\exists z)\{[A(x, y) \wedge \neg B(u, s)] \vee [A(x, y) \wedge \neg(A(z, u) \wedge B(u, z))]\}$$

总之，谓词公式可转化为与其等价的前束合取(析取)范式，具体步骤如下：

第一步，取消多余量词。

第二步，换名(代入)。

第三步，将其他联结词等价代换为$\neg$，$\vee$，$\wedge$。

第四步，将$\neg$深入谓词之前。

第五步，将量词移到左边。

第六步，将作用域等价代换为前束合取(析取)范式。

习题 2-5

1. 把以下各式化为前束范式。

(1) $(\forall x)(P(x) \to (\exists y)Q(x, y))$

(2) $(\exists x)(\neg((\exists y)P(x, y)) \to ((\exists z)Q(z) \to R(x)))$

(3) $(\forall x)(\forall y)(((\exists z)P(x, y, z) \wedge (\exists u)Q(x, u)) \to (\exists v)Q(y, v))$

2. 求等价于下面谓词公式的前束合取范式与前束析取范式。

(1) $((\exists x)P(x) \vee (\exists x)Q(x)) \to (\exists x)(P(x) \vee Q(x))$

(2) $(\forall x)(P(x) \to (\forall y)((\forall z)Q(x, y) \to \neg(\forall z)R(y, z)))$

(3) $(\forall x)P(x) \to (\exists x)((\forall z)Q(x, z) \vee (\forall z)R(x, y, z))$

(4) $(\forall x)(P(x) \to Q(x, y)) \to ((\exists y)P(y) \wedge (\exists z)Q(y, z))$

2.6 谓词逻辑的推理理论

因为谓词演算的很多等价式和蕴含式是命题演算有关公式的推广，所以谓词演算的推理方法也是命题演算推理方法的扩展。故命题演算中的 P 规则、T 规则、不相容和 CP 规则等都可在谓词的推理理论中应用，但是在谓词推理中，某些前提与结论可能受量词限制，因此必须在推理过程中有消去和添加谓词的规则，以便使谓词演算推理进行。现介绍如下规则。

2.6.1 规则

(1) 全称指定规则 US：

$$(\forall x)P(x)\Rightarrow P(c)$$

注意：其中 P 是谓词，而 c 是论域中某个任意的客体。

(2) 全称推广规则 UG：

$$P(c)\Rightarrow(\forall x)P(x)$$

注意：这个规则是对命题量化，如果能够证明对论域中每一个客体 c 断言 $P(c)$都成立，则由全称推广规则可得到结论$(\forall x)P(x)$成立。在应用本规则时，必须能够证明前提 $P(x)$对论域中每一可能的 x 均为真。

(3) 存在指定规则 ES：

$$(\exists x)P(x)\Rightarrow P(c)$$

注意：其中 c 是论域中的某些客体，应用存在指定规则，其指定的客体 c 不是任意的。例如$(\exists x)P(x)$和$(\exists x)Q(x)$都真，则对于某些 b 和 d，可以断定 $P(b)\wedge Q(d)$必定为真，但不能断定 $P(b)\wedge Q(b)$为真。

(4) 存在推广规则 EG：

$$P(c)\Rightarrow(\exists x)P(x)$$

注意：其中 c 是论域中的一个客体。这个规则对于某些客体 c，若 $P(c)$为真，则在论域中必有$(\exists x)P(x)$为真。

2.6.2 谓词逻辑推理

【例题 2.19】 证明$(\forall x)(H(x)\rightarrow M(x))\wedge(H(s)\Rightarrow M(s))$，这是著名的苏格拉底三段论。

其中，$H(x)$表示 x 是一个人，$M(x)$表示 x 是要死的，s 表示苏格拉底。

证明：(1) $(\forall x)(H(x)\rightarrow M(x))$ P

(2) $H(s)\rightarrow M(s)$ US(1)

(3) $H(s)$ P

(4) $M(s)$ T(2)(3)，I

【例题 2.20】 证明$(\forall x)(C(x)\rightarrow W(x)\wedge R(x))\wedge(\exists x)(C(x)\wedge Q(x))\Rightarrow(\exists x)(Q(x)\wedge R(x))$。

证明：(1) $(\forall x)(C(x)\rightarrow W(x)\wedge R(x))$ P

(2) $(\exists x)(C(x)\wedge Q(x))$ P

(3) $C(a)\wedge Q(a)$ ES(2)

(4) $C(a)\rightarrow W(a)\wedge R(a)$ US(l)

(5) $C(a)$ T(3)，I

(6) $W(a)\wedge R(a)$ T(4)(5)，I

(7) $Q(a)$ T(3)，I

(8) $R(a)$ T(6)

(9) $Q(a)\wedge R(a)$ T(7)(8)，I

(10) $(\exists x)(Q(x)\wedge R(x))$ EG(9)

注意：本例推导过程中第(3)与第(4)两条次序不能颠倒，若先用 US 规则得到 $C(a)\rightarrow W(a)\wedge R(a)$，则再用 ES 规则时，不一定得到 $C(a)\wedge Q(a)$，一般地应为 $C(b)\wedge Q(b)$，故无法推证。

【例题 2.21】证明$(\forall x)(P(x)\vee Q(x))\Rightarrow(\forall x)P(x)\vee(\exists x)Q(x)$。

证法 1：把$\neg((\forall x)P(x)\vee(\exists x)Q(x))$作为附加前提。

(1) $\neg((\forall x)P(x)\vee(\exists x)Q(x))$ P

(2) $\neg(\forall x)P(x)\wedge\neg(\exists x)Q(x)$ T(1)，E

(3) $\neg(\forall x)P(x)$ T(2)，I

(4) $(\exists x)\neg P(x)$ T(3)，E

(5) $\neg(\exists x)Q(x)$ T(2)，I

(6) $(\forall x)\neg Q(x)$ T(5)，E

(7) $\neg P(c)$ ES(4)

(8) $\neg Q(c)$ US(6)

(9) $\neg P(c)\wedge\neg Q(c)$ T(7)(8)，I

(10) $\neg(P(c)\vee Q(c))$ T(9)，E

(11) $(\forall x)(P(x)\vee Q(x))$ P

(12) $P(c)\vee Q(c)$ US(11)

(13) $\neg(P(c)\vee Q(c))\wedge(P(c)\vee Q(c))$，矛盾 T(10)(12)

证法 2：本题可用 CP 规则，原题为

$$(\forall x)(P(x)\vee Q(x))\Rightarrow\neg(\forall x)P(x)\rightarrow(\exists x)Q(x)$$

(1) $\neg(\forall x)P(x)$ P(附加前提)

(2) $(\exists x)\neg P(x)$ T(l)，E

(3) $\neg P(c)$ ES(2)

(4) $(\forall x)(P(x)\vee Q(x))$ P

(5) $P(c)\vee Q(c)$ US(4)

(6) $Q(c)$ T(3)(5)，I

(7) $(\exists x)Q(x)$ EG(6)

(8) $\neg(\forall x)P(x)\rightarrow(\exists x)Q(x)$ CP

【例题 2.22】任一个实数不是有理数就是无理数，有的实数是分数，1/2(二分之一)不是无理数，但是它是分数，因而如果 1/2 是实数，它就是有理数。

解：令 $R(x)$：x 是实数；$L(x)$：x 是有理数；$W(x)$：x 是无理数；$F(x)$：x 是分数；c：1/2。

原题为：$(\forall x)(R(x)\rightarrow(L(x)\vee W(x)))$，$(\exists x)(R(x)\wedge F(x))$，$\neg W(c)$，$F(c)\Rightarrow R(c)\rightarrow L(c)$

证明过程如下：

(1) $(\exists x)(R(x)\wedge F(x))$ P

(2) $R(c) \wedge F(c)$	ES(1)
(3) $(\forall x)(R(x) \to (L(x) \vee W(x)))$	P
(4) $R(c) \to (L(c) \vee W(c))$	US(3)
(5) $R(c)$	T(2)，I
(6) $L(c) \vee W(c)$	T(4)(5)，I
(7) $\neg W(c)$	P
(8) $L(c)$	T(6)(7)，I
(9) $R(c) \to L(c)$	T(5)(8)，I

请分析以上证明是否正确。如果不正确，请指出证明过程存在的问题。

习题 2-6

1. 证明下列各式。

(1) $(\forall x)(\neg A(x) \to B(x))$，$(\forall x)\neg B(x) \Rightarrow (\exists x)A(x)$

(2) $(\exists x)A(x) \to (\forall x)B(x) \Rightarrow (\forall x)(A(x) \to B(x))$

(3) $(\forall x)(A(x) \to B(x))$，$(\forall x)(C(x) \to \neg B(x)) \Rightarrow (\forall x)(C(x) \to \neg A(x))$

(4) $(\forall x)(A(x) \vee B(x))$，$(\forall x)(B(x) \to \neg C(x))$，$(\forall x)C(x) \Rightarrow (\forall x)A(x)$

2. 用 CP 规则证明：

(1) $(\forall x)(P(x) \to Q(x)) \Rightarrow (\forall x)P(x) \to (\forall x)Q(x)$

(2) $(\forall x)(P(x) \vee Q(x)) \Rightarrow (\forall x)P(x) \to (\exists x)Q(x)$

3. 将下列命题符号化并推证其结论。

(1) 所有有理数都是实数，某些有理数是整数，因此某些实数是整数。

(2) 不论任何人，如果他喜欢步行，他就不喜欢乘汽车，每一个人或者喜欢乘汽车或者喜欢骑自行车。有的人不爱骑自行车，因而有的人不爱步行。

(3) 每个大学生不是文科学生就是理工科学生，有的大学生是优等生，小张不是理工科学生，但他是优等生。因而如果小张是大学生，他就是文科学生。

(4) 任何人违反交通规则都要受到罚款，因此，如果没有罚款，则没有人违反交通规则。

第3章 集　合

集合论是现代数学的重要基础，它的起源可以追溯到16世纪末期，那时起人们开始进行有关数集的研究。1876—1883年，康托尔(Georage Cantor，1845—1918，德国)发表了一系列有关集合论的文章，对任意元素的集合进行了深入的探讨，提出了关于基数、序数和良序集等理论，奠定了集合论的深厚基础。在1900年前后出现了各种悖论，使集合论的发展一度陷入僵局。1904—1908年，策梅洛(Zermelo)给出了第一个集合论的公理系统，他的公理使数学哲学中产生的一些矛盾基本上得到统一，在此基础上逐步形成了公理化集合论和抽象集合论，使该学科成为数学中发展最为迅速的一个分支。在计算机科学、信息论等领域中，集合是不可缺少的重要数学工具。在数据结构、程序设计语言、人工智能、数据库、形式语言与自动机等领域中都卓有成效地应用了集合理论。

【本章主要内容】

集合的基本概念及其表示;

集合间的关系和运算;

幂集与编码;

包含排斥原理。

3.1 集合的基本概念和表示法

集合是一个不能精确定义的基本概念。一般地说，把具有共同性质的一些东西组成一个整体，就形成一个集合。例如：教室内所有桌椅，图书馆所有藏书，全国所有高等学校，自然数的全体，直线上所有点等均分别构成一个集合。通常用大写英文字母表示集合的名称；用小写英文字母表示组成集合的事物，即成员或元素。

若元素 a 属于集合 A，记作 $a \in A$，亦称 a 在 A 之中，或 a 是 A 的元素。若元素 a 不属于 A，记作 $a \notin A$，亦称 a 不在 A 中，或 a 不是 A 的元素。

一个集合，若其中的元素个数是有限的，则称作有限集，否则就称作无限集。

3.1.1 集合的表示方法

集合的表示方法有两种。一种是将某集合的元素列举出来，称为列举法(或者枚举法)。例如：$A=\{a，b，c，d\}$，$B=\{1，2，3，\cdots\}$，$D=\{$桌子，灯泡，自然数，老虎$\}$，$C=\{2，4，6，\cdots，$

$2n\}$，$S=\{a, a^2, a^3, \cdots\}$，等等。

另一种是利用谓词描述，来确定某一事物是否属于该集合，称为叙述法(或者描述法)。例如，$S_1=\{x|x$ 是正奇数$\}$，$S_2=\{x|x$ 是中国的省$\}$，$S_3=\{y|y=a$ 或 $y=b\}$。

如果我们用 $P(x)$表示任何谓词，则$\{x \mid P(x)\}$可表示集合。

设集合为 $A=\{x \mid P(x)\}$，如果 $P(b)$为真，那么 $b\in A$，否则 $b\notin A$。

集合中的元素不能重复写，且集合中的元素没有先后顺序。

如：

$$\{1, 3, 7\}=\{1, 3, 3, 3, 7, 7\}$$

$$\{1, 3, 7\}=\{7, 1, 3\}$$

但

$$\{\{3, 5\}, 7\} \neq \{3, 5, 7\}$$

集合的元素可以是一个集合。例如：

$$A=\{a, \{5, 9\}, x, \{t\}\}$$

必须指出：$t\in\{t\}$，但 $t\notin A$；同理，$5\in\{5, 9\}$，但 $5\notin A$。

3.1.2 集合相等的概念

两个集合相等的外延原理：

两个集合是相等的，当且仅当它们有相同的元素。两个集合 A 和 B 相等，记作 $A=B$；两个集合不相等，则记作 $A\neq B$。

例如：设 $A=\{1, 3, 5, \cdots\}$，$B=\{x|x$ 是正奇数$\}$，则 $A=\{1, 3, 5, \cdots\}$是所有正奇数组成的集合，而 B 正好也是$\{1, 3, 5, \cdots\}$，因此这两个集合是相等的。

定义 3.1 设 A，B 是任意两个集合，假如 A 的每一个元素是 B 的成员，则称 A 为 B 的子集，或 A 包含在 B 内，或 B 包含 A。记作 $A\subseteq B$，或 $B\supseteq A$。

$$A\subseteq B \Leftrightarrow (\forall x)(x\in A \to x\in B)$$

例如：$A=\{1, 2, 3\}$，$B=\{1, 2\}$，$C=\{1, 3\}$，$D=\{3\}$，则 $B\subseteq A$，$C\subseteq A$，$D\subseteq A$，$D\subseteq C$。

如果 A 中有 n 个元素，则称 A 为 B 的 n 元子集。

定理 3.1 设集合 A 和集合 B，则 $A=B$ 的充要条件是 $A\subseteq B$ 且 $B\subseteq A$。

证明：设集合 A 和集合 B，且 $A=B$，则 A 和 B 有相同的元素，即$(\forall x)(x\in A \to x\in B)$为真，且$(\forall x)(x\in B \to x\in A)$也为真，即 $A\subseteq B$ 且 $B\subseteq A$。

反之，用反证法，若 $A\subseteq B$ 且 $B\subseteq A$，假设 $A\neq B$，则 A 与 B 的元素不完全相同，设某一元素 $x\in A$ 但 $x\notin B$，这与条件 $A\subseteq B$ 相矛盾；或设某一元素 $x\in B$ 但 $x\notin A$，这与条件 $B\subseteq A$ 相矛盾。故集合 A，B 的元素必相同，即 $A=B$。

定理 3.1 很重要，今后证明两个集合相等，主要利用它们互为子集的判定条件来证明。

根据子集的定义，得到集合之间的性质如下：

$A \subseteq A$ 自反性

$(A \subseteq B) \wedge (B \subseteq C) \Rightarrow (A \subseteq C)$ 传递性

$(A \subseteq B) \wedge (B \subseteq A) \Rightarrow (A = B)$ 反对称性

定义 3.2 如果集合 A 的每一个元素都属于 B，但集合 B 中至少有一个元素不属于 A，则称 A 为 B 的真子集，记作 $A \subset B$。

$$A \subset B \Leftrightarrow (\forall x)(x \in A \to x \in B) \wedge (\exists x)(x \in B \wedge x \notin A)$$

$$A \subset B \Leftrightarrow A \subseteq B \wedge A \neq B$$

例如，有理数集和无理数集都是实数集的真子集。

3.1.3 空集和全集

定义 3.3 不包含任何元素的集合是空集，记作 $\varnothing$。

$$\varnothing = \{x \mid P(x) \wedge \neg P(x)\}, P(x) \text{ 是任意谓词}$$

注意： $\varnothing \neq \{\varnothing\}$，但 $\varnothing \in \{\varnothing\}$，$\varnothing \subseteq \{\varnothing\}$。

定理 3.2 对于任意一个集合 A，$\varnothing \subseteq A$。

证明：假设 $\varnothing \subseteq A$ 为假，则至少有一个元素 x，使 $x \subseteq \varnothing$ 且 $x \notin A$，这与空集的定义相矛盾。故，$\varnothing \subseteq A$。

根据空集和子集的定义可知，对于每个非空集合 A，至少有两个不同的子集：A 和 $\varnothing$，即 $A \subseteq A$ 和 $\varnothing \subseteq A$，称 A 和 $\varnothing$ 是 A 的平凡子集。例如，集合 $A = \{a,b,c\}$ 的平凡子集分别为 $A = \{a,b,c\}$ 和 $\varnothing$。非空集合 A 的每个元素都能确定 A 的一个子集，即若 $a \in A$，$\{a\} \subseteq A$。

定义 3.4 在一定范围内，如果所有集合均为某一集合的子集，则称该集合为全集，记作 U 或 E。对于任一 $x \in A$，因 $A \subseteq U$，故 $x \in U$，即

$$(\forall x)(x \in U) \text{ 恒真}$$

故

$$U = \{x \mid P(x) \vee \neg P(x)\}, P(x) \text{ 为任何谓词}$$

全集的概念相当于论域，如在初等数论中，全体整数组成全集。在考虑某大学的学生组成的集合(如系、班级等)时，该大学的全体学生组成全集。

3.1.4 幂集

定义 3.5 给定集合 A，以集合 A 的所有子集为元素组成的集合称为集合 A 的幂集，记为 $P(A)$。

【例题 3.1】 设集合 $S = \{a,b,c\}$，写出它的全部子集和幂集。

解：集合 S 的全部子集为：

0 元子集，有 $C_3^0 = 1$ 个：$\varnothing$。

1 元子集，有 $C_3^1 = 3$ 个：$\{a\},\{b\},\{c\}$。

2 元子集，有 $C_3^2 = 3$ 个：$\{a,b\},\{a,c\},\{b,c\}$。

3 元子集，有 $C_3^3 = 1$ 个：$\{a,b,c\}$。

共有$C_3^0+C_3^1+C_3^2+C_3^3=8$个子集。

集合S的幂集为：$P(S)=\{\varnothing,\{a\},\{b\},\{c\},\{a,b\},\{a,c\},\{b,c\},\{a,b,c\}\}$。

定理3.3 如果有限集合A有n个元素，则其幂集$P(A)$有2^n元素。

证明：A的所有由k个元素组成的子集数为从n个元素中取k个的组合数，即

$$C_n^k=\frac{n(n-1)(n-2)\cdots(n-k+1)}{k!}$$

另外，因$\varnothing\subseteq A$，故$P(A)$的总数N可表示为

$$N=1+C_n^1+C_n^2+C_n^3+\cdots+C_n^n=\sum_{k=0}^{n}C_n^k$$

但又因$(x+y)^n=\sum\limits_{k=0}^{n}C_n^k x^k y^{n-k}$，令$x$=$y$=1，得$2^n=C_n^0+C_n^1+\cdots+C_n^n=\sum\limits_{k=0}^{n}C_n^k$，故$P(A)$的元素个数是$2^n$。

引进一种编码，能唯一地表示有限集合幂集中的所有元素。具体做法为：固定好元素出现的次序，同时规定元素出现为1，不出现为0，将其用二进制编码进行表示，然后转换为十进制。

如，设全集$S=\{a,b,c\}$，$P(S)=\{S_i\mid i\in J\}$，J=$\{i\mid i$是二进制且$000\leqslant i\leqslant 111\}$，这样可以唯一地表示$S=\{a,b,c\}$中的所有元素，则$S_0=S_{000}=\varnothing$，$S_1=S_{001}=\{c\}$，$S_2=S_{010}=\{b\}$，$S_3=S_{011}=\{b,c\}$，$S_4=S_{100}=\{a\}$，$S_5=S_{101}=\{a,c\}$，$S_6=S_{110}=\{a,b\}$，$S_7=S_{111}=\{a,b,c\}$。

一般地，$P(S)=\{S_i\mid i\in J\}=\{S_0,S_1,S_2,\cdots,S_{2^n-1}\}$，$J$=$\{i\mid i$是二进制且$\underbrace{00\cdots00}_{n\text{个}}\leqslant i\leqslant\underbrace{1\cdots\cdots1}_{n\text{个}}\}$。

习题 3-1

1. 写出下列集合的表示式。

(1) 所有一元一次方程的解组成的集合。

(2) x^6-1在实数域中的因式集。

(3) 直角坐标系中，单位圆内(不包括单位圆周)的点集。

(4) 极坐标系中，单位圆外(不包括单位圆周)的点集。

(5) 能被7整除的整数集。

2. 给出集合A，B和C的例子，使得$A\in B$，$B\in C$和$A\notin C$。

3. $A\subseteq B$，$A\in B$是可能的吗？并予以说明。

4. 确定下列集合的幂集：

(1) $\{a,\{a\}\}$

(2) $\{1,\{2,3\}\}$

(3) $\{\varnothing,a,\{b\}\}$

(4) $P(\varnothing)$

5. 设$A=\{\varnothing\}$，$B=P(P(A))$。

(1) 是否$\varnothing\in B$？是否$\varnothing\subseteq B$？

(2) 是否$\{\varnothing\}\in B$？是否$\{\varnothing\}\subseteq B$？

(3) 是否$\{\{\varnothing\}\}\in B$？是否$\{\{\varnothing\}\}\subseteq B$？

6. 设$S=\{a_1,a_2,\cdots,a_8\}$，B_4是S的子集，由B_{17}和B_{31}所表达的子集是什么？应如何规定子集$\{a_2,a_3,a_7\}$和$\{a_1,a_3\}$？

3.2 集合的运算

集合的运算就是以给定集合为对象，按照确定的规则进行运算得到另外一些集合。

3.2.1 集合的交运算

定义 3.6 设任意两个集合A和B，由集合A和B的所有共同元素组成的集合S称为A和B的交集，记作$A\cap B$。

$$S=A\cap B=\{x\mid x\in A\wedge x\in B\}$$

交集的定义，文氏图如图 3.1 所示。

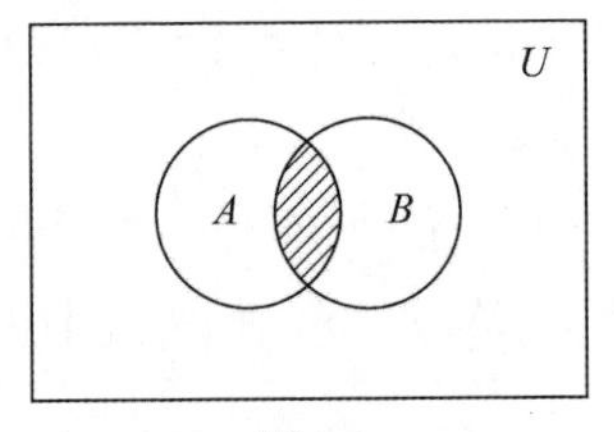

图 3.1

【例题 3.2】 (1) A={0，2，4，6，8，10，12}，B={1，2，3，4，5}，则$A\cap B$={2，4}。

(2) 设A是所有矩形的集合，B是平面上所有菱形的集合，则$A\cap B$是所有正方形的集合。

(3) 设A是所有被K除尽的整数的集合，B是所有被L除尽的整数的集合，则$A\cap B$是被K与L的最小公倍数除尽的整数的集合。

【例题 3.3】 设$A\subseteq B$，求证$A\cap C\subseteq B\cap C$。

证明：若$x\in A$则$x\in B$，对任一$x\in A\cap C$，有$x\in A$且$x\in C$，得$x\in B$且$x\in C$，故$x\in B\cap C$。因此，$A\cap C\subseteq B\cap C$。

集合的交运算具有以下性质：

(1) $A\cap A=A$

(2) $A\cap\varnothing=\varnothing$

(3) $A\cap U=A$

(4) $A\cap B=B\cap A$

(5) $(A\cap B)\cap C=A\cap(B\cap C)$

(6) $A\cap B\subseteq A$，$A\cap B\subseteq B$

证明：现对(5)式进行证明。其他式子的证明类似。

$$(A\bigcap B)\bigcap C=\{x\mid(x\in A\bigcap B)\wedge(x\in C)\}$$
$$A\bigcap(B\bigcap C)=\{x\mid(x\in A)\wedge(x\in B\bigcap C)\}$$
$$\begin{aligned}(x\in A\bigcap B)\wedge(x\in C)&\Leftrightarrow[(x\in A)\wedge(x\in B)]\wedge(x\in C)\\&\Leftrightarrow(x\in A)\wedge[(x\in B)\wedge(x\in C)]\\&\Leftrightarrow(x\in A)\wedge(x\in B\bigcap C)\end{aligned}$$

因此

$$(A\bigcap B)\bigcap C=A\bigcap(B\bigcap C)$$

若集合 A，B 没有共同的元素，则可写为 $A\bigcap B=\varnothing$，亦称 A 与 B 不相交。

因为集合交的运算满足结合律，故 n 个集合 $A_1,A_2,\cdots,A_n$ 的交可记为

$$P=A_1\bigcap A_2\bigcap\cdots\bigcap A_n=\bigcap_{i=1}^{n}A_i$$

例如，设 $A_1=\{1,2,3,8\}$，$A_2=\{2,8\}$，$A_3=\{4,8\}$，则 $\bigcap_{i=1}^{3}A_i=\{8\}$。

3.2.2 集合的并运算

定义 3.7 设任意两个集合 A 和 B，由属于 A 或属于 B 的元素组成的集合 S 称为 A 和 B 的并集，记作 $A\bigcup B$。

$$S=A\bigcup B=\{x\mid x\in A\vee x\in B\}$$

并集的定义，文氏图如图 3.2 所示。

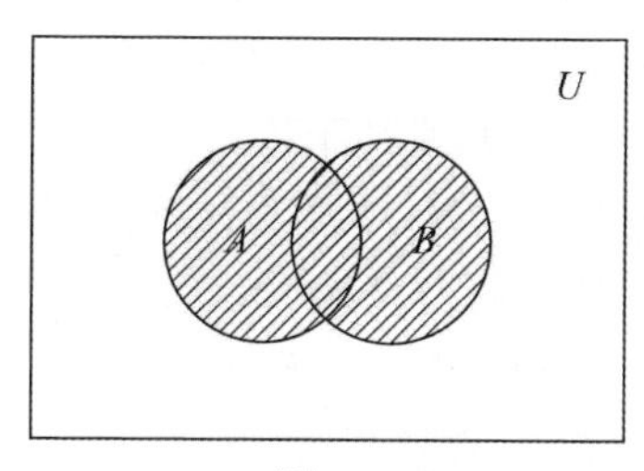

图 3.2

例如，设 A={0，2，4，6}，B={1，2，3，4，5}，则 $A\bigcup B$={0，1，2，3，4，5，6}。

集合的并运算具有以下性质：

(1) $A\bigcup A=A$

(2) $A\bigcup\varnothing=A$

(3) $A\bigcup U=U$

(4) $A\bigcup B=B\bigcup A$

(5) $(A\bigcup B)\bigcup C=A\bigcup(B\bigcup C)$

(6) $A\subseteq A\bigcup B$，$B\subseteq A\bigcup B$

【例题 3.4】 设 $A\subseteq B$，$C\subseteq D$，则 $A\bigcup C\subseteq B\bigcup D$。

证明：对任意 $x\in A\bigcup C$，有 $x\in A$ 或 $x\in C$。若 $x\in A$，由 $A\subseteq B$ 得 $x\in B$，故 $x\in B\bigcup D$；若 $x\in C$，由 $C\subseteq D$，则 $x\in D$，故 $x\in B\bigcup D$。因此，$A\bigcup C\subseteq B\bigcup D$。

同理可证，$A\subseteq B\Rightarrow A\cup C\subseteq B\cup C$。

因为集合的并运算满足结合律，故 n 个集合 A_1，A_2，…，A_n 的并可记为

$$W=A_1\cup A_2\cup\cdots\cup A_n=\bigcup_{i=1}^{n}A_i$$

例如，设 $A_1=\{1，2，3\}$，$A_2=\{3，8\}$，$A_3=\{2，6\}$，则

$$\bigcup_{i=1}^{3}A_i=\{1，2，3，6，8\}$$

定理 3.4 设 A，B，C 为三个集合，则下列分配律成立：

(1) $A\cap(B\cup C)=(A\cap B)\cup(A\cap C)$

(2) $A\cup(B\cap C)=(A\cup B)\cap(A\cup C)$

证明：(1) 设 $S=A\cap(B\cup C)$，$T=(A\cap B)\cup(A\cap C)$，若 $x\in S$，则 $x\in A$ 且 $x\in B\cup C$，即 $x\in A$ 且 $(x\in B$ 或 $x\in C)$，得 $(x\in A$ 且 $x\in B)$ 或 $(x\in A$ 且 $x\in C)$，即 $x\in A\cap B$ 或 $x\in A\cap C$，因此 $x\in T$，所以 $S\subseteq T$。

同理，若 $x\in T$，则 $x\in A\cap B$ 或 $x\in A\cap C$，$(x\in A$ 且 $x\in B)$ 或 $(x\in A$ 且 $x\in C)$，即 $x\in A$ 且 $x\in B\cup C$，于是 $x\in S$，所以 $T\subseteq S$。因此 $T=S$。

(2) 的证明类似(1)。

定理 3.5 设 A，B 为任意两个集合，则下列关系式成立：

(1) $A\cup(A\cap B)=A$

(2) $A\cap(A\cup B)=A$

证明：(1) $A\cup(A\cap B)=(A\cap U)\cup(A\cap B)=A\cap(U\cup B)=A\cap U=A$

(2) $A\cap(A\cup B)=(A\cup A)\cap(A\cup B)=A\cup(A\cap B)=A$

这就是著名的吸收律。

定理 3.6 $A\subseteq B$，当且仅当 $A\cup B=B$ 或 $A\cap B=A$。

证明：若 $A\subseteq B$，对任意 $x\in A$ 必有 $x\in B$，对任意 $x\in A\cup B$，有 $x\in A$ 或 $x\in B$，得 $x\in B$ 或 $x\in B$，则 $x\in B$，所以 $A\cup B\subseteq B$。又 $B\subseteq A\cup B$，所以 $A\cup B=B$。

反之，若 $A\cup B=B$，因为 $A\subseteq A\cup B$，故 $A\subseteq B$。

同理，$A\subseteq B$ 当且仅当 $A\cap B=A$。

3.2.3 集合的补运算

定义 3.8 设 A，B 为任意两个集合，所有属于 A 而不属于 B 的一切元素组成的集合 S 称为 B 对于 A 的补集，或相对补，记作 $A-B$。

$$S=A-B=\{x\mid x\in A\wedge x\notin B\}=\{x\mid x\in A\wedge\neg(x\in B)\}$$

$A-B$ 也称集合 A 和 B 的差，其定义如图 3.3 所示。

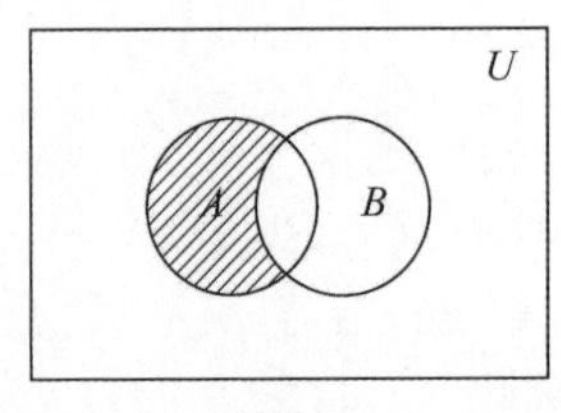

图 3.3

【例题3.5】求下列三个问题的 $A-B$。

(1) $A=\{2,5,6\}$，$B=\{1,2,4,7,9\}$。

(2) A 是素数集合，B 是奇数集合。

(3) 集合 $A=\{1,2,3\}$，集合 $B=\{x|x^2+x+2=0, x\in\mathbb{R}\}$。

解：(1) $A-B=\{5,6\}$

(2) $A-B=\{2\}$

(3) $A-B=A$

定义3.9　设 U 为全集，对任一集合 A 关于 U 的补集 $E-A$ 称为集合 A 的绝对补，简称 A 的补记作 $\sim A$。

$$\sim A=U-A=\{x\mid x\in U\wedge x\notin A\}$$

$\sim A$ 的定义，文氏图如图3.4所示。

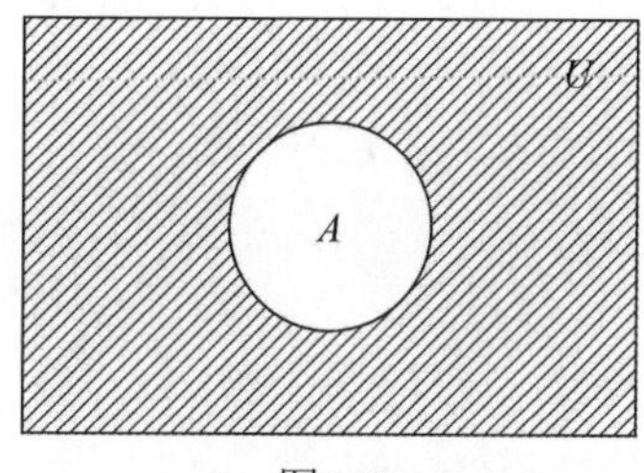

图3.4

由补的定义可知：

(1) $\sim(\sim A)=A$

(2) $\sim U=\varnothing$

(3) $\sim\varnothing=U$

(4) $A\cup\sim A=U$

(5) $A\cap\sim A=\varnothing$

定理3.7　设 A，B 为任意两个集合，则下列关系式成立：

(1) $\sim(A\cup B)=\sim A\cap\sim B$

(2) $\sim(A\cap B)=\sim A\cup\sim B$

证明：(1) $\sim(A\cup B)=\{x|x\in\sim(A\cup B)\}=\{x|x\notin A\cup B\}$

$=\{x|(x\notin A)\wedge(x\notin B)\}=\{x|(x\in\sim A)\wedge(x\in\sim B)\}$

$=\sim A\cap\sim B$

类似可证(2)。

这是集合的 De Morgan 定理。

定理3.8　设 A、B 为任意两个集合，则下列关系式成立：

(1) $A-B=A\cap\sim B$

(2) $A-B=A-(A\cap B)$

证明：这里仅证明(2)。

设 $x\in(A-B)$，即 $x\in A$ 且 $x\in\sim B$，则 $x\in A$ 且 $x\notin B$。因 $x\notin B$，必有 $x\notin(B\cap A)$，故 $x\in[A-(B\cap A)]$，

即 $A-B\subseteq[A-(B\cap A)]$。

又设 $x\subseteq[A-(B\cap A)]$，则 $x\in A$ 且 $x\notin(B\cap A)$，即 $x\in A$ 且 $x\in\sim(A\cap B)$，$x\in A$ 且($x\in\sim A$ 或 $x\in\sim B$)，得($x\in A$ 且 $x\in\sim A$)或者($x\in A$ 且 $x\in\sim B$)，但 $x\in A$ 且 $x\in\sim A$ 为假，则 $x\in A$ 且 $x\in\sim B$，$x\in A-B$，得到 $A-(A\cap B)\subseteq A-B$。

因此 $A-B=A-(A\cap B)$。

定理 3.9 设 A，B，C 为三个集合，则

$$A\cap(B-C)=(A\cap B)-(A\cap C)$$

证明：

$$A\cap(B-C)=A\cap(B\cap\sim C)=A\cap B\cap\sim C$$

又

$$\begin{aligned}(A\cap B)-(A\cap C)&=(A\cap B)\cap\sim(A\cap C)\\&=(A\cap B)\cap(\sim A\cup\sim C)\\&=(A\cap B\cap\sim A)\cup(A\cap B\cap\sim C)\\&=\varnothing\cup(A\cap B\cap\sim C)=A\cap B\cap\sim C\end{aligned}$$

因此

$$A\cap(B-C)=(A\cap B)-(A\cap C)$$

定理 3.10 设 A，B 为两个集合，若 $A\subseteq B$，则

(1) $\sim B\subseteq\sim A$

(2) $(B-A)\cup A=B$

证明：(1) 若 $x\in A$ 则 $x\in B$，因此 $x\notin B$ 必有 $x\notin A$，故 $x\in\sim B$ 必有 $x\in\sim A$，即$\sim B\subseteq\sim A$。

(2) $$\begin{aligned}(B-A)\cup A&=(B\cap\sim A)\cup A=(B\cup A)\cap(\sim A\cup A)\\&=(B\cup A)\cap U=B\cup A\end{aligned}$$

因为 $A\subseteq B$，就有 $B\cup A=B$，因此

$$(B-A)\cup A=B$$

3.2.4 集合的对称差运算

定义 3.10 设 A，B 为任意两个集合，A 和 B 的对称差为集合 S，其元素或属于 A，或属于 B，但不能既属于 A 又属于 B，记作 $A\oplus B$。

$$S=A\oplus B=(A-B)\cup(B-A)=\{x|x\in A\,\overline{\vee}\,x\in B\}$$

对称差的定义，文氏图如图 3.5 所示。

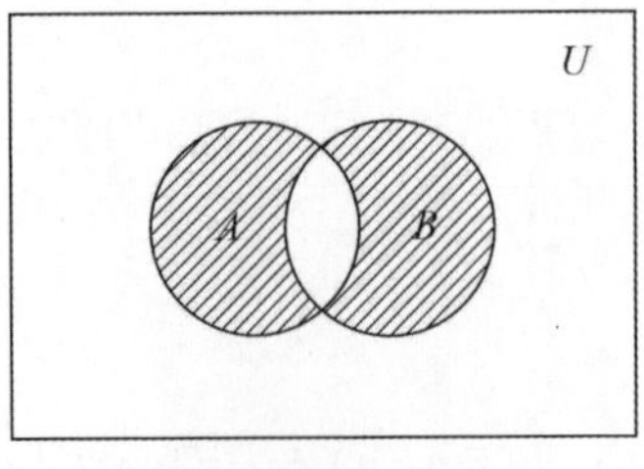

图 3.5

【例题 3.6】设集合 $A=\{1,2,3\}$，集合 $B=\{a,b,1,2\}$，求 $A\oplus B$。

解：

$$A\oplus B=(A-B)\cup(B-A)=\{3\}\cup\{a,b\}=\{3,a,b\}$$

根据对称差的定义，易推得如下性质：

(1) $A\oplus B=B\oplus A$

(2) $A\oplus\varnothing=A$

(3) $A\oplus A=\varnothing$

(4) $A\oplus B=(A\cap\sim B)\cup(\sim A\cap B)$

(5) $(A\oplus B)\oplus C=A\oplus(B\oplus C)$

证明：这里仅证明(5)。

$$\begin{aligned}(A\oplus B)\oplus C&=((A\oplus B)\cap\sim C)\cup(\sim(A\oplus B)\cap C)\\&=[((A\cap\sim B)\cup(\sim A\cap B))\cap\sim C]\cup[\sim((A\cap\sim B)\cup(\sim A\cap B))\cap C]\\&=(A\cap\sim B\cap\sim C)\cup(\sim A\cap B\cap\sim C)\cup[((\sim A\cup B)\cap(A\cup\sim B))\cap C]\end{aligned}$$

$$\begin{aligned}[(\sim A\cup B)\cap(A\cup\sim B)]\cap C&=[((\sim A\cup B)\cap A)\cup((\sim A\cup B)\cap\sim B)]\cap C\\&=((\sim A\cap A)\cup(A\cap B)\cup(\sim A\cap\sim B)\cup(B\cap\sim B))\cap C\\&=(\varnothing\cup(A\cap B)\cup(\sim A\cap\sim B)\cup\varnothing)\cap C\\&=(A\cap B\cap C)\cup(\sim A\cap\sim B\cap C)\end{aligned}$$

故

$$\begin{aligned}&(A\oplus B)\oplus C\\&=(A\cap\sim B\cap\sim C)\cup(\sim A\cap B\cap\sim C)\cup(A\cap B\cap C)\cup(\sim A\cap\sim B\cap C)\end{aligned}$$

又

$$\begin{aligned}&A\oplus(B\oplus C)\\&=[A\cap\sim(B\oplus C)]\cup[\sim A\cap(B\oplus C)]\\&=[A\cap\sim((B\cap\sim C)\cup(\sim B\cap C))]\cup[\sim A\cap((B\cap\sim C)\cup(\sim B\cap C))]\\&=[A\cap((\sim B\cup C)\cap(B\cup\sim C))]\cup[(\sim A\cap B\cap\sim C)\cup(\sim A\cap\sim B\cap C)]\end{aligned}$$

因为

$$\begin{aligned}&\mathrm{A}\cap((\sim\mathrm{B}\cup\mathrm{C})\cap(\mathrm{B}\cup\sim\mathrm{C}))\\&=A\cap[(\sim B\cap B)\cup(\sim B\cap\sim C)\cup(C\cap B)\cup(C\cap\sim C)]\\&=A\cap[(\sim B\cap\sim C)\cup(C\cap B)]\\&=(A\cap\sim B\cap\sim C)\cup(A\cap C\cap B)\end{aligned}$$

故

$$A\oplus(B\oplus C)=(A\cap\sim B\cap\sim C)\cup(A\cap B\cap C)\cup(\sim A\cap B\cap\sim C)\cup(\sim A\cap\sim B\cap C)$$

因此

$$(A\oplus B)\oplus C=A\oplus(B\oplus C)$$

从图 3.6 所示的文氏图亦可以看出下列关系式成立：

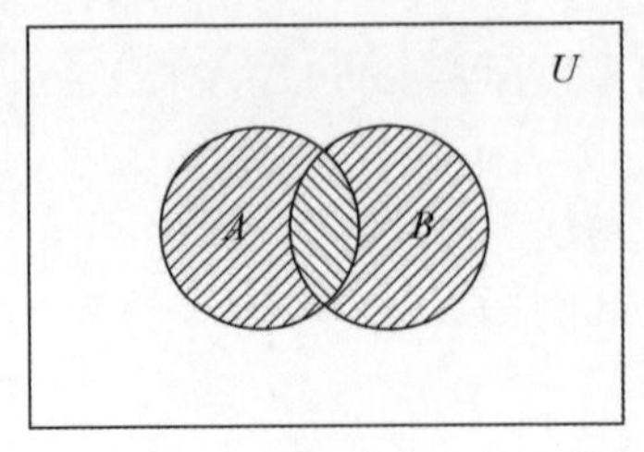

图 3.6

$$A\cup B=(A\cap\sim B)\cup(B\cap\sim A)\cup(A\cap B)$$
$$A\cup B=(A\oplus B)\cup(A\cap B)$$

现将并运算和交运算的性质总结于表 3.1。

表 3.1

双重否定	$\sim(\sim A)=A$
幂等律	$A\cup A=A$，$A\cap A=A$
结合律	$(A\cup B)\cup C=A\cup(B\cup C)$，$(A\cap B)\cap C=A\cap(B\cap C)$
交换律	$A\cup B=B\cup A$，$A\cap B=B\cap A$
分配律	$A\cap(B\cup C)=(A\cap B)\cup(A\cap C)$，$A\cup(B\cap C)=(A\cup B)\cap(A\cup C)$
吸收律	$A\cup(A\cap B)=A$，$A\cap(A\cup B)=A$
De Morgan 律	$\sim(A\cup B)=\sim A\cap\sim B$，$\sim(A\cap B)=\sim A\cup\sim B$
否定律	$A\cup\sim A=U$，$A\cap\sim A=\varnothing$

习题 3-2

1. (1) 设 $A=\{x|x<5，x\in\mathbb{N}\}$，$B=\{x|x<7，x$ 是正偶数$\}$，求 $A\cup B$，$A\cap B$。

(2) 设 $A=\{x|x$ 是 book 中的字母$\}$，$B=\{x|x$ 是 black 中的字母$\}$，求 $A\cup B$，$A\cap B$。

2. 给定自然数集合 $\mathbb{N}$ 的下列子集：

$$A=\{1，2，7，8\}，B=\{i|i^2<50\}$$
$$C=\{i|i\ 可被\ 3\ 整除，0\leqslant i\leqslant 30\}$$
$$D=\{i|i=2^k，k\in I_+，0\leqslant k\leqslant 6\}$$

求下列集合：

(1) $A\cup(B\cup(C\cup D))$

(2) $A\cap(B\cap(C\cap D))$

(3) $B-(A\cup C)$

(4) $(\sim A\cap B)\cup D$

3. 证明对所有集合 A，B 和 C，有

$$(A\cap B)\cup C=A\cap(B\cup C) \quad 当且仅当 \quad C\subseteq A$$

4. 证明对任意集合 A，B 和 C，有

(1) $(A-B)-C=A-(B\cup C)$

(2) $(A-B)-C=(A-C)-B$

(3) $(A-B)-C=(A-C)-(B-C)$

5. 求下列各式：

$\varnothing\cap\{\varnothing\}$，$\{\varnothing\}\cap\{\varnothing\}$，$\{\varnothing，\{\varnothing\}\}-\varnothing$，$\{\varnothing，\{\varnothing\}\}-\{\varnothing\}$，$\{\varnothing，\{\varnothing\}\}-\{\varnothing\}$

6. 假定 A 和 B 是全集 U 的子集，证明以下各式中每个关系式彼此等价。

(1) $A\subseteq B$，$\sim B\subseteq\sim A$，$A\cup B=B$，$A\cap B=A$

(2) $A\cap B=\varnothing$，$A\subseteq\sim B$，$B\subseteq\sim A$

(3) $A\cup B=U$，$\sim A\subseteq B$，$\sim B\subseteq A$

(4) $A=B$，$A\oplus B=\varnothing$

7. 使用文氏图说明下列命题的正确性。

(1) 若 A，B 和 C 是全集 U 的子集，使得 $A\cap B\subseteq\sim C$ 和 $A\cup B\subseteq B$，则 $A\cap C=\varnothing$。

(2) 若 A，B 和 C 是全集 U 的子集，使得 $A\subseteq\sim(B\cup C)$ 和 $B\subseteq\sim(A\cup C)$，则 $B=\varnothing$。

8. 证明：

(1) $A\cap(B\oplus C)=(A\cap B)\oplus(A\cap C)$

(2) $A\cup(B\oplus C)=(A\cup B)\oplus(A\cup C)$

3.3 包含排斥原理

集合的运算可用于有限个元素的计数问题。设 A_1，A_2 为有限集合，其元素个数分别记为$|A_1|$，$|A_2|$，根据集合运算的定义，显然以下各式成立：

$$|A_1\cup A_2|\leqslant|A_1|+|A_2|$$

$$|A_1\cap A_2|\leqslant\min(|A_1|，|A_2|)$$

$$|A_1-A_2|\geqslant|A_1|-|A_2|$$

$$|A_1\oplus A_2|=|A_1|+|A_2|-2|A_1\cap A_2|$$

这些公式可由图 3.7 所示的文氏图直接得到说明。但是在有限集的元素计数问题中，下述定理有更广泛的应用。

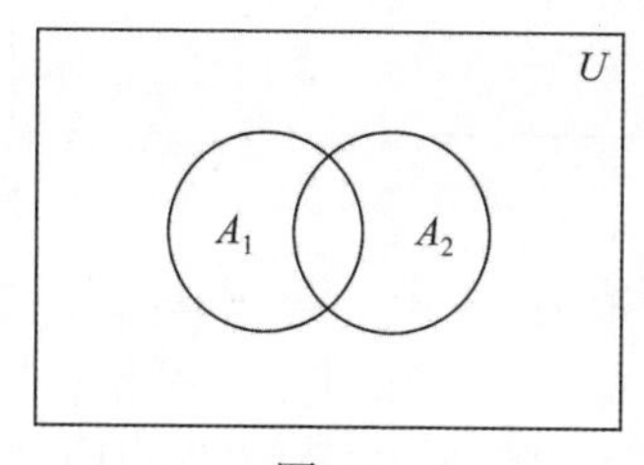

图 3.7

定理 3.11 设 A_1，A_2 为有限集合，其元素个数分别为$|A_1|$，$|A_2|$，则

$$|A_1\cup A_2|=|A_1|+|A_2|-|A_1\cap A_2|$$

证明：(1) 当 A_1 与 A_2 不相交，即 $A_1\cap A_2=\varnothing$ 时，有

$$|A_1\cup A_2|=|A_1|+|A_2|$$

(2) 若 $A_1\cap A_2\neq\varnothing$，则

$$|A_1|=|A_1\cap \sim A_2|+|A_1\cap A_2|$$
$$|A_2|=|\sim A_1\cap A_2|+|A_1\cap A_2|$$

所以

$$|A_1|+|A_2|=|A_1\cap \sim A_2|+|\sim A_1\cap A_2|+2|A_1\cap A_2|$$

但

$$|A_1\cap \sim A_2|+|\sim A_1\cap A_2|+|A_1\cap A_2|=|A_1\cup A_2|$$

故

$$|A_1\cup A_2|=|A_1|+|A_2|-|A_1\cap A_2|$$

这个定理，常称作包含排斥原理。

【例题 3.7】假设在 10 名青年中有 5 名是工人，7 名是学生，其中兼具有工人与学生双重身份的青年有 3 名，问既不是工人又不是学生的青年有几名？

解：设工人的集合为 W，学生的集合为 S，则根据题设有$|W|=5$，$|S|=7$，$|W\cap S|=3$。又因为$|\sim W\cap \sim S|+|W\cup S|=10$，则

$$|\sim W\cap \sim S|=10-|W\cup S|=10-(|W|+|S|-|W\cap S|)=10-(5+7-3)=1$$

所以既不是工人又不是学生的青年有 1 名。

对于任意三个集合 A_1，A_2 和 A_3，我们可以推广定理 3.11 的结果为

$$|A_1\cup A_2\cup A_3|=|A_1|+|A_2|+|A_3|-|A_1\cap A_2|-|A_1\cap A_3|-|A_2\cap A_3|+|A_1\cap A_2\cap A_3|$$

这个公式可以通过图 3.8 验证。

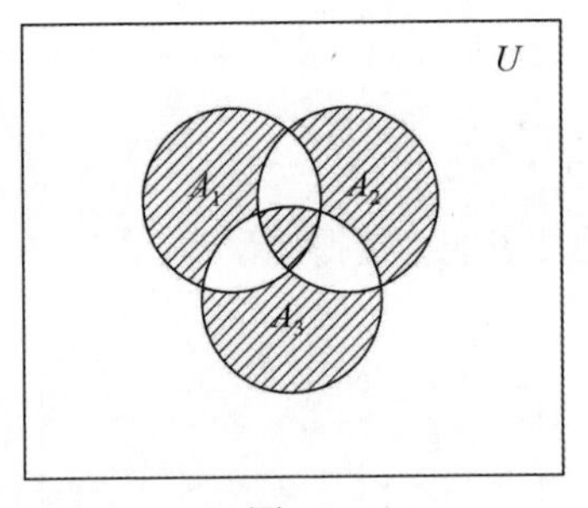

图 3.8

【例题 3.8】某大学计算机科学与技术专业某一学期只有三门选修课：人工智能导论、计算机科学前沿、数据挖掘技术。已知修这三门课的学生分别有 170，130，120 人；同时选修人工智能导论、计算机科学前沿两门课的学生有 45 人；同时选修人工智能导论、数据挖掘技术的有 20 人；同时选修计算机科学前沿、数据挖掘技术的有 22 人；同时修三门课的有 3 人。问计算机科学与技术专业有多少学生？

解：令 M 为选修人工智能导论课的学生集合，P 为选修计算机科学前沿的学生集合，C 为选修数据挖掘技术课的学生集合。

据题意有$|M|=170$，$|P|=130$，$|C|=120$，$|M\cap P|=45$，$|P\cap C|=22$，$|C\cap M|=20$，$|M\cap P\cap C|=3$，则该计算机科学与技术专业的学生数为

$$|M\cup P\cup C|=|M|+|P|+|C|-|M\cap P|-|P\cap C|-|C\cap M|+|M\cap P\cap C|=336$$

【例题 3.9】 在某工厂装配 800 辆汽车，可供选择的设备是行车记录仪、安全气囊和雷达倒车影像。根据用户要求：其中 380 辆汽车装行车记录仪，260 辆装安全气囊，170 辆装雷达倒车影像，且其中 150 辆汽车这三样设备都要求装。希望知道至少有多少辆汽车没有要求装这三样设备。

解：设 A_1，A_2，A_3 分别表示装行车记录仪、安全气囊和雷达倒车影像的汽车集合，则有

$$|A_1|=380，|A_2|=260，|A_3|=170$$

并且

$$|A_1\cap A_2\cap A_3|=150$$

故

$$\begin{aligned}|A_1\cup A_2\cup A_3|&=380+260+170-|A_1\cap A_2|-|A_1\cap A_3|-|A_2\cap A_3|+150\\&=960-|A_1\cap A_2|-|A_1\cap A_3|-|A_2\cap A_3|\end{aligned}$$

因为

$$|A_1\cap A_2|\geqslant|A_1\cap A_2\cap A_3|$$
$$|A_1\cap A_3|\geqslant|A_1\cap A_2\cap A_3|$$
$$|A_2\cap A_3|\geqslant|A_1\cap A_2\cap A_3|$$

因此

$$|A_1\cup A_2\cup A_3|\leqslant 960-150-150-150=510$$

即至多有 510 辆汽车要求装一个或几个设备，故至少有 290 辆汽车没有装这三样设备。

对于包含排斥原理，可以推广到 n 个集合的情况。

定理 3.12 设 A_1，A_2，…，A_n 为有限集合，其元素个数分别为$|A_1|$，$|A_2|$，…，$|A_n|$，则

$$|A_1\cup A_2\cup\cdots\cup A_n|$$

$$=\sum_{i=1}^{n}|A_i|-\sum_{1\leqslant i<j\leqslant n}|A_i\cap A_j|+\sum_{1\leqslant i<j<k\leqslant n}|A_i\cap A_j\cap A_k|+\cdots+(-1)^{n-1}|A_1\cap A_2\cap\cdots\cap A_n| \quad \text{(I)}$$

证明：用归纳法证明。

(1) 当 $n=2$ 时，$|A_1\cup A_2|=|A_1|+|A_2|-|A_1\cap A_2|$，等式(I)成立。

(2) 设对于 $r-1$ 个集合等式(I)成立。

对于 r 个集合 A_1，A_2，…，A_{r-1}，A_r，由上式得

$$\begin{aligned}|A_1\cup A_2\cup\cdots\cup A_{r-1}\cup A_r|&=|A_1\cup A_2\cup\cdots\cup A_{r-1}|+|A_r|-|A_r\cap(A_1\cup A_2\cup\cdots\cup A_{r-1})|\\&=|A_1\cup A_2\cup\cdots\cup A_{r-1}|+|A_r|-|(A_r\cap A_1)\cup(A_r\cap A_2)\cup\cdots\cup(A_r\cap A_{r-1})| \quad \text{(II)}\end{aligned}$$

对于 $r-1$ 个集合 $A_r\cap A_i(i=1，2，…，r-1)$，得

$$\begin{aligned}|(A_r\cap A_1)\cup(A_r\cap A_2)\cup\cdots\cup(A_r\cap A_{r-1})|&=\sum_{i=1}^{r-1}|A_r\cap A_i|-\sum_{1\leqslant i<j\leqslant r-1}|(A_r\cap A_i)\cap(A_r\cap A_j)|\\&\quad+\cdots+(-1)^{r-2}|(A_r\cap A_1)\cap(A_r\cap A_2)\cap\cdots\cap(A_r\cap A_{r-1})|\\&=\sum_{i=1}^{r-1}|A_r\cap A_i|-\sum_{1\leqslant i<j\leqslant r-1}|A_r\cap A_i\cap A_j|\\&\quad+\cdots+(-1)^{r-2}|A_1\cap A_2\cap\cdots\cap A_{r-1}\cap A_r| \quad \text{(III)}\end{aligned}$$

另外，对于 $r-1$ 个集合 $A_i(i=1, 2, \cdots, r-1)$，得

$$|A_1 \cup A_2 \cup \cdots \cup A_{r-1}| = \sum_{i=1}^{r-1} |A_i| - \sum_{1 \leqslant i<j \leqslant r-1} |A_i \cap A_j| + \sum_{1 \leqslant i<j<k \leqslant r-1} |A_i \cap A_j \cap A_k| + \cdots + (-1)^{r-2} |A_1 \cap A_2 \cap \cdots \cap A_{r-1}| \quad \text{(IV)}$$

将式(III)(IV)代入式(II)得

$$|A_1 \cup A_2 \cup \cdots \cup A_r| = \sum_{i=1}^{r} |A_i| - \sum_{1 \leqslant i<j \leqslant r} |A_i \cap A_j| + \sum_{1 \leqslant i<j<k \leqslant r} |A_i \cap A_j \cap A_k| + \cdots + (-1)^{r-2} |A_1 \cap A_2 \cap \cdots \cap A_{r-1}| + |A_r| - \left(\sum_{i=1}^{r-1} |A_r \cap A_i| - \sum_{1 \leqslant i<j \leqslant r-1} |A_r \cap A_i \cap A_j| + \cdots + (-1)^{r-2} |A_1 \cap A_2 \cap \cdots \cap A_r|\right)$$

整理得

$$|A_1 \cup A_2 \cup \cdots \cup A_r| = \sum_{i=1}^{r} |A_i| - \sum_{1 \leqslant i<j \leqslant r} |A_i \cap A_j| + \sum_{1 \leqslant i<j<k \leqslant r} |A_i \cap A_j \cap A_k| + \cdots + (-1)^{r-2} |A_1 \cap A_2 \cap \cdots \cap A_{r-1} \cap A_r|$$

【例题 3.10】 求 1 到 250 之间能被 2，3，5 和 7 任何一个整除的整数个数。

解：设 A_1 表示 1 到 250 间能被 2 整除的整数集合，A_2 表示 1 到 250 间能被 3 整除的整数集合，A_3 表示 1 到 250 间能被 5 整除的整数集合，A_4 表示 1 到 250 间能被 7 整除的整数集合，$\lfloor x \rfloor$ 表示小于或等于 x 的最大整数。有

$$|A_1| = \left\lfloor \frac{250}{2} \right\rfloor = 125, \quad |A_2| = \left\lfloor \frac{250}{3} \right\rfloor = 83, \quad |A_3| = \left\lfloor \frac{250}{5} \right\rfloor = 50, \quad |A_4| = \left\lfloor \frac{250}{7} \right\rfloor = 35$$

$$|A_1 \cap A_2| = \left\lfloor \frac{250}{2 \times 3} \right\rfloor = 41, \quad |A_1 \cap A_3| = \left\lfloor \frac{250}{2 \times 5} \right\rfloor = 25$$

$$|A_1 \cap A_4| = \left\lfloor \frac{250}{2 \times 7} \right\rfloor = 17, \quad |A_2 \cap A_3| = \left\lfloor \frac{250}{3 \times 5} \right\rfloor = 16$$

$$|A_2 \cap A_4| = \left\lfloor \frac{250}{3 \times 7} \right\rfloor = 11, \quad |A_3 \cap A_4| = \left\lfloor \frac{250}{5 \times 7} \right\rfloor = 7$$

$$|A_1 \cap A_2 \cap A_3| = \left\lfloor \frac{250}{2 \times 3 \times 5} \right\rfloor = 8, \quad |A_1 \cap A_2 \cap A_4| = \left\lfloor \frac{250}{2 \times 3 \times 7} \right\rfloor = 5$$

$$|A_1 \cap A_3 \cap A_4| = \left\lfloor \frac{250}{2 \times 5 \times 7} \right\rfloor = 3, \quad |A_2 \cap A_3 \cap A_4| = \left\lfloor \frac{250}{3 \times 5 \times 7} \right\rfloor = 2$$

$$|A_1 \cap A_2 \cap A_3 \cap A_4| = \left\lfloor \frac{250}{2 \times 3 \times 5 \times 7} \right\rfloor = 1$$

故

$$|A_1 \cup A_2 \cup A_3 \cup A_4| = 125+83+50+35-41-25-17-16-11-7+8+5+3+2-1=193$$

习题 3-3

1. 大学一年级 200 名学生体育选修结果为：选足球 67 人，选篮球 47 人，选乒乓球 95 人，既选足球又选篮球 28 人，既选篮球又选乒乓球 27 人，50 人这三种都不学。既选足球又选乒乓

球的有多少人？

(1) 求三门课都学的学生人数。

(2) 在文氏图(图3.9)中以正确的学生人数填入其中8个区域。

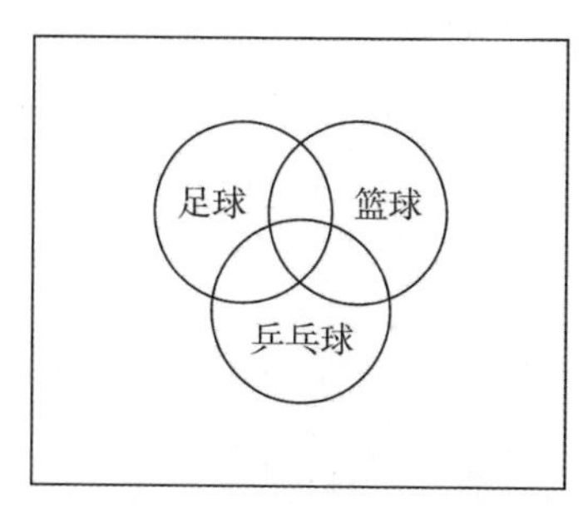

图3.9

2. 设某校足球队有球衣47件，篮球队有球衣20件，棒球队有球衣22件，三队队员的总数为70人，且其中只有3人同时参加三队，试问同时参加二队的队员共有几人？

3. 一个班级的50个学生中，有26人在第一次考试中得“优秀”，21人在第二次考试中得“优秀”，假如有17人两次考试都没有得“优秀”，问有多少学生两次考试中都得到“优秀”？

4. 75名儿童到公园游乐场，他们在那里可以骑旋转木马、坐滑行铁道、乘宇宙飞船，已知其中20人这三种都乘坐过，55人至少乘坐过其中的两种。若每样乘坐一次的费用是0.50元，公园游乐场总共收入10元，试确定有多少名儿童没有乘过其中任何一种。

第 4 章
关　　系

在现实世界中，事物不是孤立存在的，事物与事物之间都存在某种关系。例如，对于人而言可能存在着同学关系、朋友关系或父子关系，平面上点与点的关系(坐标)，等等。这些关系正是各门学科所要研究的主要内容。离散数学从集合出发，主要研究客体之间的关系。本章系统地介绍“关系”概念及其数学性质，主要研究二元关系。

【本章主要内容】

序偶与笛卡儿积；

关系的概念及其表示方法；

关系的性质；

关系的合成与逆运算；

关系的闭包运算；

等价关系与划分；

偏序关系；

关系的一些算法。

4.1 序偶与笛卡儿积

4.1.1 序偶

在日常生活中有许多事物是成对出现的，并且这种成对出现的事物具有一定的顺序。例如，上、下；左、右；3<4；张华高于李明；中国地处亚洲；平面上点的坐标等。一般地说，两个具有确定顺序的客体组成一个序偶，表达两个客体之间的关系，记作<*x*，*y*>。那么，上述各例可分别表示为：<上，下>；<左，右>；<3，4>；<张华，李明>；<中国，亚洲>；<*a*，*b*>等。

序偶可以看作具有两个元素的集合。但它与一般集合不同的是具有确定的次序。这种约定一经确定，序偶的次序就不能再予以变化了。在序偶<*a*，*b*>中，*a* 称第一元素，*b* 称第二元素。而且<*a*，*b*>≠<*b*，*a*>。

应特别强调，序偶<*a*，*b*>中两个元素不一定来自同一个集合，分别代表不同类型的事物。例如，在某产品中，*x* 表示二维码，*y* 表示产品名，则序偶<*x*，*y*>给出一个确定的产品；又如计算机操作系统中，*a* 代表操作码，*b* 代表地址码，则序偶<*a*，*b*>代表一条单地址指令。

定义 4.1 两个序偶相等，$<x, y>=<u, v>$，当且仅当 $x=u$，$y=v$。

可以将序偶的概念推广到三元组及其以上情况。

三元组是一个序偶，其第一元素本身也是一个序偶，可形式化表示为$<<x, y>, z>$。由序偶相等的定义，可以知道$<<x, y>, z>=<<u, v>, w>$，当且仅当$<x, y>=<u, v>$，$z=w$，即 $x=u$，$y=v$，$z=w$。三元组记作$<x, y, z>$。

注意：当 $x\neq y$ 时，$<x, y, z>\neq<y, x, z>$。$<<x, y>, z>\neq<x, <y, z>>$，因为$<x, <y, z>>$不是三元组。同理，四元组被定义为一个序偶，其第一元素为三元组，故四元组有形式为$<<x, y, z>, w>$且$<<x, y, z>, w>=<<p, q, r>, s>\Leftrightarrow(x=p)\wedge(y=q)\wedge(z=r)\wedge(w=s)$。

这样，n 元组可写为$<<x_1, x_2, \cdots, x_{n-1}>, x_n>$。

$<<x_1, x_2, \cdots, x_{n-1}>, x_n>=<<y_1, y_2, \cdots, y_{n-1}>, y_n>$

$\Leftrightarrow(x_1=y_1)\wedge(x_2=y_2)\wedge\cdots\wedge(x_{n-1}=y_{n-1})\wedge(x_n=y_n)$

一般地，n 元组可简写为$<x_1, x_2, \cdots, x_n>$，第 i 个元素 x_i 称作 n 元组的第 i 个坐标。

后文我们主要讨论二元关系。任意给定两个集合 A 和 B，就可以定义一种序偶的集合。

4.1.2 笛卡儿积

定义 4.2 令 X 和 Y 为任意两个集合，若序偶的第一个元素是 X 的元素，第二个元素是 Y 的元素，则所有这样的序偶的集合称为集合 X 和 Y 的笛卡儿积或直积。记作 $X\times Y$。

$X\times Y=\{<x, y>|(x\in X)\wedge(y\in Y)\}$

【例题 4.1】若 $A=\{a, b\}$，$B=\{1, 2, 3\}$，求 $A\times B$，$B\times A$，$A\times A$，$B\times B$，以及$(A\times B)\cap(B\times A)$。

解：
$A\times B=\{<a, 1>, <a, 2>, <a, 3>, <b, 1>, <b, 2>, <b, 3>\}$

$B\times A=\{<1, a>, <1, b>, <2, a>, <2, b>, <3, a>, <3, b>\}$

$A\times A=\{<a, a>, <a, b>, <b, a>, <b, b>\}$

$B\times B=\{<1, 1>, <1, 2>, <1, 3>, <2, 1>, <2, 2>, <2, 3>, <3, 1>, <3, 2>, <3, 3>\}$

$(A\times B)\cap(B\times A)=\varnothing$

由例题 4.1 可知，$A\times B\neq B\times A$。即笛卡儿积运算不满足交换律。

规定 $A=\varnothing$ 或 $B=\varnothing$，则 $A\times B=\varnothing$。

根据笛卡儿积的定义得

$(A\times B)\times C=\{<<a, b>, c>|(<a, b>\in A\times B)\wedge(c\in C)\}=\{<a, b, c>|(a\in A)\wedge(b\in B)\wedge(c\in C)\}$

$A\times(B\times C)=\{<a, <b, c>>|(a\in A)\wedge(<b, c>\in B\times C)\}$

因为$<a, <b, c>>$不是三元组，$<a, b, c>\neq<a, <b, c>>$，所以，$(A\times B)\times C\neq A\times(B\times C)$。故，笛卡儿积运算不满足结合律。

定理 4.1 设 A，B，C 为任意三个集合，则

(1) $A\times(B\cup C)=(A\times B)\cup(A\times C)$

(2) $A\times(B\cap C)=(A\times B)\cap(A\times C)$

(3) $(A\cup B)\times C=(A\times C)\cup(B\times C)$

(4) $(A\cap B)\times C=(A\times B)\cap(A\times C)$

证明：根据笛卡儿积、集合交并运算的概念，用谓词证明(1)，用等价关系证明(3)，可以类

似证明(2)和(4)。

(1) 设$<x, y>\in A\times(B\cup C)$，则$x\in A$，$y\in(B\cup C)$，即$x\in A$且($y\in B$或$y\in C$)。可得($x\in A$，$y\in B$)或($x\in A$，$y\in C$)，则$<x, y>\in A\times B$或$<x, y>\in A\times C$，得

$$<x, y>\in[(A\times B)\cup(A\times C)]$$

所以

$$A\times(B\cup C)\subseteq(A\times B)\cup(A\times C)$$

又设$<x, y>\in[(A\times B)\cup(A\times C)]$，则$<x, y>\in A\times B$或$<x, y>\in A\times C$，即$x\in A$，$y\in B$，或$x\in A$，$y\in C$，得$x\in A$且($y\in B$或$y\in C$)，即$x\in A$且$y\in(B\cup C)$，得$<x, y>\in A\times(B\cup C)$，所以

$$(A\times B)\cup(A\times C)\subseteq A\times(B\cup C)$$

因此

$$A\times(B\cup C)=(A\times B)\cup(A\times C)$$

(3) 若$<x, y>\in(A\cup B)\times C\Leftrightarrow(x\in(A\cup B)\wedge y\in C)$

$$\begin{aligned}
&\Leftrightarrow(x\in A\vee x\in B)\wedge y\in C)\\
&\Leftrightarrow(x\in A\wedge y\in C)\vee(x\in B\wedge y\in C)\\
&\Leftrightarrow(<x, y>\in A\times C)\vee(<x, y>\in B\times C)\\
&\Leftrightarrow <x, y>\in((A\times C)\cup(B\times C))
\end{aligned}$$

则

$$(A\cup B)\times C=(A\times C)\cup(B\times C)$$

定理4.2 若$C\neq\varnothing$，则

$A\subseteq B\Leftrightarrow(A\times C\subseteq B\times C)\Leftrightarrow(C\times A\subseteq C\times B)$

证明：若$y\in C$，因$A\subseteq B$，有

$$<x, y>\in A\times C\Rightarrow(x\in A\wedge y\in C)\Rightarrow(x\in B\wedge y\in C)\Rightarrow <x, y>\in B\times C$$

因此

$$A\times C\subseteq B\times C$$

反之，若$C\neq\varnothing$，$A\times C\subseteq B\times C$，取$y\in C$，则

$$\begin{aligned}
x\in A&\Rightarrow(x\in A)\wedge(y\in C)\\
&\Leftrightarrow(<x, y>\in A\times C)\\
&\Rightarrow(<x, y>\in B\times C)\\
&\Leftrightarrow(x\in B)\wedge(y\in C)\\
&\Rightarrow x\in B
\end{aligned}$$

因此

$$A\subseteq B$$

同理可证$A\subseteq B\Leftrightarrow(C\times A\subseteq C\times B)$。

定理4.3 设A，B，C，D为四个非空集合，则$A\times B\subseteq C\times D$的充要条件为$A\subseteq C$，$B\subseteq D$。

证明：若$A\times B\subseteq C\times D$，对任意$x\in A$和$y\in B$，有

$$\begin{aligned}
(x\in A)\wedge(y\in B)&\Leftrightarrow(<x, y>\in A\times B)\\
&\Rightarrow(<x, y>\in C\times D)\\
&\Leftrightarrow(x\in C)\wedge(y\in D)
\end{aligned}$$

即

$$A \subseteq C \text{ 且 } B \subseteq D。$$

反之，若 $A \subseteq C$ 且 $B \subseteq D$，对任意 $x \in A$ 和 $y \in B$，得

$$<x, y> \in A \times B \Leftrightarrow (x \in A) \wedge (y \in B) \Rightarrow (x \in C \wedge y \in D)$$
$$\Leftrightarrow (<x, y> \in C \times D)$$

因此

$$A \times B \subseteq C \times D$$

因为两集合的笛卡儿积仍是一个集合，故有限集合可以进行多次的笛卡儿积运算。

为了与 n 元组一致，规定：

$$A_1 \times A_2 \times A_3 = (A_1 \times A_2) \times A_3$$
$$A_1 \times A_2 \times A_3 \times A_4 = (A_1 \times A_2 \times A_3) \times A_4$$
$$= ((A_1 \times A_2) \times A_3) \times A_4$$

一般地，

$$A_1 \times A_2 \times \cdots \times A_n = (A_1 \times A_2 \times \cdots \times A_{n-1}) \times A_n$$
$$= \{<x_1, x_2, \cdots, x_n> | (x_1 \in A_1) \wedge (x_2 \in A_2) \wedge \cdots \wedge (x_n \in A_n)\}$$

故 $A_1 \times A_2 \times \cdots \times A_n$ 是有关 n 元组构成的集合。特别地，$A \times A$ 可以写成 A^2，同样地，有 $A \times A \times A = A^3$，…，$\overbrace{A \times A \times \cdots \times A}^{n} = A^n$。

习题 4-1

1. 判断下列各式是否成立。为什么？

(1) $(A \cup B) \times (C \cup D) = (A \times C) \cup (B \times D)$

(2) $(A - B) \times (C - D) = (A \times C) - (B \times D)$

(3) $(A \oplus B) \times (C \oplus D) = (A \times C) \oplus (B \times D)$

(4) $(A - B) \times C = (A \times C) - (B \times C)$

(5) $(A \oplus B) \times C = (A \times C) \oplus (B \times C)$

2. 设 $A = \{a, b\}$，$B = \{1, 2, 3\}$，计算下面的笛卡儿积：

(1) $A \times \{1\} \times B$

(2) $A^2 \times B$

(3) $(B \times A)^2$

(4) $P(A) \times A$。其中 $P(A)$ 为集合 A 的幂集。

3. 证明：(1) 若 $X \times X = Y \times Y$，则 $X = Y$。

(2) 若 $X \times Y = Y \times Z$，且 $X \neq \varnothing$，则 $Y = Z$。

4.2 关系及其表示

关系是一个基本概念，在日常生活中我们都熟悉关系一词的含义，例如师生关系、上下级关系、位置关系等。在数学上关系可表达集合中元素间的联系。如“3 小于 5”“x 大于 y”“点

a 在 b 与 c 之间”等。序偶能表示两个客体、三个客体或 n 个客体之间的关系。

例如，某高校学号与姓名之间是对应关系。设 X 表示学号的集合，Y 表示同学姓名的集合，则对于任意的 $x \in X$ 和 $y \in Y$，必有 x 与 y 有“对应”关系和 x 与 y 没有“对应”关系两种情况的一种。令 R 表示“对应”关系，则上述问题可表达为 xRy 或 $x \not R y$，亦可记为 $<x, y> \in R$ 或 $<x, y> \notin R$，因此，这种“对应”关系 R 是序偶的集合。

4.2.1 关系的概念

定义 4.3 任一序偶的集合确定了一个二元关系 R，R 中任一序偶 $<x, y>$ 可记作 $<x, y> \in R$ 或 xRy。不在 R 中的任一序偶 $<x, y>$ 可记作 $<x, y> \notin R$ 或 $x \not R y$。

例如，在实数中整除关系可记作 $=\{<x, y> | x, y$ 是实数且 $x|y\}$。

根据关系概念可知关系是序偶的集合，那么关系就是两集合直积的子集，而且序偶的第一元素和第二元素可以分别属于同一集合或者不同的集合。

定义 4.4 设 R 为二元关系，由 $<x, y> \in R$ 的所有 x 组成的集合 $\mathrm{dom}\,R$ 称为 R 的前域，即

$$\mathrm{dom}\,R=\{x | (\exists y)(<x, y> \in R)\}$$

使 $<x, y> \in R$ 的所有 y 组成的集合 $\mathrm{ran}R$ 称作 R 的值域，即

$$\mathrm{ran}\,R=\{y | (\exists x)(<x, y> \in R)\}$$

R 的前域和值域一起称作 R 的域，记作 FLD R，即

$$\mathrm{FLD}\,R=\mathrm{dom}\,R \cup \mathrm{ran}\,R$$

【例题 4.2】 设 $X=\{1, 2, 3, 4, 5\}$，$Y=\{a, b, c, d\}$，$R=\{<1, a>, <1, b>, <2, b>, <3, c>, <4, c>\}$，求 $\mathrm{dom}\,R$，$\mathrm{ran}\,R$，$\mathrm{FLD}\,R$。

解：$\mathrm{dom}\,R=\{1, 2, 3, 4\}$，$\mathrm{ran}\,R=\{a, b, c\}$，$\mathrm{FLD}\,R=\{1, 2, 3, 4, a, b, c\}$。

定义 4.5 令 X 和 Y 是任意两个集合，直积 $X \times Y$ 的子集 R 称作 X 到 Y 的关系。

由关系的定义可知，$R \subseteq X \times Y$，$\mathrm{dom}\,R \subseteq X$，$\mathrm{ran}\,R \subseteq Y$，$\mathrm{FLD}\,R=\mathrm{dom}\,R \cup \mathrm{ran}\,R \subseteq X \cup Y$。

$X \times Y$ 的两个平凡子集 $X \times Y$ 和 $\varnothing$ 分别称为 X 到 Y 的全域关系和空关系。

当 $X=Y$ 时，关系 R 是 $X \times X$ 的子集，称 R 为在 X 上的二元关系。

【例题 4.3】 设 $X=\{1, 2, 3, 4\}$，求 X 上的大于关系 R，及 $\mathrm{dom}\,R$，$\mathrm{ran}\,R$。

解：$R=\{<2, 1>, <3, 1>, <4, 1>, <3, 2>, <4, 2>, <4, 3>\}$

$\mathrm{dom}R=\{2, 3, 4\}$，$\mathrm{ran}R=\{1, 2, 3\}$

【例题 4.4】 设 $X=\{1, 2, 3, 4\}$，给出 X 上的全域关系和空关系，另外再给出 X 上的一个关系，指出该关系的值域和前域。

解：(1) X 上的全域关系为

$R_1=\{<1, 1>, <1, 2>, <1, 3>, <1, 4>, <2, 1>, <2, 2>, <2, 3>, <2, 4>, <3, 1>, <3, 2>, <3, 3>, <3, 4>, <4, 1>, <4, 2>, <4, 3>, <4, 4>\}=X \times X$

(2) X 上的空关系为

$R_2=\varnothing$

(3) 在 X 上的整除关系 R_3

$R_3=\{<1, 1>, <1, 2>, <1, 3>, <1, 4>, <2, 2>, <2, 4>, <3, 3>, <4, 4>\}$

$\mathrm{Dom}\,R_3=\{1, 2, 3, 4\}$，$\mathrm{ran}\,R_3=\{1, 2, 3, 4\}$。

例题中 R_3 的值域和前域都是 X，但是一般情况下不一定是集合本身，而是它的子集。

定义 4.6 设 I_X 是 X 上的二元关系且满足 $I_X=\{<x, x>|x\in X\}$，则称 I_X 是 X 上的恒等关系。

例如，$A=\{1, 2, 3\}$，则 $I_A=\{<1, 1>, <2, 2>, <3, 3>\}$。

注意：关系是序偶的集合，在同一域上的关系，关系可以进行集合的所有运算。

定理 4.4 若 R 和 S 是从集合 X 到集合 Y 的两个关系，则 R，S 的并、交、补、差和对称差仍然是 X 到 Y 的关系。

证明：因为 $R\subseteq X\times Y$，$S\subseteq X\times Y$，所以

$$R\cup S\subseteq X\times Y,\ R\cap S\subseteq X\times Y$$

$$\sim S=(X\times Y)-S\subseteq X\times Y$$

$$R-S=R\cap \sim S\subseteq X\times Y$$

$$(R\oplus S)=(R-S)\cup(S-R)=(R\cap \sim S)\cup(S\cap \sim R)\subseteq X\times Y$$

【例题 4.5】设 $X=\{1, 2, 3, 4\}$，若 $R=\{<x, y>|\dfrac{x-y}{2}$ 是整数$\}$，$S=\{<x, y>|\dfrac{x-y}{3}$ 是正整数$\}$，求 $R\cup S$，$R\cap S$，$\sim R$，$S-R$。

解：$R=\{<1, 1>, <1, 3>, <2, 2>, <2, 4>, <3, 1>, <3, 3>, <4, 2>, <4, 4>\}\subseteq X\times X$

$S=\{<4, 1>\}\subseteq X\times X$

$R\cup S=\{<1, 1>, <1, 3>, <2, 2>, <2, 4>, <3, 1>, <3, 3>, <4, 1>, <4, 2>, <4, 4>\}\subseteq X\times X$

$R\cap S=\varnothing\subseteq X\times X$

$\sim R=\{<1, 2>, <1, 4>, <2, 1>, <2, 3>, <3, 2>, <3, 4>, <4, 1>, <4, 3>\}\subseteq X\times X$

$S-R=\{<4, 1>\}\subseteq X\times X$

由上面分析可以知道，X 到 Y 的关系 R 是 $X\times Y$ 的子集，如果令 X 和 Y 为有限集，则二元关系 R 可用序偶集合的形式表示，还可以用矩阵或图形表示。

4.2.2 关系矩阵

设给定两个有限集合 $X=\{x_1, x_2, \cdots, x_m\}$，$Y=\{y_1, y_2, \cdots, y_n\}$，$R$ 为从 X 到 Y 的一个二元关系。则对应于关系 R 有一个关系矩阵 $\boldsymbol{M}_R=[r_{ij}]_{m\times n}$，其中

$$r_{ij}=\begin{cases}1,\ 当\langle x_i,y_j\rangle\in R\\0,\ 当\langle x_i,y_j\rangle\notin R\end{cases}$$

$$(i=1, 2, \cdots, m;\ j=1, 2, \cdots, n)$$

【例题 4.6】设 $X=\{x_1, x_2, x_3, x_4\}$，$y=\{y_1, y_2, y_3, y_4\}$，$R=\{<x_1, y_1>, <x_1, y_2>, <x_2, y_2>, <x_2, y_3>, <x_3, y_1>, <x_4, y_1>, <x_4, y_2>\}$，写出关系矩阵 $\boldsymbol{M}_R$。

解：

$$\boldsymbol{M}_R=\begin{bmatrix}1 & 1 & 0 & 0\\0 & 1 & 1 & 0\\1 & 0 & 0 & 0\\1 & 1 & 0 & 0\end{bmatrix}$$

【例题 4.7】设 $A=\{1, 2, 3, 4\}$，写出集合 A 上大于关系的关系矩阵。

解：$>=\{\langle 2, 1\rangle, \langle 3, 1\rangle, \langle 3, 2\rangle, \langle 4, 1\rangle, \langle 4, 2\rangle, \langle 4, 3\rangle\}$

它的关系矩阵为

$$\boldsymbol{M}_{>}=\begin{bmatrix} 0 & 0 & 0 & 0 \\ 1 & 0 & 0 & 0 \\ 1 & 1 & 0 & 0 \\ 1 & 1 & 1 & 0 \end{bmatrix}$$

4.2.3 关系图

有限集的二元关系还可用图形表示，设集合 $X=\{x_1, x_2, \cdots, x_m\}$ 到 $Y=\{y_1, y_2, \cdots, y_n\}$ 上的一个二元关系为 R，首先在平面上作出 m 个结点，分别记作 $x_1, x_2, \cdots, x_m$，然后另外作 n 个结点，分别记作 $y_1, y_2, \cdots, y_n$。如果 x_iRy_j，则可从结点 x_i 至结点 y_j 处作一有向弧，其箭头指向 y_j；如果 $x_i \not R\, y_j$，则 x_i 与 y_j 间没有线段连接。采用这种方法画出的图称为 R 的关系图。

【例题 4.8】画出 $R=\{\langle x_1, y_1\rangle, \langle x_1, y_3\rangle, \langle x_2, y_2\rangle, \langle x_2, y_3\rangle, \langle x_3, y_1\rangle, \langle x_4, y_1\rangle, \langle x_4, y_2\rangle\}$的关系图。

解：所画的关系图如图 4.1 所示。

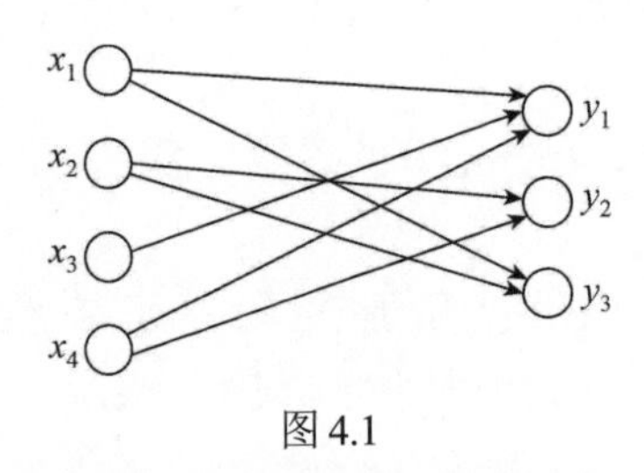

图 4.1

【例题 4.9】设 $A=\{1, 2, 3, 4, 5\}$，在 A 上的二元关系为：$R=\{\langle 1, 4\rangle, \langle 1, 5\rangle, \langle 2, 3\rangle, \langle 3, 1\rangle, \langle 3, 4\rangle, \langle 4, 4\rangle\}$，画出 R 的关系图。

解：因为 R 是 A 上的关系，故只需画出 A 中的每个元素即可。如果 a_iRa_j，就画一条由 a_i 到 a_j 的有向弧。本题的关系图如图 4.2 所示。

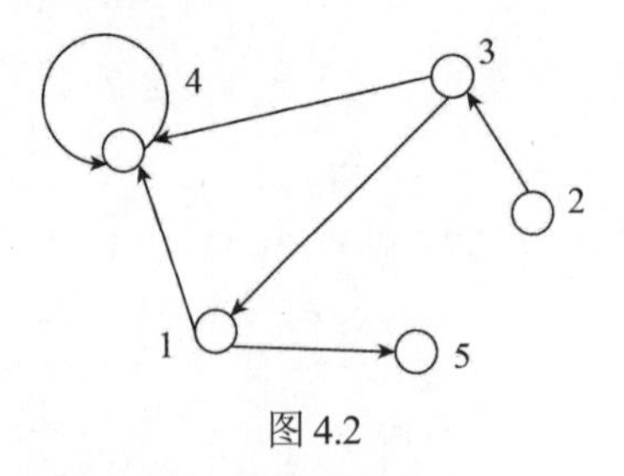

图 4.2

由于关系图主要表达结点与结点之间的邻接关系，在关系图中结点位置和线段的长短都可以是任意的，本例的关系 R 亦可表达为如图 4.3 所示。

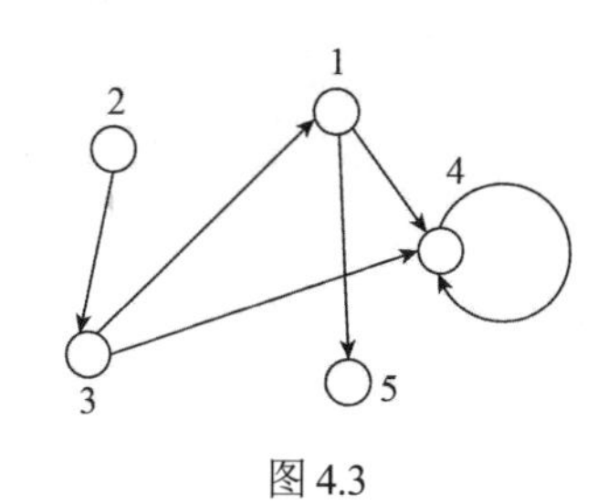

图 4.3

从 X 到 Y 的关系 R 是 $X\times Y$ 的子集，即 $R\subseteq X\times Y$，而 $X\times Y\subseteq(X\cup Y)\times(X\cup Y)$，所以 $R\subseteq(X\cup Y)\times(X\cup Y)$。设 $Z=X\cup Y$，则 $R\subseteq Z\times Z$，所以，本书中主要讨论同一集合上的关系。

习题 4-2

1. 在 $A=\{1，2，3，6，8，9\}$上，定义 S 为“小于或等于”关系，Z 为“整除”关系，求 S 和 Z，并计算 $S\cap Z$。

2. 给出所有从 $X=\{a，b，c\}$到 $Y=\{1，2\}$的关系。

3. 给出集合 A 上的每一式的二元关系，并画出其关系图、写出其关系矩阵。

(1) $\{<x，y>\mid 0\leqslant x\wedge y\leqslant 3\}$，其中 $A=\{0，1，2，3，4\}$。

(2) $\{<x，y>\mid 2\leqslant x，y\leqslant 7\wedge x$ 除尽 $y\}$，其中 $A=\{n|n\in\mathbb{N}\wedge n\leqslant 10\}$。

(3) $\{<x，y>\mid 0\leqslant x-y<3\}$，其中 $A=\{0，1，2，3，4\}$。

(4) $\{<x，y>\mid x$ 和 y 是互质的$\}$，其中 $A=\{2，3，4，5，6\}$。

(5) $\{<x，y>\mid x<y\vee x$ 是质数$\}$，其中 $A=\{0，1，2，3，4，5，6\}$。

4. 在 n 个元素的集合上，可以有多少种不同的关系？

5. 设 $P=\{<1，2>，<2，4>，<3，3>\}$，$Q=\{<1，3>，<2，4>，<4，2>\}$，求 $P\cup Q$，$P\cap Q$，$\mathrm{dom}\,P$，$\mathrm{dom}\,Q$，$\mathrm{ran}\,P$，$\mathrm{ran}\,Q$，$\mathrm{dom}(P\cap Q)$，$\mathrm{ran}(P\cap Q)$。

4.3 关系的性质

下面讨论集合 X 上的二元关系 R 的一些特殊性质。

定义 4.7　设 R 为定义在集合 X 上的二元关系，如果对于每个 $x\in X$，有 xRx，则称二元关系 R 是自反的。

$$R\text{ 在 }X\text{ 上自反}\Leftrightarrow(\forall x)(x\in X\rightarrow xRx)$$

例如，在实数集合中，“$\leqslant$”是自反的，因为对于任意实数有 $x\leq x$；平面上三角形的全等关系是自反的；同班同学关系是自反的。

定义 4.8　设 R 为定义在集合 X 上的二元关系，如果对于每一个 $x\in X$，都有$<x，x>\notin R$，则称 R 为反自反的。

$$R\text{ 在 }X\text{ 上反自反}\Leftrightarrow(\forall x)(x\in X\rightarrow<x，x>\notin R)$$

例如，数的大于关系，日常生活中的父子关系等都是反自反的。

注意：一个不是自反的关系，不一定就是反自反的。

【例题 4.10】 $A=\{1, 2, 3\}$，$S=\{<1, 1>, <1, 2>, <3, 2>, <2, 3>, <3, 3>\}$，验证 S 不是自反也不是反自反的。

证明：因为 $2 \in A$，但 $<2, 2> \notin S$，故 S 不是自反的。又 $1 \in A$，$3 \in A$，但 $<1, 1> \in S$，$<3, 3> \in S$，故 S 也不是反自反的。

定义 4.9 设 R 为定义在集合 X 上的二元关系，如果对于每个 x，$y \in X$，每当 xRy，就有 yRx，则称集合 X 上关系 R 是对称的。

$$R \text{ 在 } X \text{ 上对称} \Leftrightarrow (\forall x)(\forall y)(x \in X \wedge y \in X \wedge xRy \to yRx)$$

在日常生活中，大学同班同学关系是对称的，在同一街道居住的邻居关系是对称的，在平面上所有三角形集合中三角形的相似关系也是对称的。在集合 X 上的一些关系既是自反的，又是对称的。

【例题 4.11】 设 $A=\{2, 3, 5, 7\}$，$R=\{<x, y> \mid \frac{x-y}{2} \text{ 是整数}\}$，验证 R 在 A 上是自反和对称的。

证：因为对于任意 $x \in A$，$\frac{x-x}{2}=0$，即 $<x, x> \in R$，故 R 是自反的。

又设 x，$y \in A$，如果 $<x, y> \in R$，即 $\frac{x-y}{2}$ 是整数，则 $\frac{y-x}{2}$ 也必是整数，即 $<y, x> \in R$，因此 R 是对称的。

定义 4.10 设 R 为定义在集合 X 上的二元关系，对于每一个 x，$y \in X$，每当 xRy 和 yRx 必有 $x=y$，则称 R 在 X 上是反对称的，即

$$(\forall x)(\forall y)(x \in X \wedge y \in X \wedge xRy \wedge yRx \to x=y)$$

例如，实数集合中 $\leqslant$ 是反对称的，集合的 $\subseteq$ 关系是反对称的。

因为

$$\begin{aligned}
(xRy) \wedge (yRx) \to (x=y) &\Leftrightarrow \neg(x=y) \to \neg((xRy) \wedge (yRx)) \\
&\Leftrightarrow \neg(x=y) \to (x \not R y) \vee (y \not R x) \\
&\Leftrightarrow (x=y) \vee (x \not R y) \vee (y \not R x) \\
&\Leftrightarrow \neg((x \neq y) \wedge (xRy)) \vee (y \not R x) \\
&\Leftrightarrow (x \neq y) \wedge (xRy) \to (y \not R x)
\end{aligned}$$

故，关系 R 的反对称的定义亦可表示为

$$(\forall x)(\forall y)(x \in X \wedge y \in X \wedge x \neq y \wedge xRy \to y \not R x)$$

注意：可能有某种关系，既是对称的，又是反对称的。

例如，$A=\{a, b, c\}$，$R_1=\{<a, a>, <b, b>, <c, c>\}$，则 R_1 在 A 上是对称的也是反对称的。但如 $A=\{a, b, c\}$，$R_2=\{<a, b>, <a, c>, <c, a>\}$，则 R_2 既不是对称关系，又不是反对称关系。

【例题 4.12】 集合 $I=\{1, 2, 3, 4\}$，I 上的关系 $R=\{<1, 1>, <1, 3>, <2, 2>, <3, 3>, <3, 1>, <3, 4>, <4, 3>, <4, 4>\}$，讨论 R 的性质。

解：写出 R 的关系矩阵，并画出关系图如图 4.4 所示。

$$M_R=\begin{bmatrix}1&0&1&0\\0&1&0&0\\1&0&1&1\\0&0&1&1\end{bmatrix}$$

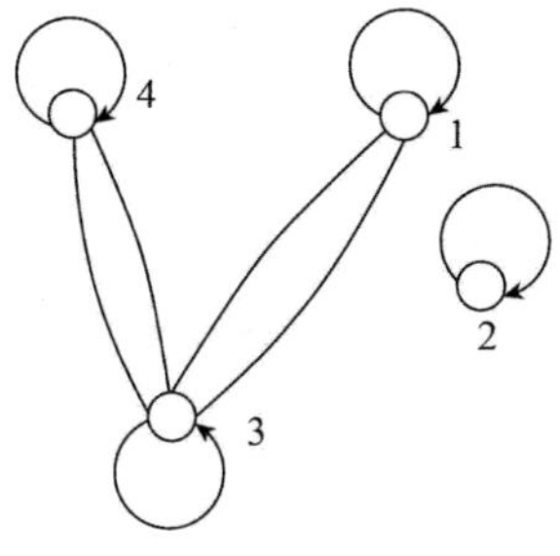

图 4.4

从例题 4.12 的关系矩阵和关系图容易看出，R 是自反的，对称的。

可以用关系矩阵和关系图判断关系是否是自反的、反自反的、对称的、反对称的。如表 4.1 所示。

表 4.1

判断方法	自反性	反自反性	对称性	反对称性
关系矩阵	主对角线上的所有元素都是 1	主对角线的元素全为 0	关于主对角线上的元素是对称的	关于主对角线对称的元素不能同时为 1
关系图	每个结点都有自回路	每个结点都没有自回路	两个不同结点间若有定向弧线，必成对出现且方向相反	两个不同结点间若有定向弧线，仅有一条

定义 4.11 设 R 为定义在集合 X 上的二元关系，如果对于任意 x，y，$z\in X$，每当 xRy，yRz 时就有 xRz，则称关系 R 在 X 上是传递的。

$$R\text{ 在 }X\text{ 上传递}\Leftrightarrow(\forall x)(\forall y)(\forall z)(x\in X\wedge y\in X\wedge z\in X\wedge xRy\wedge yRz\rightarrow xRz)$$

例如，在实数集合中关系≤，<和=都是传递的。又如，设 A 是人的集合，R 是 A 上的同班同学关系，R 是传递的。

【例题 4.13】 设 $X=\{\alpha, \beta, \gamma\}$，$R_1=\{<\alpha, \beta>, <\beta, \beta>\}$，$R_2=\{<\alpha, \beta>\}$，$R_3=\{<\alpha, \beta>, <\beta, \gamma>, <\alpha, \gamma>, <\beta, \alpha>\}$，$R_1$，$R_2$ 和 R_3 都是传递关系吗？

解：根据传递的定义，R_1 和 R_2 是传递的。但对于 R_3，因为 $<\alpha, \beta>\in R_3$，$<\beta, \alpha>\in R_3$，而 $<\alpha, \alpha>\notin R_3$，$<\beta, \beta>\notin R_3$，故 R_3 不是传递的。

传递的特征较复杂，不易由关系矩阵和关系图直接判断出来，一般使用传递定义进行判断。

习题 4-3

1. 在集合 $A=\{a, b, c\}$ 上给出下述五个关系。

$R=\{<a, a>, <a, b>, <a, c>, <c, c>\}$

$S=\{<a, a>, <a, b>, <b, a>, <b, b>, <c, c>\}$

$T=\{<a, a>, <a, b>, <b, b>, <b, c>\}$

$\varnothing$=空关系

$A\times A$=全域关系

判断上述五种关系分别是不是自反的、对称的、传递的和反对称的。

2. 给定 $A=\{1，2，3，4\}$，考虑 A 上的关系 R，若

$$R=\{<1, 3>, <1, 4>, <2, 3>, <2, 4>, <3, 4>\}$$

(1) 在 $A\times A$ 的坐标图中标出 R，并绘出它的关系图；

(2) R 是自反的、对称的、传递的或反对称的吗？

3. 如果关系 R 和 S 是自反的、对称的和传递的，证明 $R\cap S$ 亦是自反的、对称的和传递的。

4. 设 R 是集合 X 上的一个自反关系。求证：R 是对称和传递的，当且仅当 $<a, b>$ 和 $<a, c>$ 在 R 之中，则有 $<b, c>$ 在 R 之中。

4.4 关系的合成和逆

关系是序偶的集合，因此关系可以进行集合的并、交、补等运算，从而产生新的集合。还可以进行一些特殊的运算，如关系的合成(或者复合)运算，关系的逆运算。

4.4.1 关系的合成

定义 4.12 设 R 为从 X 到 Y 的关系，S 为从 Y 到 X 的关系，则 $R\circ S$ 称为 R 和 S 的复合关系，表示为

$$R\circ S=\{<x,z>|x\in X\wedge z\in Z\wedge(\exists y)(y\in Y\wedge <x,y>\in R\wedge <y,z>\in S)\}$$

从 R 和 S 求 $R\circ S$ 称为关系的合成运算，或称为复合运算，该复合是右复合。

例如，如果 R_1 是关系“……是……的兄弟”，R_2 是关系“……是……的父亲”，那么 $R_1\circ R_2$ 是关系“……是……的叔伯”。

合成运算是对关系的二元运算，是够由两个关系生成一个新的关系。

例如，R 是从 X 到 Y 的关系，S 是从 Y 到 Z 的关系，P 是从 Z 到 W 的关系，则 $(R\circ S)\circ P$ 和 $R\circ(S\circ P)$ 都是从 X 到 W 的关系。容易证明 $(R\circ S)\circ P=R\circ(S\circ P)$，因此关系的合成运算是可结合的。

【例题 4.14】 在 $A=\{1, 2, 3, 4 5\}$ 上，令 $R=\{<1,2>,<2,2>,<3,4>\}$ 和 $S=\{<1,3>,<2,5>,<3,1>,<4,2>\}$，试求：$R\circ S$，$S\circ R$，$(R\circ S)\circ R$，$R\circ(S\circ R)$，$R\circ R$，$S\circ S$，$R\circ R\circ R$。

解：$R\circ S=\{<1,5>,<2,5>,<3,2>\}$

$S\circ R=\{<1,4>,<3,2>,<4,2>\}\neq R\circ S$

$(R\circ S)\circ R=\{<3,2>\}$

$R\circ(S\circ R)=\{<3,2>\}$

$R\circ R=\{<1,2>,<2,2>\}$

$S \circ S = \{<4,5>,<3,3>,<1,1>\}$

$R \circ R \circ R = \{<1,2>,<2,2>\}$

【例题 4.15】 设 R_1 和 R_2 是集合 $X = \{0,1,2,3\}$ 上的关系，

$$R_1 = \{<i,j> | j = i+1 或 j = \frac{1}{2}i\}$$

$$R_2 = \{<i,j> | i = j+2\}$$

求：$R_1 \circ R_2$，$R_2 \circ R_1$，$R_1 \circ R_2 \circ R_1$，$R_1 \circ R_1$，$R_1 \circ R_1 \circ R_1$。

解：$R_1 = \{<0,1>,<1,2>,<2,3>,<0,0>,<2,1>\}$

$R_2 = \{<2,0>,<3,1>\}$

$R_1 \circ R_2 = \{<1,0>,<2,1>\}$

$R_2 \circ R_1 = \{<2,1>,<2,0>,<3,2>\}$

$R_1 \circ R_2 \circ R_1 = \{<1,1>,<1,0>,<2,2>\}$

$R_1 \circ R_1 = \{<0,2>,<1,3>,<1,1>,<0,1>,<0,0>,<2,2>\}$

$R_1 \circ R_1 \circ R_1 = \{<0,3>,<0,1>,<1,2>,<0,2>,<0,0>,<2,3>,<2,1>\}$

由关系合成的结合律可以知道关系 R 本身所组成的复合关系可以写成 $R \circ R, R \circ R \circ R, \cdots$，$\overbrace{R \circ R \circ \cdots \circ R}^{m}$，分别记作 $R^{(2)}, R^{(3)}, \cdots, R^{(m)}$，一般地，$\overbrace{R \circ R \circ \cdots \circ R}^{m-1} \circ R = R^{(m-1)} \circ R = R^{(m)}$。

4.4.2 复合关系的矩阵构造

因为关系可用矩阵表示，故复合关系亦可用矩阵表示。已知从集合 $X = \{x_1, x_2, \cdots, x_m\}$ 到集合 $Y = \{y_1, y_2, \cdots, y_n\}$ 有关系 R，则 $\boldsymbol{M}_R = [\mu_{ij}]$ 表示 R 的关系矩阵，其中，

$$\mu_{ij} = \begin{cases} 1, & 当 <x_i, y_j> \in R \\ 0, & 当 <x_i, y_j> \notin R \end{cases}$$

$$(i = 1,2,\cdots,m; j = 1,2,\cdots,n)$$

同理，从集合 $Y = \{y_1, y_2, \cdots, y_n\}$ 到集合 $Z = \{z_1, z_2, \cdots, z_p\}$ 的关系 S 可用矩阵 $\boldsymbol{M}_S = [\nu_{jk}]$ 表示，其中，

$$\nu_{jk} = \begin{cases} 1, & 当 <y_j, z_k> \in S \\ 0, & 当 <y_j, z_k> \notin S \end{cases}$$

$$(j = 1,2,\cdots,n; k = 1,2,\cdots,p)$$

表示复合关系 $R \circ S$ 的矩阵 $\boldsymbol{M}_{R \circ S}$ 可构造如下：

如果 Y 至少有一个这样的元素 y_j，使得 $<x_i, y_j> \in R$ 且 $<y_j, z_k> \in S$，则 $<x_i, z_k> \in R \circ S$。在集合 Y 中能够满足这样条件的元素可能不止 y_j 一个，例如另有 y_j' 也满足 $<x_i, y_j'> \in R$ 且 $<y_j', z_k> \in S$。在所有这样的情况下，$<x_i, z_k> \in R \circ S$ 都是成立的。所以，矩阵运算如下：

$$\boldsymbol{M}_{R \circ S} = \boldsymbol{M}_R \circ \boldsymbol{M}_S = [w_{ik}]$$

其中，

$$w_{ik} = \bigvee_{j=1}^{n} (\mu_{ij} \wedge \nu_{jk})$$

式中，$\vee$ 为逻辑加：$0\vee 0=0, 0\vee 1=1, 1\vee 0=1, 1\vee 1=1$；$\wedge$ 为逻辑乘：$0\wedge 0=0, 0\wedge 1=0$，$1\wedge 0=0, 1\wedge 1=1$。

【例题 4.16】给定集合 $A=\{1,2,3,4,5\}$，在集合 A 上定义两种关系：$R=\{<1,2>,<2,2>,<3,4>\}$，$S=\{<1,3>,<2,5>,<3,1>,<4,2>\}$，求 $R\circ S$ 和 $S\circ R$ 的矩阵。

解：

$$\boldsymbol{M}_{R\circ S}=\begin{bmatrix}0&1&0&0&0\\0&1&0&0&0\\0&0&0&1&0\\0&0&0&0&0\\0&0&0&0&0\end{bmatrix}\circ\begin{bmatrix}0&0&1&0&0\\0&0&0&0&1\\1&0&0&0&0\\0&1&0&0&0\\0&0&0&0&0\end{bmatrix}=\begin{bmatrix}0&0&0&0&1\\0&0&0&0&1\\0&1&0&0&0\\0&0&0&0&0\\0&0&0&0&0\end{bmatrix}$$

$$\boldsymbol{M}_{S\circ R}=\begin{bmatrix}0&0&1&0&0\\0&0&0&0&1\\1&0&0&0&0\\0&1&0&0&0\\0&0&0&0&0\end{bmatrix}\circ\begin{bmatrix}0&1&0&0&0\\0&1&0&0&0\\0&0&0&1&0\\0&0&0&0&0\\0&0&0&0&0\end{bmatrix}=\begin{bmatrix}0&0&0&1&0\\0&0&0&0&0\\0&1&0&0&0\\0&1&0&0&0\\0&0&0&0&0\end{bmatrix}$$

4.4.3 逆关系

定义 4.13 设 R 为 X 到 Y 的二元关系，如将 R 中每一序偶的元素顺序互换，所得到的集合称为 R 的逆关系。记作 R^c，即 $R^c=\{<y,x>|<x,y>\in R\}$。

如在集合 I 上，关系“<”的逆关系是“>”。而集合 $X=\{1,2,3,4\}$ 到 $Y=\{a,b,c\}$ 的关系 $R=\{<1,a>,<2,b>,<3,c>\}$，其逆关系为

$$R^c=\{<a,1>,<b,2>,<c,3>\}$$

根据逆关系的定义，$<x,y>\in R \Leftrightarrow <y,x>\in R^c \Leftrightarrow <x,y>\in (R^c)^c$，得 $(R^c)^c=R$。

定理 4.5 设 R，R_1 和 R_2 都是从 A 到 B 的二元关系，则下列各式成立。

(1) $(R_1\cup R_2)^c=R_1^c\cup R_2^c$

(2) $(R_1\cap R_2)^c=R_1^c\cap R_2^c$

(3) $(A\times B)^c=B\times A$

(4) $(\overline{R})^c=\overline{R}^c$ 这里 $\overline{R}=A\times B-R$

(5) $(R_1-R_2)^c=R_1^c-R_2^c$

证明：(1) $<x,y>\in(R_1\cup R_2)^c \Leftrightarrow <y,x>\in R_1\cup R_2$

$$\Leftrightarrow <y,x>\in R_1 \vee <y,x>\in R_2$$

$$\Leftrightarrow <x,y>\in R_1^c \vee <x,y>\in R_2^c$$

$$\Leftrightarrow <x,y>\in R_1^c\cup R_2^c$$

(2)和(3)容易证，略。

(4) $<x,y>\in(\overline{R})^c \Leftrightarrow <y,x>\in\overline{R} \Leftrightarrow <y,x>\notin R \Leftrightarrow <x,y>\notin R^c \Leftrightarrow <x,y>\in\overline{R}^c$。

(5) 因为$R_1 - R_2 = R_1 \cap \overline{R_2}$，故有

$$(R_1 - R_2)^c = (R_1 \cap \overline{R_2})^c = R_1^c \cap \overline{R_2}^c = R_1^c - R_2^c$$

定理4.6 设R为从X到Y的关系，S为从Y到Z的关系，证明$(R \circ S)^c = S^c \circ R^c$。

证明：$<z,x> \in (R \circ S)^c \Leftrightarrow <x,z> \in R \circ S$

$\Leftrightarrow (\exists y)(y \in Y \wedge <x,y> \in R \wedge <y,z> \in S)$

$\Leftrightarrow (\exists y)(y \in Y \wedge <y,x> \in R^c \wedge <z,y> \in S^c)$

$\Leftrightarrow <z,x> \in S^c \circ R^c$

定理4.7 设R为X上的二元关系，则

(1) R是对称的，当且仅当$R = R^c$；

(2) R是反对称的，当且仅当$R \cap R^c \subseteq I_X$。

证明：(1)因为R是对称的，故$<x,y> \in R \Leftrightarrow <y,x> \in R \Leftrightarrow <x,y> \in R^c$，所以$R = R^c$。反之，若$R^c = R$，因为$<x,y> \in R \Leftrightarrow <y,x> \in R^c \Leftrightarrow <y,x> \in R$，所以$R$是对称的。

(2) 证明，略。

关系R^c的图形是关系R图形中将其弧的箭头方向反置。关系R^c的矩阵$\boldsymbol{M}_{R^c}$是$\boldsymbol{M}_R$的转置矩阵。

【例题4.17】给定集合$X = \{a,b,c\}$，R是X上的二元关系，R的关系矩阵

$$\boldsymbol{M}_R = \begin{bmatrix} 1 & 0 & 1 \\ 1 & 1 & 0 \\ 1 & 1 & 1 \end{bmatrix}$$

求R^c和$R \circ R^c$的关系矩阵。

解：

$$\boldsymbol{M}_{R^c} = \begin{bmatrix} 1 & 1 & 1 \\ 0 & 1 & 1 \\ 1 & 0 & 1 \end{bmatrix}$$

$$\boldsymbol{M}_{R \circ R^c} = \begin{bmatrix} 1 & 0 & 1 \\ 1 & 1 & 0 \\ 1 & 1 & 1 \end{bmatrix} \circ \begin{bmatrix} 1 & 1 & 1 \\ 0 & 1 & 1 \\ 1 & 0 & 1 \end{bmatrix} = \begin{bmatrix} 1 & 1 & 1 \\ 1 & 1 & 1 \\ 1 & 1 & 1 \end{bmatrix}$$

结合关系的性质和运算，对于R和S具有同一个性质的运算总结如表4.2所示。

表4.2

性质	自反性	反自反性	对称性	反对称性	传递性
R^c	+	+	+	+	+
$R \cap S$	+	+	+	+	+
$R \cup S$	+	+	+	−	−
$R-S$	−	+	+	+	−
$R \circ S$	+	−	−	−	−

表中，+表示R和S具有同一个性质的运算结果也成立，−表示R和S具有同一个性质的运算结果不成立。这里仅给出$R \cap S$的传递性证明，其他性质的证明类似。

【例题 4.18】设 R 和 S 都具有传递性，证明 $R∩S$ 也具有传递性。

证明：因为 R 和 S 都具有传递性，即 $<x,y>\in R,<y,z>\in R$，则 $<x,z>\in R$；$<x,y>\in S,<y,z>\in S$，则 $<x,z>\in S$。

设 $<x,y>\in R\cap S,<y,z>\in R\cap S$，即 $<x,y>\in R,<x,y>\in S$，且 $<y,z>\in R,<y,z>\in R$，得 $<x,z>\in R$，$<x,z>\in S$，因此 $<x,z>\in R\cap S$。故 $R∩S$ 具有传递性。

习题 4-4

1. 设 R_1 和 R_2 是 A 上的任意关系，说明以下命题的真假，并予以证明。

(1) 若 R_1 和 R_2 是自反的，则 $R_1\circ R_2$ 也是自反的；

(2) 若 R_1 和 R_2 是反自反的，则 $R_1\circ R_2$ 也是反自反的；

(3) 若 R_1 和 R_2 是对称的，则 $R_1\circ R_2$ 也是对称的；

(4) 若 R_1 和 R_2 是传递的，则 $R_1\circ R_2$ 也是传递的。

2. 证明：若 S 为集合 X 上的二元关系，

(1) S 是传递的，当且仅当 $(S\circ S)\subseteq S$。

(2) S 是自反的，当且仅当 $I_X\subseteq S$。

(3) 若 S 是自反的和传递的，则 $S\circ S=S$。

3. 设 R,S,T 为集合 X 上的关系，证明 $R\circ(S\bigcup T)=(R\circ S)\bigcup(R\circ T)$。

4. R 是 A 上的一个二元关系，如果 R 是自反的，则 R^c 一定是自反的吗？如果 R 是对称的，则 R^c 一定是对称的吗？如果 R 是传递的，则 R^c 一定是传递的吗？

5. 如果 R 是反对称的关系，则在 $R\bigcap R^c$ 的关系矩阵中有多少非零值？

4.5 关系的闭包运算

对给定的关系用扩充一些序偶的方法得到具有某些特殊性质的新关系，这里给出闭包运算。

4.5.1 闭包运算的概念

定义 4.14 设 R 是 X 上的二元关系，如果有另一个关系 R' 满足：

(1) R' 是自反的(对称的，传递的)，

(2) $R'\supseteq R$，

(3) 对于任何自反的(对称的，传递的)关系 R''，如果有 $R''\supseteq R$，就有 $R''\supseteq R'$，则称关系 R' 为 R 的自反(对称，传递)闭包。记作

$$r(R),(s(R),t(R))$$

对于 X 上的二元关系 R，能用扩充序偶的方法来形成它的自反(对称，传递)闭包，但必须注意，从定义 4.14(3)可知，自反(对称，传递)闭包是包含 R 的最小自反(对称，传递)关系。

下面给出求关系 R 的自反(对称，传递)闭包的定理和方法。

定理4.8 设R是集合X上的二元关系，则：

(1) R的自反闭包为$r(R)=R\cup I_X$；

(2) R的对称闭包为$s(R)=R\cup R^c$。

证明：(1) 令$R'=R\cup I_X$，对任意$x\in X$，因为有$<x,x>\in I_X$，故$<x,x>\in R'$，于是R'在X上是自反的。又$R\subseteq R\cup I_X$，即$R\subseteq R'$。

若有自反关系R''且$R''\supseteq R$，显然有$R''\supseteq I_X$，于是$R''\supseteq I_X\cup R=R'$。

根据定义4.14，故$r(R)=R\cup I_X$。

(2) 设$R'=R\cup R^c$，因为$R\subseteq R\cup R^c$即$R'\supseteq R$。又设$<x,y>\in R'$，则$<x,y>\in R$或$<x,y>\in R^c$，即$<y,x>\in R^c$或$<y,x>\in R$，$<y,x>\in R\cup R^c$，所以R'是对称的。

设R''是对称的且$R''\supseteq R$，对任意$<x,y>\in R'$，则$<x,y>\in R$或$<x,y>\in R^c$。当$<x,y>\in R$时，$<x,y>\in R''$，当$<x,y>\in R^c$时，$<y,x>\in R$，$<y,x>\in R''$，因为R''对称，所以$<x,y>\in R''$，因此$R'\subseteq R''$。

根据定义4.14，故$s(R)=R\cup R^c$。

推理4.1 设R是X上的二元关系，那么

(1) R是自反的，当且仅当$r(R)=R$；

(2) R是对称的，当且仅当$s(R)=R$；

(3) R是传递的，当且仅当$t(R)=R$。

证明：(1) 如果R是自反的，因为$R\supseteq R$，且对任何包含R的自反关系R''，有$R''\supseteq R$，故R满足自反闭包的定义，即

$$r(R)=R$$

反之，如果$r(R)=R$，根据定义4.14(1)可知，R必是自反的。

同理可证(2)和(3)。

定理4.9 设R是X上的二元关系，则

$$t(R)=\bigcup_{i=1}^{\infty}R^{(i)}=R\cup R^{(2)}\cup R^{(3)}\cup\cdots$$

证明：(1) 先证$\bigcup_{i=1}^{\infty}R^{(i)}\subseteq t(R)$，用归纳法。

① 根据传递闭包的定义有$R\subseteq t(R)$。

② 假定$n\geqslant 1$时，$R^{(n)}\subseteq t(R)$，设$<x,y>\in R^{(n+1)}$。因为$R^{(n+1)}=R^{(n)}\circ R$，故必有某个$c\in X$，使$<x,c>\in R^{(n)}$和$<c,y>\in R$，故有$<x,c>\in t(R)$和$<c,y>\in t(R)$，即$<x,y>\in t(R)$，所以

$$R^{(n+1)}\subseteq t(R)$$

故

$$\bigcup_{i=1}^{\infty}R^{(i)}\subseteq t(R)$$

(2) 再证$t(R)\subseteq\bigcup_{i=1}^{\infty}R^{(i)}$。

设$<x,y>\in\bigcup\limits_{i=1}^{\infty}R^{(i)}$，$<y,z>\in\bigcup\limits_{i=1}^{\infty}R^{(i)}$，则必存在整数$s$和$t$，使得$<x,y>\in R^{(s)}$，$<y,z>\in R^{(t)}$，这样$<x,z>\in R^{(s)}\circ R^{(t)}=R^{(s+t)}$，即$<x,z>\in\bigcup\limits_{i=1}^{\infty}R^{(i)}$，所以$\bigcup\limits_{i=1}^{\infty}R^{(i)}$是传递的。

由于包含R的可传递关系都包含$t(R)$，故

$$t(R)\subseteq\bigcup_{i=1}^{\infty}R^{(i)}$$

由①和②得$t(R)=\bigcup\limits_{i=1}^{\infty}R^{(i)}$。

一般地，$\bigcup\limits_{i=1}^{\infty}R^{(i)}$记作$R^{+}$。

【例题 4.19】设$A=\{1,2,3\}$，R是A上的二元关系，且给定$R=\{<1,2>,<2,3>,<3,1>\}$，求$r(R)$，$s(R)$，$t(R)$。

解：$r(R)=R\cup I_A=\{<1,2>,<2,3>,<3,1>,<1,1>,<2,2>,<3,3>\}$

$s(R)=R\cup R^{c}=\{<1,2>,<2,1>,<2,3>,<3,2>,<3,1>,<1,3>\}$

为了求$t(R)$，先写出：

$$\boldsymbol{M}_R=\begin{bmatrix}0&1&0\\0&0&1\\1&0&0\end{bmatrix}$$

$$\boldsymbol{M}_{R^{(2)}}=\begin{bmatrix}0&1&0\\0&0&1\\1&0&0\end{bmatrix}\circ\begin{bmatrix}0&1&0\\0&0&1\\1&0&0\end{bmatrix}=\begin{bmatrix}0&0&1\\1&0&0\\0&1&0\end{bmatrix}$$

即$R^{(2)}=\{<1,3>,<2,1>,<3,2>\}$。

$$\boldsymbol{M}_{R^{(3)}}=\boldsymbol{M}_{R^{(2)}}\circ\boldsymbol{M}_R=\begin{bmatrix}0&0&1\\1&0&0\\0&1&0\end{bmatrix}\circ\begin{bmatrix}0&1&0\\0&0&1\\1&0&0\end{bmatrix}=\begin{bmatrix}1&0&0\\0&1&0\\0&0&1\end{bmatrix}$$

即$R^{(3)}=\{<1,1>,<2,2>,<3,3>\}$。

$$\boldsymbol{M}_{R^{(4)}}=\boldsymbol{M}_{R^{(3)}}\circ\boldsymbol{M}_R=\begin{bmatrix}1&0&0\\0&1&0\\0&0&1\end{bmatrix}\circ\begin{bmatrix}0&1&0\\0&0&1\\1&0&0\end{bmatrix}=\begin{bmatrix}0&1&0\\0&0&1\\1&0&0\end{bmatrix}$$

即$R^{(4)}=\{<1,2>,<2,3>,<3,1>\}=R$。

继续运算，得

$$R=R^{(4)}=\cdots=R^{(3n+1)}$$
$$R^{(2)}=R^{(5)}=\cdots=R^{(3n+2)}$$
$$R^{(3)}=R^{(6)}=\cdots=R^{(3n+3)},\ n=1,2,\cdots$$

故

$$t(R)=\bigcup_{i=1}^{\infty}R^{(i)}=R\cup R^{(2)}\cup R^{(3)}\cup\cdots=R\cup R^{(2)}\cup R^{(3)}$$
$$=\{<1,1>,<2,2>,<3,3>,<1,2>,<2,1>,<3,1>,<1,3>,<2,3>,<3,2>\}$$

$$\boldsymbol{M}_{t(R)}=\begin{bmatrix}1&1&1\\1&1&1\\1&1&1\end{bmatrix}$$

从例题4.19中可以看到，给定X上的关系R求$t(R)$，有时不必求出每一$R^{(i)}$。给出下面推理，且给出了计算$t(R)$与有限集合X中元素个数的关系，推理4.2证明略。

推理4.2 在n个元素的有限集上关系R的传递闭包为$t(R)=R\cup R^{(2)}\cup R^{(3)}\cup\cdots\cup R^{(n)}$。

4.5.2 矩阵求闭包

设关系R，$r(R)$，$s(R)$，$t(R)$的关系矩阵分别为$\boldsymbol{M}_R$，$\boldsymbol{M}_{r(R)}$，$\boldsymbol{M}_{s(R)}$和$\boldsymbol{M}_{t(R)}$，且$\boldsymbol{M}_R=\boldsymbol{M}$，则

$$\boldsymbol{M}_{r(\mathrm{R})}=\boldsymbol{M}\vee\boldsymbol{E}$$
$$\boldsymbol{M}_{s(\mathrm{R})}=\boldsymbol{M}\vee\boldsymbol{M}^{\mathrm{T}}$$
$$\boldsymbol{M}_{t(\mathrm{R})}=\boldsymbol{M}\vee\boldsymbol{M}^{(2)}\vee\boldsymbol{M}^{(3)}\vee\cdots$$

其中，$\boldsymbol{E}$是与$\boldsymbol{M}$同阶的单位矩阵，$\boldsymbol{M}^{\mathrm{T}}$是$\boldsymbol{M}$的转置矩阵。

注意：在上述等式中矩阵的元素相加和相乘运算分别是逻辑加和逻辑乘运算。

【例题4.20】设$A=\{1,2,3,4\}$，给定A上的关系R为$R=\{<1,2>,<2,1>,<2,3>,<3,4>\}$，求$r(R)$，$s(R)$，$t(R)$的关系矩阵。

解：R的关系矩阵为

$$\boldsymbol{M}_R=\begin{bmatrix}0&1&0&0\\1&0&1&0\\0&0&0&1\\0&0&0&0\end{bmatrix}$$

则

$$\boldsymbol{M}_{r(R)}=\boldsymbol{M}_{R\cup I_A}=\boldsymbol{M}_R\vee\boldsymbol{E}=\begin{bmatrix}1&1&0&0\\1&1&1&0\\0&0&1&1\\0&0&0&1\end{bmatrix}$$

$$\boldsymbol{M}_{s(R)}=\boldsymbol{M}_{R\cup R^c}=\boldsymbol{M}_R\vee\boldsymbol{M}_R^{\mathrm{T}}=\begin{bmatrix}0&1&0&0\\1&0&1&0\\0&1&0&1\\0&0&1&0\end{bmatrix}$$

$$M_{R^{(2)}}=\begin{bmatrix}0&1&0&0\\1&0&1&0\\0&0&0&1\\0&0&0&0\end{bmatrix}\circ\begin{bmatrix}0&1&0&0\\1&0&1&0\\0&0&0&1\\0&0&0&0\end{bmatrix}=\begin{bmatrix}1&0&1&0\\0&1&0&1\\0&0&0&0\\0&0&0&0\end{bmatrix}$$

$$M_{R^{(3)}}=\begin{bmatrix}1&0&1&0\\0&1&0&1\\0&0&0&0\\0&0&0&0\end{bmatrix}\circ\begin{bmatrix}0&1&0&0\\1&0&1&0\\0&0&0&1\\0&0&0&0\end{bmatrix}=\begin{bmatrix}0&1&0&1\\1&0&1&0\\0&0&0&0\\0&0&0&0\end{bmatrix}$$

$$M_{R^{(4)}}=\begin{bmatrix}0&1&0&1\\1&0&1&0\\0&0&0&0\\0&0&0&0\end{bmatrix}\circ\begin{bmatrix}0&1&0&1\\1&0&1&0\\0&0&0&0\\0&0&0&0\end{bmatrix}=\begin{bmatrix}1&0&1&0\\0&1&0&1\\0&0&0&0\\0&0&0&0\end{bmatrix}$$

所以

$$M_{t(R)}=M_R\vee M_{R^{(2)}}\vee M_{R^{(3)}}\vee M_{R^{(4)}}=\begin{bmatrix}1&1&1&1\\1&1&1&1\\0&0&0&1\\0&0&0&0\end{bmatrix}$$

当有限集X的元素较多时，对关系R的传递闭包进行矩阵运算很繁琐，因此，Warshall在1962年提出了关系R传递闭包的一个有效算法，具体如下：

(1) 设置新矩阵$A=M$；

(2) 设$i=1$；

(3) 对所有j如果$A[j,i]=1$，则对$k=1,2,\cdots,n$，

$$A[j,k]:=A[j,k]+A[i,k]$$

(4) i加1；

(5) 如果$i\leqslant n$，则转到步骤(3)，否则停止。

【例题4.21】

已知$M=\begin{bmatrix}1&1&0&0&0&0&0\\0&0&0&1&0&0&0\\0&0&0&0&1&0&0\\0&1&0&0&0&0&0\\0&0&0&0&0&0&0\\0&0&0&0&0&0&0\\0&0&0&0&0&0&0\end{bmatrix}$，求$t(R)$。

解：

$$A:=M=\begin{bmatrix}1&1&0&0&0&0&0\\0&0&0&1&0&0&0\\0&0&0&0&1&0&0\\0&1&0&0&0&0&0\\0&0&0&0&0&0&0\\0&0&0&0&0&0&0\\0&0&0&0&0&0&0\end{bmatrix}$$

$i=1$ 时，第一列中只有 $A[1,1]=1$，将第一行与第一行各对应元素进行逻辑加，仍记于第一行，得

$$A:=\begin{bmatrix}1&1&0&0&0&0&0\\0&0&0&1&0&0&0\\0&0&0&0&1&0&0\\0&1&0&0&0&0&0\\0&0&0&0&0&0&0\\0&0&0&0&0&0&0\\0&0&0&0&0&0&0\end{bmatrix}$$

$i=2$ 时，第二列中 $A[1,2]=1$，$A[4,2]=1$，分别将第一行、第四行各元素和第二行各对应元素进行逻辑加，仍分别记于第一行和第四行，得

$$A:=\begin{bmatrix}1&1&0&1&0&0&0\\0&0&0&1&0&0&0\\0&0&0&0&1&0&0\\0&1&0&1&0&0&0\\0&0&0&0&0&0&0\\0&0&0&0&0&0&0\\0&0&0&0&0&0&0\end{bmatrix}$$

$i=3$ 时，第三列中没有等于 1 的元素，A 的赋值不变。

$i=4$ 时，第四列中 $A[1,4]=A[2,4]=A[4,4]=1$，将一、二、四这三行和第四行对应元素进行逻辑加，仍分别记于一、二、四这三行，得

$$A:=\begin{bmatrix}1&1&0&1&0&0&0\\0&1&0&1&0&0&0\\0&0&0&0&1&0&0\\0&1&0&1&0&0&0\\0&0&0&0&0&0&0\\0&0&0&0&0&0&0\\0&0&0&0&0&0&0\end{bmatrix}$$

$i=5$时，第五列中$\boldsymbol{A}[3,5]=1$，将第三行与第五行的对应元素进行逻辑加，仍记于第三行；由于第五行的元素都等于零，$\boldsymbol{A}$的赋值不变。

$i=6$，$i=7$时，由于第六、七列各元素均为零，$\boldsymbol{A}$的赋值不变。最后得

$$\boldsymbol{M}_{t(R)}=\begin{bmatrix}1&1&0&1&0&0&0\\0&1&0&1&0&0&0\\0&0&0&0&1&0&0\\0&1&0&1&0&0&0\\0&0&0&0&0&0&0\\0&0&0&0&0&0&0\\0&0&0&0&0&0&0\end{bmatrix}$$

关系R的自反(对称，传递)闭包还可以进一步复合成自反(对称，传递)等闭包，它们之间有如下定理。

定理 4.10 设X是集合，R是X上的二元关系，则

(1) $rs(R)=sr(R)$

(2) $rt(R)=tr(R)$

(3) $ts(R)\supseteq st(R)$

证明：令I_X表示X上的恒等关系。

(1) $sr(R)=s(I_X\cup R)=(I_X\cup R)\cup(I_X\cup R)^c$

$=(I_X\cup R)\cup(I_X{}^c\cup R^c)=I_X\cup R\cup R^c$

$=I_X\cup s(R)=rs(R)$

(2) $tr(R)=t(I_X\cup R)=\bigcup\limits_{i=1}^{\infty}(I_X\cup R)^{(i)}=\bigcup\limits_{i=1}^{\infty}(I_X\cup\bigcup\limits_{j=1}^{i}R^{(j)})$

$=I_X\cup\bigcup\limits_{i=1}^{\infty}\bigcup\limits_{j=1}^{i}R^{(j)}=I_X\cup\bigcup\limits_{i=1}^{\infty}R^{(i)}$

$=I_X\cup t(R)=rt(R)$

(3) 其证明并不困难，留作练习请读者自证。

习题 4-5

1. 设集合$A=\{a,b,c,d\}$，A上的关系

$$R=\{<a,b>,<a,c>,<b,a>,<b,c>,<b,d>,<c,d>\}$$

(1) 用矩阵运算和作图方法求出R的自反闭包、对称闭包和传递闭包；

(2) 用 Warshall 算法求出R的传递闭包。

2. (1) 根据图 4.5 中的有向图，写出邻接矩阵和关系R，并求出R的自反闭包和对称闭包。

(2) 归纳出用矩阵和作图方法求自反(对称，传递)闭包的一般方法。

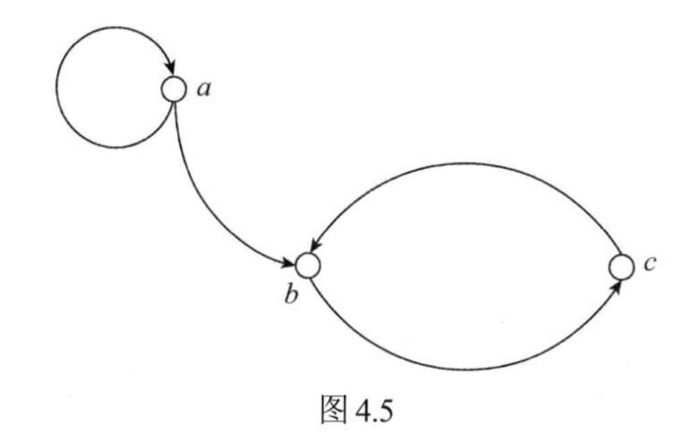

图4.5

3. 设 R 和 S 是集合 A 上的关系且 $R \supseteq S$，求证：

(1) $r(R) \supseteq r(S)$

(2) $s(R) \supseteq s(S)$

(3) $t(R) \supseteq t(S)$

4. 设 R_1 和 R_2 是 A 上的关系，证明：

(1) $r(R_1 \cup R_2) = r(R_1) \cup r(R_2)$

(2) $s(R_1 \cup R_2) = s(R_1) \cup s(R_2)$

(3) $t(R_1 \cup R_2) \supseteq t(R_1) \cup t(R_2)$

4.6 集合的划分与等价关系

4.6.1 集合的划分

定义 4.15 设 A 为给定非空集合，$\pi = \{S_1, S_2, \cdots, S_m\}$，其中 $S_i \subseteq A$，$S_i \neq \varnothing (i = 1, 2, \cdots, m)$，$\bigcup_{i=1}^{m} S_i = A$，且 $S_i \cap S_j = \varnothing$ $(i \neq j)$，则称 π 是 A 的划分(或分划，或分割)。

任一个集合的最小划分是由这个集合的全部元素组成的一个分块的集合，任一个集合的最大划分是由每个元素构成一个单元素分块的集合。

注意：给定集合 A 的划分并不是唯一的。但是已知一个集合却很容易构造出一种划分。

定义 4.16 若 $\{A_1, A_2, \cdots, A_r\}$ 与 $\{B_1, B_2, \cdots, B_s\}$ 是同一集合 A 的两种划分，则其中所有 $A_i \cap B_j$ 组成的集合称为原来两种划分的交叉划分。

例如，某年级计算机科学与技术专业的集合 X，可分割成 $\{M, F\}$，其中 M 表示男生的集合，F 表示女生的集合，又 X 也可构成 $\{Q, P\}$，其中 Q 表示一班，P 表示二班，则其交叉划分为 $\pi = \{Q \cap M, Q \cap F, P \cap M, P \cap F\}$，其中 $Q \cap M$ 表示一班男生，$Q \cap F$ 表示一班女生，$P \cap M$ 表示二班男生，$P \cap F$ 表示二班女生。又如，$\pi_1 = \{\{a,b\},\{c\},\{d,e\}\}$，$\pi_2 = \{\{a\},\{b,c\},\{d,e\}\}$ 是 $A = \{a,b,c,d,e\}$ 上的 2 种划分，$\pi_3 = \{\{a\},\{b\},\{c\},\{d,e\}\}$ 是 π_1 和 π_2 的交叉划分。

定理 4.11 设 $\{A_1, A_2, \cdots, A_r\}$ 与 $\{B_1, B_2, \cdots, B_s\}$ 是同一集合 X 的两种划分，则其交叉划分亦是原集合的一种划分。

证明：根据题设，可知两种划分的交叉划分为

$\{A_1 \cap B_1, A_1 \cap B_2, \cdots, A_1 \cap B_s, A_2 \cap B_1, A_2 \cap B_2, \cdots, A_2 \cap B_s, \cdots, A_r \cap B_1, A_r \cap B_2, \cdots, A_r \cap B_s\}$

在交叉划分中，任取两元素，$A_i \cap B_h, A_j \cap B_k$。

(1) 证明 $A_i \cap B_h, A_j \cap B_k$ 的交集为空集。

① 若 $i \neq j$ 且 $h = k$，因为 $A_i \cap A_j = \varnothing$，故

$$A_i \cap B_h \cap A_j \cap B_k = \phi \cap B_h \cap B_k = \varnothing$$

② 若 $i \neq j$ 且 $h \neq k$，因为 $A_i \cap A_j = \varnothing, B_h \cap B_k = \varnothing$，故

$$A_i \cap B_h \cap A_j \cap B_k = \varnothing \cap \varnothing = \varnothing$$

③ $i = j$ 且 $h \neq k$，情况与①相同。

综上所述，在交叉划分中，任取两元素，其交为

$$(A_i \cap B_h) \cap (A_j \cap B_k) = \varnothing$$

(2) 证明交叉划分中所有元素的并为 X。

$$\begin{aligned}
&\{(A_1 \cap B_1) \cup (A_1 \cap B_2) \cup \cdots \cup (A_1 \cap B_s) \cup \cdots \cup (A_r \cap B_1) \cup (A_r \cap B_2) \cup \cdots \cup (A_r \cap B_s)\} \\
&= (A_1 \cap (B_1 \cup B_2 \cup \cdots \cup B_s)) \cup (A_2 \cap (B_1 \cup B_2 \cup \cdots \cup B_s)) \cdots (A_r \cap (B_1 \cup B_2 \cup \cdots \cup B_s)) \\
&= ((A_1 \cup A_2 \cup \cdots \cup A_r) \cap (B_1 \cup B_2 \cup \cdots \cup B_s)) = X \cap X = X
\end{aligned}$$

定义 4.17 给定 X 的任意两个划分 $\{A_1, A_2, \cdots, A_r\}$ 和 $\{B_1, B_2, \cdots, B_s\}$，若对于每一个 A_j 均有 B_k 使 $A_j \subseteq B_k$，则 $\{A_1, A_2, \cdots, A_r\}$ 称为 $\{B_1, B_2, \cdots, B_s\}$ 的加细。

定理 4.12 任何两种划分的交叉划分都是原来各划分的一种加细。

证明：设 $\{A_1, A_2, \cdots, A_r\}$ 与 $\{B_1, B_2, \cdots, B_s\}$ 的交叉划分为 T，对 T 中任意元素 $A_i \cap B_j$ 必有 $A_i \cap B_j \subseteq A_i$ 和 $A_i \cap B_j \subseteq B_j$，故 T 必是原划分的加细。

4.6.2 等价关系

下面介绍具有特别重要意义的一类二元关系：等价关系。

定义 4.18 设 R 为定义在集合 A 上的一个关系，若 R 是自反的、对称的和传递的，则 R 称为等价关系。

例如，在平面上三角形集合中三角形的相似关系是等价关系；大学中同班同学关系是等价关系。

设 R 为定义在集合 A 上的一个关系，若 R 是自反的和对称的，则 R 称为相容关系。本书对相容关系不详细讨论，感兴趣的读者可以查阅有关资料。

【例题 4.22】 设集合 $A = \{1,2,3,4\}$，$R = \{<1,1>, <1,4>, <4,1>, <4,4>, <2,2>, <2,3>, <3,2>, <3,3>\}$。证明 R 是 A 上的等价关系。

解：写出 R 的关系矩阵，画出关系图 4.6。

$$
\boldsymbol{M}_R=\begin{bmatrix}1&0&0&1\\0&1&1&0\\0&1&1&0\\1&0&0&1\end{bmatrix}
$$

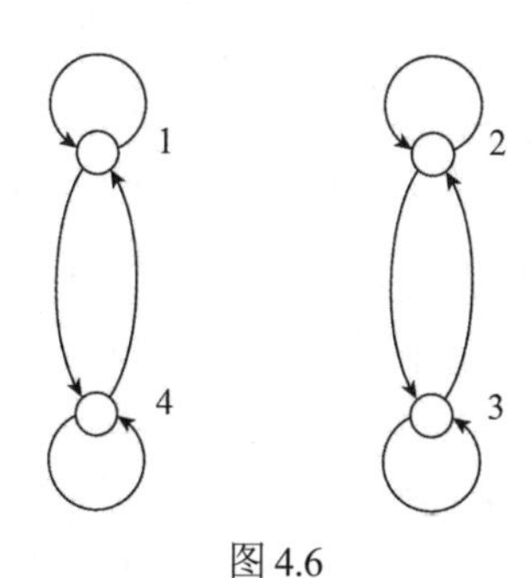

图 4.6

图中每一结点都有自回路，说明 R 是自反的。任意两结点间，或没有弧线连接，或有成对弧出现，故 R 是对称的。从 R 的序偶表示式中可以看出 R 是传递的，逐个检查序偶，如 $<1,1>\in R,<1,4>\in R$，有 $<1,4>\in R$，同理 $<1,4>\in R,<4,1>\in R$，有 $<1,1>\in R$。故 R 是 T 上的等价关系。

同样，由关系矩阵亦可验证 R 是等价关系。

【例题 4.23】 设 I 为整数集，整数集上的同余模 k 的关系 $R=\{<x,y>|\, x\equiv y(\bmod k)\}$，证明 R 是等价关系。

证明：可以证明整数集上的同余模 k 的关系 $R=\{<x,y>|\, x\equiv y\ (\bmod k)\}$ 与 $R'=\{<x,y>|\, x-y=kt,t\text{为整数}\}$ 是等价的。

设任意 $a,b,c\in I$。

(1) 因为 $a-a=k\times 0$，所以 $<a,a>\in R$，R 是自反的。

(2) 若 $<a,b>\in R$，即 $a\equiv b(\bmod k)$，$a-b=kt(t\text{为整数})$，则 $b-a=-kt$，所以 $b\equiv a(\bmod k)$，即 $<b,a>\in R$，R 是对称的。

(3) 若 $<a,b>\in R$，$<b,c>\in R$，即 $a\equiv b(\bmod k),b\equiv c(\bmod k)$，则 $a-b=kt,b-c=ks$ $(t,s\text{为整数})$，$a-c=a-b+b-c=k(t+s)$，所以 $a\equiv c(\bmod k)$，即 $<a,c>\in R$，R 是传递的。

因此，R 是等价关系。

定义 4.19 设 R 为集合 A 上的等价关系，对任何 $a\in A$，集合 $[a]_R=\{x\,|\,x\in A,aRx\}$ 称为元素 a 形成的 R 等价类，a 称为代表元或生成元。

由等价类的定义可知 $[a]_R$ 是非空的，因为 $a\in[a]_R$，因此任给集合 A 及其上的等价关系 R，必可写出 A 上各个元素的等价类。例如在例题 4.22 中，A 的各个元素的等价类为

$$[1]_R=[4]_R=\{1,4\}$$
$$[2]_R=[3]_R=\{2,3\}$$

【例题 4.24】 设 I 是整数集合，R 是同余模 5 的关系，即

$$R = \{<x, y> | x \in I, y \in I, x \equiv y(\bmod 5)\}$$

确定由 I 的元素所产生的等价类。

解：例题 4.23 中已证明整数集合上的同余模 k 的关系是等价关系，故由 I 的元素产生的等价类是

$$[0]_R = \{\cdots, -15, -10, -5, 0, 5, 10, 15, \cdots\}$$
$$[1]_R = \{\cdots, -14, -9, -4, 1, 6, 11, 16, \cdots\}$$
$$[2]_R = \{\cdots, -13, -8, -3, 2, 7, 12, 17, \cdots\}$$
$$[3]_R = \{\cdots, -12, -7, -2, 3, 8, 13, 18, \cdots\}$$
$$[4]_R = \{\cdots, -11, -6, -1, 4, 9, 14, 19, \cdots\}$$

从例题 4.24 可以看到，在集合 I 上同余模 5 等价关系 R 所构成的等价类有

$$[0]_R = [5]_R = [-5]_R = [10]_R = [-10]_R = \cdots$$
$$[1]_R = [6]_R = [-4]_R = [11]_R = [-9]_R = \cdots$$
$$[2]_R = [7]_R = [-3]_R = [12]_R = [-8]_R = \cdots$$
$$[3]_R = [8]_R = [-2]_R = [13]_R = [-7]_R = \cdots$$
$$[4]_R = [9]_R = [-1]_R = [14]_R = [-6]_R = \cdots$$

定理 4.13 设给定集合 A 上的等价关系 R，对于 $a, b \in A$ 有 aRb，当且仅当 $[a]_R = [b]_R$。

证明：假定 $[a]_R = [b]_R$，因为 $a \in [a]_R$，故 $a \in [b]_R$，即 aRb。

反之，若 aRb，设

$$c \in [a]_R \Rightarrow aRc \Rightarrow cRa \Rightarrow cRb \Rightarrow c \in [b]_R$$

所以，$[a]_R \subseteq [b]_R$

同理，若 $c \in [b]_R \Rightarrow bRc \Rightarrow aRc \Rightarrow c \in [a]_R$，则有 $[b]_R \subseteq [a]_R$。

因此，若 aRb，则 $[a]_R = [b]_R$。

定义 4.20 设给定集合 A 上的等价关系 R，其等价类集合 $\{[a]_R \mid a \in A\}$ 称作 A 关于 R 的商集，记作 A/R。

如例题 4.24 中商集

$$I/R = \{[0]_R, [1]_R, [2]_R, [3]_R, [4]_R\}$$

注意到商集 I/R 中 $[0]_R \cup [1]_R \cup [2]_R \cup [3]_R \cup [4]_R = I$，且任意两个不同等价类的交为 $\varnothing$。于是可得下述重要定理。

定理 4.14 集合 A 上的等价关系 R 决定了 A 的一个划分，该划分就是商集 A/R。

证明：设集合 A 上有一个等价关系，且把与 A 的固定元 a 有等价关系的元素放在一起做成一个子集 $[a]_R$，则所有这样的子集做成商集 A/R。

(1) 在 $A/R = \{[a]_R \mid a \in A\}$ 中，$\bigcup_{a \in A} [a]_R = A$。

(2) 对于 A 的每一个元素 a，由于 R 是自反的，故必有 aRa 成立，即 $a \in [a]_R$，故 A 的每个元素的确属于一个分块。

(3) A 的每个元素只能属于一个分块。

反证法。若$a \in [b]_R$，$a \in [c]_R$，且$[b]_R \neq [c]_R$，则bRa, cRa成立，由对称性得aRc成立，再由传递性得bRa成立，根据定理 4.13 可知，必有$[b]_R = [c]_R$，这与题设矛盾。故A/R是A上对应于R的一个划分。

定理 4.15 集合A的一个划分确定A的元素间的一个等价关系。

证明：设集合A有一个划分$S = \{S_1, S_2, \cdots, S_m\}$，现定义一个关系$R$，$aRb$当且仅当$a,b$在同一分块中。可以证明这样规定的关系$R$是一个等价关系。

(1) 因为a与a在同一分块中，故必有aRa。即R是自反的。

(2) 若a与b在同一分块，b与a也必在同一分块中，即$aRb \Rightarrow bRa$，故R是对称的。

(3) 若a与b在同一分块中，b与c在同一分块中，因为

$$S_i \cap S_j = \varnothing (i \neq j)$$

即b属于且仅属于一个分块，故a与c必在同一分块中，故有

$$(aRb) \wedge (bRc) \Rightarrow (aRc)$$

R是传递的。

R满足上述三个条件，故R是等价关系，由R的定义可知，S就是A/R。

【例题 4.25】 设$A = \{a,b,c,d,e\}$，有一个划分$S = \{\{a,b\},\{c\},\{d,e\}\}$，试由划分$S$确定$A$上的一个等价关系$R$。

解：我们用如下方法产生一个等价关系R。

$R_1 = \{a,b\} \times \{a,b\} = \{<a,a>,<a,b>,<b,a>,<b,b>\}$

$R_2 = \{c\} \times \{c\} = \{<c,c>\}$

$R_3 = \{d,e\} \times \{d,e\} = \{<d,d>,<d,e>,<e,d>,<e,e>\}$

$R = R_1 \cup R_2 \cup R_3 = \{<a,a>,<b,b>,<c,c>,<d,d>,<e,e>,<a,b>,<b,a>,<d,e>,<e,d>\}$

从R的序偶表示式中，容易验证R是等价关系。

注意： 本例中确定R的方法与定理 4.15 中所述确定等价关系的方法实质相同，得出如下推理。

推理 4.3 给定集合A的划分$\pi = \{A_1, A_2, \cdots, A_n\}$，由它确定的关系$R = A_1 \times A_1 \cup A_2 \times A_2 \cup \cdots \cup A_n \times A_n$是等价关系。

证明：首先，因为$A = \bigcup_{i=1}^{n} A_i$，对于任意$x \in A$，必存在某个$j > 0$使得$x \in A_j$，所以$<x,x> \in A_j \times A_j$，即$<x,x> \in R$，因此$R$是自反的。

其次，若有任意$x,y \in A$且$<x,y> \in R$，则必存在某个$h > 0$使$<x,y> \in A_h \times A_h$，故必有$<y,x> \in A_h \times A_h$，则$<y,x> \in R$，所以R是对称的。

最后，若有任意$x,y,z \in A$且$<x,y> \in R$，$<y,z> \in R$，则必存在某个$h > 0$使$<x,y> \in A_h \times A_h$，$<y,z> \in A_h \times A_h$，故$<x,z> \in A_h \times A_h$，即$<y,x> \in R$，所以R是传递的。

因此，R是A上的等价关系。

【例题 4.26】 设集合 A={1，2，3}，求出A上所有的等价关系。

解：给出A上所有的划分，如图 4.7 所示，可给出它们所对应的等价关系。

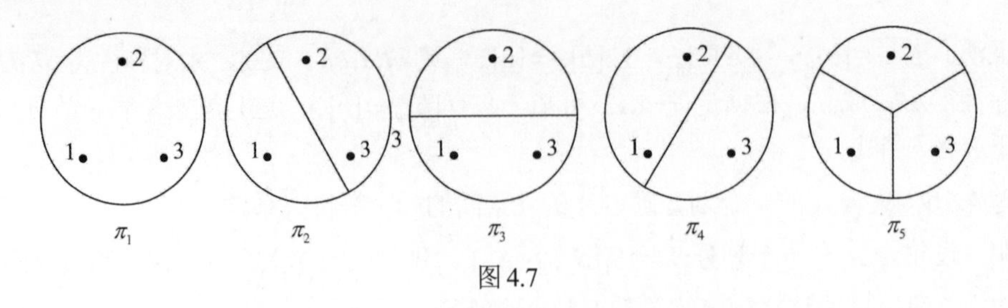

图 4.7

A 的不同划分共有 5 种，具体为

$$\pi_1=\{\{1,2,3\}\},\ \pi_2=\{\{1\},\{2,3\}\},\ \pi_3=\{\{1,3\},\{2\}\},\ \pi_4=\{\{1,2\},\{3\}\},\ \pi_5=\{\{1\},\{2\},\{3\}\}$$

其分别对应于划分 π_i (i=1,2,…,5)的等价关系为 R_i：

R_1={<1,1>，<1,2>，<1,3>，<2,1>，<2,2>，<2,3>，<3,1>，<3,2>，<3,3>}

R_2={<1,1>，<2,2>，<2,3>，<3,2>，<3,3>}

R_3={<1,1>，<1,3>，<2,2>，<3,1>，<3,3>}

R_4={<1,1>，<1,2>，<2,1>，<2,2>，<3,3>}

R_5={<1,1>，<2,2>，<3,3>}

【例题 4.27】 设 A={1，2，3，4，5}，在 A 上的二元关系 R 中，有多少种等价关系？

解：对于 A 的划分可分为如下几种情况。

(1) 划分成 5 个都只含 1 个元素的块，共有 1 种等价关系；

(2) 划分成 1 个只含 2 个元素，3 个都只含 1 个元素的块，共有 10 种等价关系；

(3) 划分成 2 个都只含 2 个元素，1 个只含 1 个元素的块，共有 15 种等价关系；

(4) 划分成 1 个只含 3 个元素，2 个都只含 1 个元素的块，共有 10 种等价关系；

(5) 划分成 1 个只含 3 个元素，1 个只含 2 个元素的块，共有 10 种等价关系；

(6) 划分成 1 个只含 4 个元素，1 个只含 1 个元素的块，共有 5 种等价关系；

(7) 划分成 1 个只含 5 个元素的块，共有 1 种等价关系。

综上所述，A 上的等价关系共有 1+10+15+10+10+5+1=52 种。

定理 4.16 设 R_1 和 R_2 为非空集合 A 上的等价关系，则 $R_1=R_2$ 当且仅当 $A/R_1=A/R_2$。

证明：因为

$$A/R_1=\{[a]_{R_1} \mid a\in A\}，\ A/R_2=\{[a]_{R_2} \mid a\in A\}$$

若对任意 $a\in A$，$R_1=R_2$，则

$$[a]_{R_1}=\{x \mid x\in A, aR_1x\}=\{x \mid x\in A, aR_2x\}=[a]_{R_2}$$

故 $\{[a]_{R_1} \mid a\in A\}=\{[a]_{R_2} \mid a\in A\}$，即 $A/R_1=A/R_2$。

反之，假设

$$\{[a]_{R_1} \mid a\in A\}=\{[a]_{R_2} \mid a\in A\}$$

对任意 $[a]_{R_1}\in A/R_1$，必存在 $[c]_{R_2}\in A/R_2$，使得 $[a]_{R_1}=[c]_{R_2}$，故

$$<a,b>\in R_1 \Leftrightarrow a\in[a]_{R_1}\wedge b\in[a]_{R_1} \Leftrightarrow a\in[c]_{R_2}\wedge b\in[c]_{R_2} \Rightarrow <a,b>\in R_2$$

所以，$R_1\subseteq R_2$，类似地，有 $R_2\subseteq R_1$，因此，$R_1=R_2$。

习题 4-6

1. 设 R 是一个二元关系，设 $S=\{<a,b>|$ 对于某一c,有 $<a,c>\in R$且 $<c,b>\in R\}$，证明若 R 是一个等价关系，则 S 也是一个等价关系。

2. 设 R 和 S 是集合 A 上的等价关系，用例子证明 $R\cup S$ 不一定是等价关系。

3. 设 R 是集合 A 上的对称和传递关系，证明如果对于 A 中的每一个元素 a，在 A 中同时也存在一个 b，使 $<a,b>$ 在 R 之中，则 R 是一个等价关系。

4. 设给定正整数的序偶集合 A，在 A 上定义的二元关系 R 如下：$<<x,y>,<u,v>>\in R$，当且仅当 $xv=yu$，证明 R 是一个等价关系。

5. 给定集合 $S=\{1,2,3,4,5\}$，找出 S 上的等价关系 R，此关系 R 能够产生划分 $\{\{1,2\},\{3\},\{4,5\}\}$，并画出关系图。

6. 设 π 和 π' 是非空集合 A 上的划分，并设 R 和 R' 是分别由 π 和 π' 对应的等价关系，那么，π' 细分 π 的充要条件是 $R'\subseteq R$。

7. 设 R_j 表示 I 上的模 j 等价关系，R_k 表示 I 上的模 k 等价关系，证明 I/R_k 细分 I/R_j 当且仅当 k 是 j 的整数倍。

4.7 偏序关系

4.7.1 偏序关系的概念

在一个集合上，我们常常要考虑元素的次序关系，其中一个很重要的关系称作偏序关系。

定义 4.21 设 A 是一个集合，如果 A 上的一个关系 R 满足自反性、反对称性和传递性，则称 R 是 A 上的一个偏序关系，并把它记为“$\preceq$”，序偶 $<A,\preceq>$ 称作偏序集。

【例题 4.28】 在实数集 $\mathbb{R}$ 上，证明小于等于关系“$\leqslant$”是偏序关系。

证明：(1) 对于任何实数 $a\in\mathbb{R}$，有 $a\leqslant a$ 成立，故 R 是自反的。

(2) 对任何实数 $a,b\in\mathbb{R}$，如果 $a\leqslant b$ 且 $b\leqslant a$，则必有 $a=b$，故 R 是反对称的。

(3) 如果 $a\leqslant b,b\leqslant c$，那么必有 $a\leqslant c$，故 R 是传递的。

因此，R 是个偏序关系。

【例题 4.29】 给定集合 $A=\{2,3,6,8\}$，令“$\preceq$”$=\{<x,y>|\,x$整除$y\}$，验证“$\preceq$”是偏序关系。

解：“$\preceq$”$=\{<2,2>,<3,3>,<6,6>,<8,8>,<2,6>,<2,8>,<3,6>\}$

写出关系矩阵，画出关系图如图 4.8 所示。

$$\boldsymbol{M}_{\preceq}=\begin{bmatrix}1&0&1&1\\0&1&1&0\\0&0&1&0\\0&0&0&1\end{bmatrix}$$

由关系矩阵和关系图可以看出“$\preceq$”是自反、反对称和传递的。

为了更清楚地描述偏序集合中元素间的层次关系，我们先介绍“盖住”的概念。

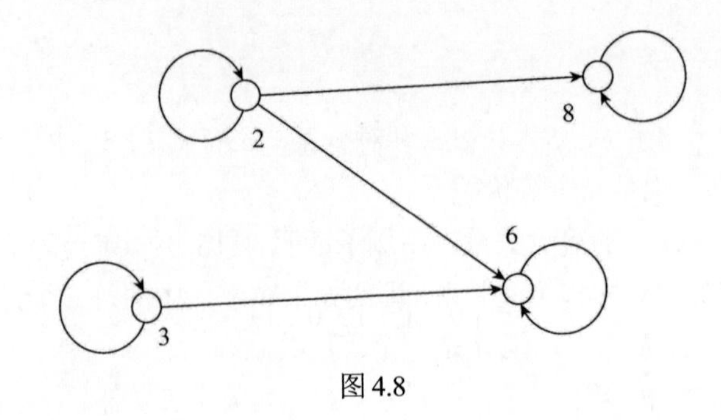

图 4.8

定义 4.22 在偏序集合 $<A,\preceq>$ 中，如果 $x,y\in A, x\preceq y, x\neq y$ 且没有其他元素 z 满足 $x\preceq z, z\preceq y$，则称元素 y 盖住元素 x。并且记 $\text{COV}A=\{<x,y>|\ x,y\in A, y盖住x\}$。

【例题 4.30】 设 A 是正整数 m=12 的因子的集合，并设“$\preceq$”为整除关系，求 $\text{COV}A$。

解：m=12，其因子集合 $A=\{1,2,3,4,6,12\}$。

$$“\preceq”=\{<1,2>,<1,3>,<1,4>,<1,6>,<1,12>,<2,4>,<2,6>,<2,12>,<3,6>,<3,12>,<4,12>,<6,12>,<1,1>,<2,2>,<3,3>,<4,4>,<6,6>,<12,12>\}$$

$$\text{COV}A=\{<1,2>,<1,3>,<2,4>,<2,6>,<3,6>,<4,12>,<6,12>\}$$

对于给定偏序集 $<A,\preceq>$，它的盖住关系是唯一的，所以可用盖住的性质画出偏序集合图，或称哈斯图。其作图规则为：

(1) 用小圆圈代表元素。

(2) 如果 $x\preceq y$ 且 $x\neq y$，则将 y 的小圆圈画在 x 的小圆圈之上。

(3) 如果 $<x,y>\in\text{COV}A$，则在 x 与 y 之间用直线连接。根据这个作图规则，得到例题 4.30 中偏序集的哈斯图，如图 4.9 所示。

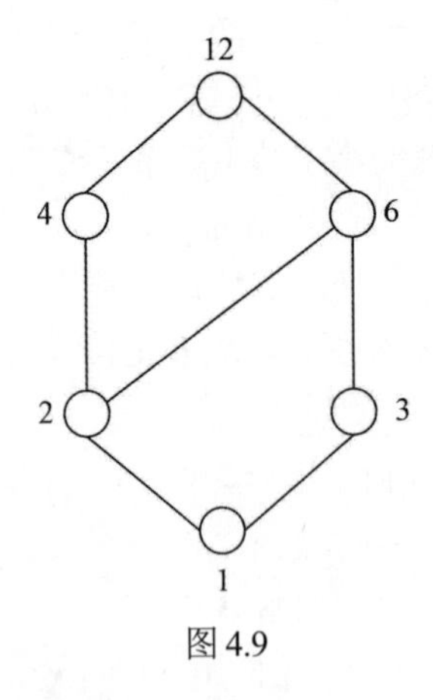

图 4.9

定义 4.23 设 $<A,\preceq>$ 是一个偏序集合，在 A 的一个子集中，如果每两个元素都是有偏序关系的，则称这个子集为链。在 A 的一个子集中，如果每两个元素都没有偏序关系，则称这个子集为反链。

约定，若 A 的子集只有单个元素，则这个子集既是链又是反链，如{1}，{2}，{a}。

【例题 4.31】 设集合 $A=\{a,b,c,d,e\}$ 上的二元关系为

$$R=\{<a,a>,<a,b>,<a,c>,<a,d>,<a,e>,<b,b>,<b,c>,<b,e>,<c,c>,<c,e>,\\ <d,d>,<d,e>,<e,e>\}$$

验证$<A,R>$为偏序集，画出哈斯图，举例说明链及反链。

解：写出 R 的关系矩阵为

$$\begin{bmatrix} 1 & 1 & 1 & 1 & 1 \\ 0 & 1 & 1 & 0 & 1 \\ 0 & 0 & 1 & 0 & 1 \\ 0 & 0 & 0 & 1 & 1 \\ 0 & 0 & 0 & 0 & 1 \end{bmatrix}$$

其关系图如图 4.10 所示，从关系矩阵中看到主对角线上元素都为 1，且 r_{ij} 与 r_{ji} 不同时为 1，故 R 是自反的和反对称的。

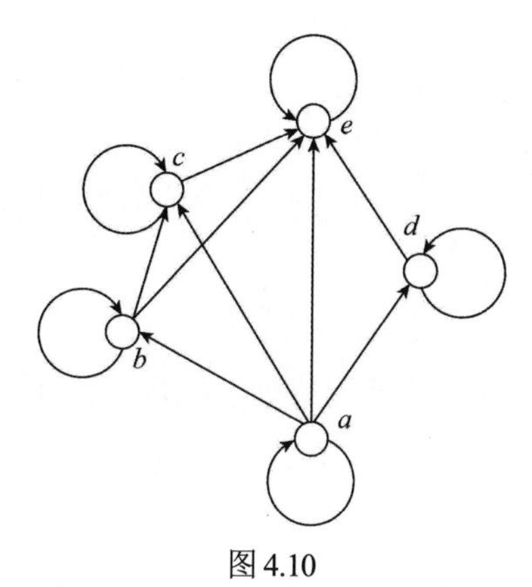

图 4.10

从关系 R 容易验证它是传递的，因此 R 是偏序关系。

$$\text{COV}A=\{<a,b>,<b,c>,<c,e>,<a,d>,<d,e>\}$$

故其哈斯图可画成如图 4.11 所示。

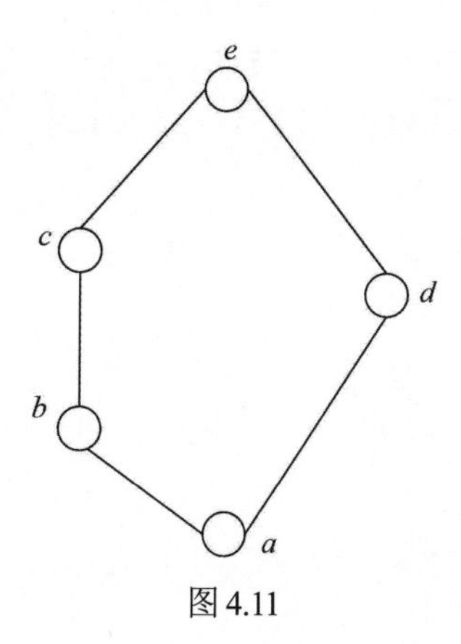

图 4.11

集合 $\{a,b,c,e\},\{a,b,c\},\{b,c\}$ ，$\{a\},\{a,d,e\}$ 等都是 A 的子集，也是链。而 $\{b,d\},\{c,d\},\{a\}$ 等都是反链。

从例题 4.31 的哈斯图中容易看出，在每个链中总可从最高结点出发沿着盖住方向向下遍历该链中所有结点。每个反链中任两结点间均无连线。

定义 4.24 在偏序集$<A,\preceq>$中，如果A是一个链，则称$<A,\preceq>$为全序集合或线序集合，在这种情况下，二元关系$\preceq$称为全序关系或线序关系。

全序集$<A,\preceq>$就是对任意$x,y\in A$，或者$x\preceq y$，或者$y\preceq x$成立。

例如，定义在自然数集合$\mathbb{N}$上的“小于等于”关系“$\leqslant$”是偏序关系，且对任意$i,j\in\mathbb{N}$，必有$(i\leqslant j)$或$(j\leqslant i)$成立，故它是全序关系。

【例题 4.32】给定$P=\{\varnothing,\{a\},\{a,b\},\{a,b,c\}\}$上的包含关系$\subseteq$，证明$<P,\subseteq>$是个全序集合。

证明：因为$\varnothing\subseteq\{a\}\subseteq\{a,b\}\subseteq\{a,b,c\}$，故$P$中任意两元素都有包含关系，如图 4.12 所示。

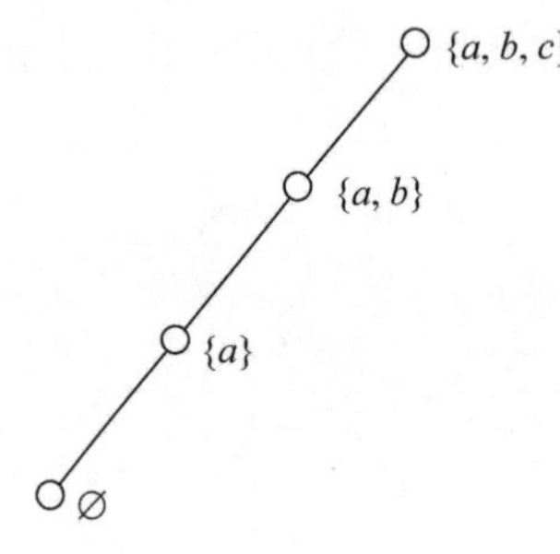

图 4.12

从哈斯图中可以看到偏序集A中各个元素处于不同层次的位置。下面我们讨论偏序集中具有一些特殊位置的元素。

4.7.2 偏序集的特殊元素

定义 4.25 设$<A,\preceq>$是一个偏序集，$B\subseteq A$，若存在元素$b\in B$，如果B中没有任何元素x满足$b\neq x$且$b\preceq x$，则称b为B的极大元。同理，若存在元素$b\in B$，如果B中没有任何元素x满足$b\neq x$且$x\preceq b$，则称b为B的极小元。

【例题 4.33】设$A=\{2,3,5,7,14,15,21\}$，其偏序关系

$$R=\{<2,14>,<3,15>,<3,21>,<5,15>,<7,14>,<7,21>,<2,2>,<3,3>,<5,5>,<7,7>,<14,14>,<15,15>,<21,21>\}$$

求$B=\{2,7,3,21,14\}$的极大元与极小元。

解：COV $A=\{<1,14>,<3,15>,<3,21>,<5,15>,<7,14>,<7,21>\}$，$<A,R>$的哈斯图如图 4.13 所示。

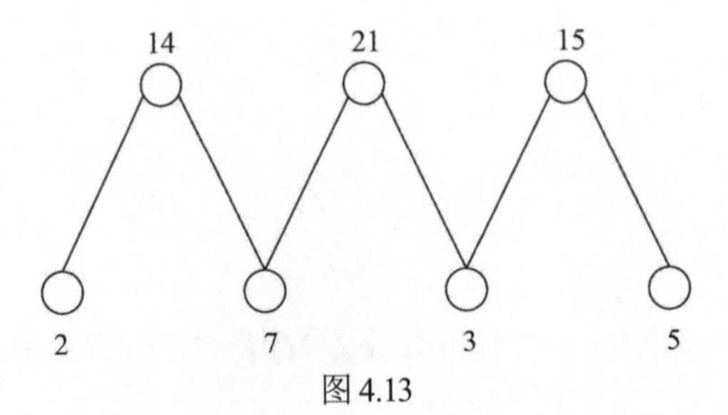

图 4.13

故B的极小元为2, 7, 3，B的极大元为14, 21。

从例题4.33中可以看到极大元和极小元不是唯一的。

从定义4.25可以知道，当$B=A$时，偏序集$<A,\preceq>$的极大元即是哈斯图中最顶层的元素，其极小元是哈斯图中最底层的元素，不同的极小元或不同的极大元之间是无关的。

定义4.26 令$<A,\preceq>$为一个偏序集，$B\subseteq A$，若存在元素$b\in B$，对于B中每一个元素x有$x\preceq b$，则称b为$<B,\preceq>$的最大元。同理，若存在元素$b\in B$，对每一个$x\in B$有$b\preceq x$，则称b为$<B,\preceq>$的最小元。

【例题4.34】 偏序集$<P(\{a,b\}),\subseteq>$，其哈斯图如图4.14所示。

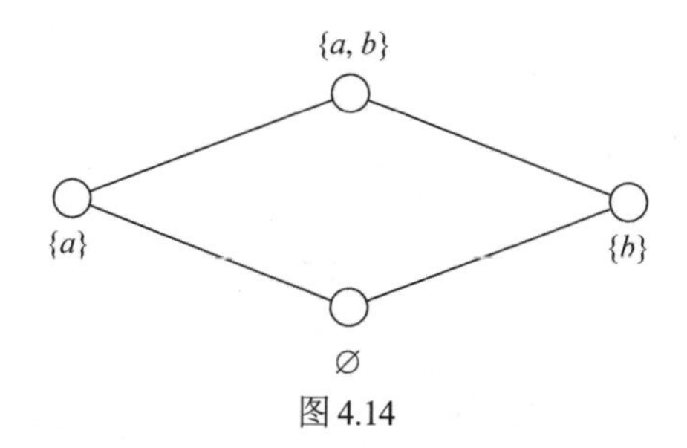

图4.14

(1) 若$B=\{\{a\},\varnothing\}$，则$\{a\}$是B的最大元，$\varnothing$是B的最小元。

(2) 若$B=\{\{a\},\{b\}\}$，则B没有最大元和最小元，因为$\{a\}$和$\{b\}$是不可比较的。

定理4.17 设$<A,\preceq>$为偏序集且$B\subseteq A$，若B有最大(最小)元，则必是唯一的。

证明：假定a和b两者都是B的最大元，则$a\preceq b$和$b\preceq a$，从$\preceq$的反对称性得到$a=b$。B的最小元情况与此类似。

在最大(最小)元的定义中，当子集B与A相等时，B的最大(最小)元就是偏序集$<A,\preceq>$的最大(最小)元。如例题4.30的图4.9中，$<A,\preceq>$的最大元为12，最小元为1。

定义4.27 设$<A,\preceq>$为偏序集，$B\subseteq A$，若存在元素$a\in A$，且对B的任意元素x都满足$x\preceq a$，则称a为子集B的上界。同理，若对B的任意元素x都满足$a\preceq x$，则称a为B的下界。

【例题4.35】给定偏序集$<A,\preceq>$的哈斯图如图4.15所示。h, i, j, k分别是$B=\{a,b,c,d,e,f,g\}$的上界。而f,g分别是$B'=\{h,i,j,k\}$的下界。当然，a,b,c,d,e也可以分别是$B'=\{h,i,j,k\}$的下界。但b,c,d,e都不是$\{h,i,f,g\}$的下界。

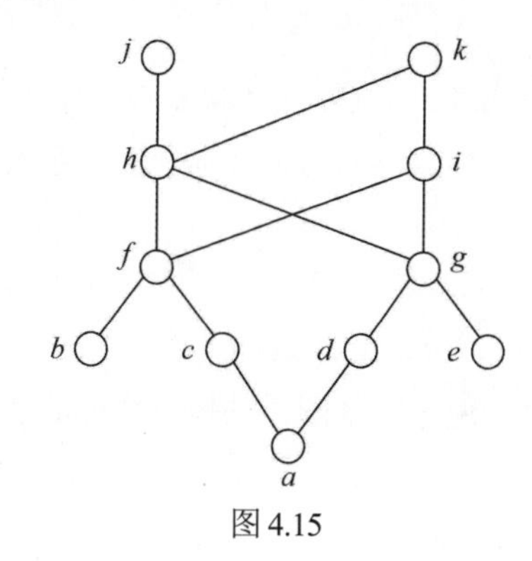

图4.15

从本例可以看出上界和下界不是唯一的。

定义 4.28 设$<A,\preceq>$为偏序集且$B\subseteq A$，a为B的任一上界，若对B的所有上界y均有$a\preceq y$，则称a为B的最小上界(上确界)，记作 LUB B。同样，设b为B的任一下界，若对B的所有下界z均有$z\preceq b$，则称b为B的最大下界(下确界)，记作 GLB B。

例如图 4.15 中，a是$\{f,h,j,i,g\}$的最大下界。

【例题 4.36】在图 4.16 中，子集$\{2,3,6\}$的最小上界为 6，但没有最大下界。对子集$\{12,6\}$来说，最小上界为 12，最大下界为 6。

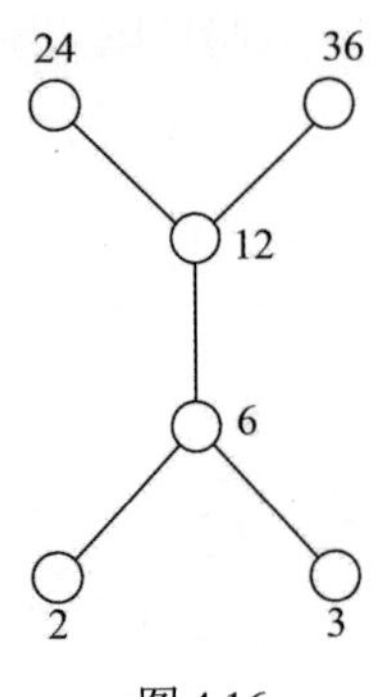

图 4.16

定义 4.29 任一偏序集，假如它的每一个非空子集存在最小元素，则这种偏序集称为良序集。

例如，$I_n=\{1,2,\cdots,n\}$及$\mathbb{N}=\{1,2,3,\cdots\}$，对于小于等于关系来说是良序集合，即$<I_N,\leqslant>,<\mathbb{N},\leqslant>$是良序集合。

定理 4.18 每一个良序集一定是全序集。

证明：设$<A,\preceq>$为良序集，则任意两个元素$x,y\in A$可构成子集$\{x,y\}$，必存在最小元素，这个最小元素不是x就是y，因此一定有$x\preceq y$或$y\preceq x$，所以$<A,\preceq>$为全序集。

定理 4.19 每一个有限的全序集一定是良序集。

证明：设$A=\{a_1,a_2,\cdots,a_n\}$，令$<A,\preceq>$为全序集，现在假定$<A,\preceq>$不是良序集，那么必存在一个非空子集$B\subseteq A$，在B中不存在最小元素。由于B是一个有限集合，故一定可以找出两个元素x与y是无关的；由于$<A,\preceq>$是全序集，$x,y\in A$，所以x,y必有关系，得出矛盾。故$<A,\preceq>$必是良序集合。

定理 4.19 对于无限的全序集合不一定成立。例如，大于 0 小于 1 的全部实数，按大小次序关系是一个全序集合，但不是良序集合，因为集合本身就不存在最小元素。

习题 4-7

1. 设三个集合为$A=\{5,7,35\}$，$B=\{1,2,4,6,8,12,24\}$，$C=\{3,9,27,54\}$，且在它们上定义关系为整除关系，画出这些集合的偏序关系图，并指出哪些是全序关系。

2. 设集合$P=\{x_1,x_2,x_3,x_4,x_5\}$上的偏序关系如图 4.17 所示。找出$P$的最大元、最小元、极小元、极大元。找出子集$\{x_2,x_3,x_4\},\{x_3,x_4,x_5\}$和$\{x_1,x_2,x_3\}$的上界、下界，上确界、下确界。

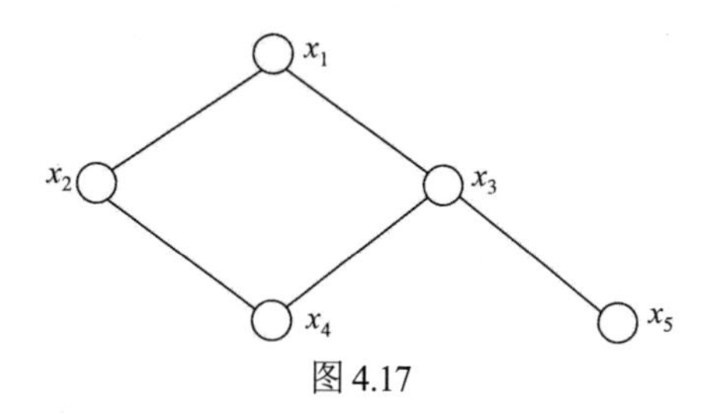

图 4.17

3. 图 4.18 给出了集合{1,2,3,4}上的四个偏序关系图，画出它们的哈斯图，并说明哪一个是全序关系，哪一个是良序关系。

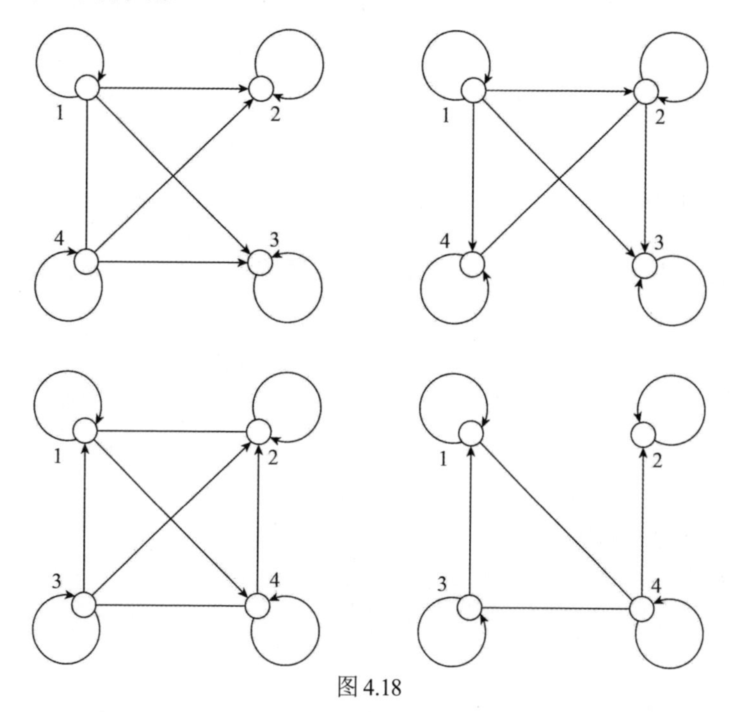

图 4.18

4. 设 R 是 A 上的二元关系，如果 R 是传递的和反自反的，称 R 是拟序关系。证明：

(1) 如果 R 是 A 上的拟序关系，则 $r(R)=R\cup I_A$ 是偏序关系。

(2) 如果 R 是一偏序关系，则 $R-I_A$ 是一拟序关系。

4.8 关系的算法

由前面知识可知，关系是笛卡儿乘积的子集，因此，采用集合的方法来表示关系，且用关系矩阵来表示关系。本节给出关系的一些算法，设 $R\subseteq X\times X$，其中 X 为有限集。

4.8.1 判断关系 R 是否为自反关系或对称关系

1. 功能

已知关系 R 由关系矩阵 $\boldsymbol{M}$ 给出，判断由 $\boldsymbol{M}$ 表示的这个关系是否为自反关系和对称关系。

2. 基本思想

从给定的关系矩阵判断关系R是否为自反关系和对称关系是很容易的。若$\boldsymbol{M}$(R的关系矩阵)的主对角线元素均为1，则R是自反关系；若$\boldsymbol{M}$为对称矩阵，则R是对称关系。因为R为自反的和对称的是等价关系的必要条件，所以本算法可以作为判定等价关系算法的子程序。因此，我们在程序中设置标志变量F，若R是自反的、对称的关系，则F=1，否则F=0。

3. 算法

(1) 给出关系矩阵$\boldsymbol{M}$ ($\boldsymbol{M}$为n阶方阵)。

(2) 判断自反性，对于$i=1,2,\cdots,n$，若存在$m_{ii}=0$，则R不是自反的，转(5)。

(3) 判断对称性，对于$i=2,3,\cdots,n, j=1,2,\cdots,i-1$，若存在$m_{ij}\neq m_{ji}$，则$R$不是对称的，转(5)。

(4) R是自反的、对称的，则F=1。

(5) 结束。

4. 程序及解释说明

```
#include"stdio.h"
main()
{
    int i,j,N;
    int f=1,e=1;
    printf("判断R是否为自反关系及对称关系\n");
    printf("输入定义R的集合中元素个数：\n");
    scanf("% d",&N);
    int M[N][N];
    printf("输入R的关系矩阵，按行输入：\n");
    for (i=0;i<N;i++)
        for (j=0;j<N;j++)
            scanf("% d",&M[i][j]);
    for (i=0;i<N;i++)
    {
        for (j=0;j<N;j++)
            printf("% 4d",M[i][j]);
        printf("\n");
    }
    for (i=0;i<N;i++)
    {
        if (M[i][i]!=1)
        {
            e=0;
            break;
        }
    }
```

```
    for (i=0;i<N;i++)
    {
        for (j=0;j<N;j++)
            if (M[i][j]!=M[j][i])
            {
                f=0;
                break;
        }
        break;
    }
    if (f==1&&e==1)
        printf("关系R是自反的，对称的\n");
    else if (f==1&&e==0)
        printf("关系R不是自反的，是对称的\n");
    else if (f==0&&e==1)
        printf("关系R是自反的，不是对称的\n");
    else
        printf("关系R不是自反的，也不是对称的\n");
}
```

程序解释说明。

N：关系矩阵 ***M*** 的阶。

f：标志变量，其值为 1 时标志关系 *R* 是自反的、对称的；其值为 0 时标志关系 *R* 不是自反的或者不是对称的。

e：标志变量，其值为 1 时标志关系 *R* 是对称的。

M[N][N]：*R* 的关系矩阵。

4.8.2　判断关系 *R* 是否为传递关系

1. 功能

给出关系 *R* 的关系矩阵 ***M***，判断关系 *R* 是否为传递的。

2. 基本思想

根据一个关系 *R* 的传递性定义可知，若关系 *R* 是传递的，则必有 $m_{ik}=1 \wedge m_{kj}=1 \Rightarrow \ m_{ij}=1$ 。这个式子也可以改写成 $m_{ij}=0 \Rightarrow m_{ik}=0 \vee m_{kj}=0$ 。本书就是根据后一个公式来判断传递性的。同 4.8.1 节的算法一样，传递性也是等价关系的必要条件。因此，在这里也设置标志变量 *F*，*F*=1 标志关系 *R* 是传递的，*F*=0 标志关系 *R* 是不可传递的。

3. 算法

(1) 给出关系矩阵 ***M*** (***M*** 为 *n* 阶方阵)。

(2) $1 \Rightarrow i$ 。

(3) 若 $i > n$ ，则转(13)。

(4) $1 \Rightarrow j$。

(5) 若 $j > n$，则转(12)。

(6) 若 $m_{ij} = 1$，则转(11)。

(7) $1 \Rightarrow j$。

(8) 若 $k > n$，则转(11)。

(9) 若 $m_{ik} * m_{ki} = 1$，则 R 不是传递的，转(14)。

(10) $k+1 \Rightarrow k$，转(8)。

(11) $j+1 \Rightarrow j$，转(5)。

(12) $i+1 \Rightarrow i$，转(3)。

(13) 关系 R 是传递的，F=1。

(14) 结束。

4. 程序及解释说明

```
#include"stdio.h"
main()
{
    int i,j,k,N;
    int f=1;
    printf("判断R是否为可传递关系\n");
    printf("输入定义R的集合中元素个数：\n");
    scanf("% d",&N);
    int M[N][N];
    printf("输入R的关系矩阵，按行输入：\n");
    for (i=0;i<N;i++)
        for (j=0;j<N;j++)
            scanf("% d",&M[i][j]);
    for (i=0;i<N;i++)
    {
        for (j=0;j<N;j++)
           printf("% 4d",M[i][j]);
        printf("\n");
    }
    f=0;
    for (i=0;i<N;i++)
        for (j=0;j<N;j++)
        if (M[i][i]==0)
           continue;
        else
        for (k=0;k<N;k++)
        if (M[j][k]==1&&M[i][k]==0)
```

```
        {
            printf("关系R不是可传递的\n");
            goto end;
        }
    printf("关系R是可传递的\n");
    end:
    return 0;
}
```

程序解释说明。

N：关系矩阵 $\boldsymbol{M}$ 的阶。

M[N][N]：R 的关系矩阵。

4.8.3 判断关系 R 是否为等价关系

1. 功能

给定 R 的关系矩阵，据此判断所给关系 R 是否是等价关系。

2. 基本思想

判断一个关系 R 是不是等价的，就是判断 R 是不是自反的、对称的及传递的。因为本书前面已经给出判断 R 是否为自反、对称及传递的两个判断程序，故只需把它们作为子程序调用，再写出一段主程序即可。

3. 算法

(1) 给出 R 的关系矩阵 $\boldsymbol{M}$ ($\boldsymbol{M}$ 为 n 阶方阵)。

(2) 调用判断自反和对称子程序。

(3) 若 F=0，则 R 不是等价关系，转(7)。

(4) 否则，调用判断传递子程序。

(5) 若 F=0，则 R 不是等价关系，转(7)。

(6) R 是等价关系。

(7) 结束。

关于判断是否是等价关系的程序作为练习留给读者。

4.8.4 求等价类

1. 功能

给定一个集合 $\{1,2,\cdots,n\}$ 及其上的一个等价关系 R，求与 R 对应的等价类。

2. 基本思想

给定任意关系，欲判断 R 是否为等价关系，可用 4.8.3 节的算法所给出的程序。等价关系中，等价类的各元素之间均有 R 关系，所以在构造等价类时，只要依据所给关系矩阵把所有相互有 R 关系的元素归为一类就可以了。在输出时，把每一类打印在同一行上。

3. 程序

```
#include"stdio.h"
#include"string.h"
main()
{
    int i,j,k,N;
    printf("求等价关系R的等价类\n");
    printf("输入定义R的集合中元素个数：\n");
    scanf("% d",&N);
    int M[N][N];
    printf("输入等价关系R的关系矩阵，按行输入：\n");
    for (i=0;i<N;i++)
    {
        for (j=0;j<N;j++)
        {
            scanf("% d",&M[i][j]);
        }
        printf("\n");
    }
    printf("所给等价关系的等价类为\n");
    for (i=0;i<N;i++)
    {
        int temp=0;
        for (j=0;j<i;j++)
        if (M[i][j]>0)
        {
            temp=1;
            continue;
        }
        if(temp==1) continue;
        else{
            for (j=i;j<N;j++)
            if (M[i][j]>0)
                printf("% d",j+1);
            printf("\n");
        }
    }
}
```

4.8.5 关系的合成运算

1. 功能

设关系 A 是从集合 $X=\{1,2,\cdots,n\}$ 到集合 $Y=\{1,2,\cdots,m\}$ 的二元关系，关系 B 是从集合 Y 到集合 $Z=\{1,2,\cdots,p\}$ 的二元关系，求 A和B 的合成关系 C。

2. 基本思想

由关系合成的定义可知，$A\circ B=\{<x,z>\mid 有y\in Y,使得<x,y>\in A且\langle y,z\rangle\in B\}$。若用关系矩阵表示关系，则关系的合成运算类似于数值矩阵的乘法。不同的是用"∧"代替乘号，用"∨"代替加号。其中 0∨0=0, 0∧0=0，0∨1=1, 0∧1=0，1∨0=1, 1∧0=0，1∨1=1, 1∧1=1。

3. 算法

(1) 输入关系矩阵 $\boldsymbol{A}$ 和 $\boldsymbol{B}$。

(2) $1\Rightarrow i$。

(3) 若$i>n$，则结束。

(4) $1\Rightarrow j$。

(5) 若 $j>p$，则转(8)。

(6) $\bigvee_{k=1}^{m}(a_{ik}\wedge b_{kj})\Rightarrow c_{ij}$。

(7) $j+1\Rightarrow j$，转(5)。

(8) $i+1\Rightarrow i$，转(3)。

4. 程序及解释说明

```
#include"stdio.h"
    #include"string.h"
    #define M 3
    #define N 3
    #define P 3

main()
{
    int i,j,k,x;
    char p;
    int a[N][M],b[M][P],c[N][P];

    printf("关系的合成\n");
    printf("A: \n");
    for (i=1;i<=N;i++)
    {
        for (j=1;j<=M;j++)
        {
```

```
            scanf("% 4d",&a[i][j]);
        }
        printf("\n");
    }
    printf("B: \n");
    for (i=1;i<=M;i++)
    {
        for (j=1;j<=P;j++)
        {
            scanf("% d",&b[i][j]);
        }
        printf("\n");
    }
    printf("合成C的关系是\n");

    for (i=1;i<=M;i++)
    {
        for (j=1;j<=P;j++)
        {
            x=0;
            for(k=1;k<=M;k++)
                x=x+a[i][k]*b[k][j];
            if (x>0) c[i][j]=1;
            else     c[i][j]=0;
            printf("% 4d",c[i][j]);
        }
        printf("\n");
    }
}
```

程序解释说明。

N：集合 X 中元素的个数。

M：集合 Y 中元素的个数。

P：集合 Z 中元素的个数。

a[N][M]：存放关系 A 的关系矩阵。

b[M][P]：存放关系 B 的关系矩阵。

c[N][P]：存放合成关系 C 的关系矩阵。

x：工作变量。

关系 A 和 B 的关系矩阵顺序为：a[N, M], b[M, P]。

测试数据举例：1,0,0,1,1,1,0,0,0,1,0,0,1,0,1,0,1,0,0,0,1,1,1,0,1,1,1,0,1,1,1,1,1,0

4.8.6 自反和对称的闭包运算

1. 功能

给定关系 R，求 R 的自反闭包及 R 的对称闭包。

2. 基本思想

若关系 R 的关系矩阵为 $\boldsymbol{M}$，而自反闭包为 A (即 $r(R)=A$)，对称闭包为 B (即 $s(R)=B$)，则有：

$$\boldsymbol{A}=\boldsymbol{M}\vee\boldsymbol{E}$$

$$\boldsymbol{B}=\boldsymbol{M}\vee\boldsymbol{M}^{\mathrm{T}}$$

其中 $\boldsymbol{E}$ 为同阶单位矩阵，$\boldsymbol{M}^{\mathrm{T}}$ 为 $\boldsymbol{M}$ 的转置矩阵。

3. 算法

(1) 输入 R 的关系矩阵 $\boldsymbol{M}$。

(2) $\boldsymbol{M}\Rightarrow A$。

(3) 对于 $i=1,2,\cdots,n,a_{ii}=1$。

(4) $\boldsymbol{M}\Rightarrow B$。

(5) $2\Rightarrow i$。

(6) 若 $i>n$，则结束。

(7) $1\Rightarrow j$。

(8) 若 $j>i-1$，则转(11)。

(9) 若 $a_{ij}+a_{ji}=1$，则 $1\Rightarrow a_{ij}$ 且 $1\Rightarrow a_{ji}$。

(10) $j+1\Rightarrow j$，转(8)。

(11) $i+1\Rightarrow i$，转(6)。

最后存放在 A 和 B 中的内容分别是 R 的自反闭包与对称闭包的关系矩阵。

4. 程序及解释说明

```
#include"stdio.h"
main()
{
    int i,j,N;
    printf("关系的闭包运算(1)\n");
    printf("输入定义 R 的集合中元素个数：\n");
    scanf("% d",&N);
    int M[N][N];
    int a[N][N];
    int b[N][N];
    printf("输入 R 的关系矩阵，按行输入：\n");
    for (i=0;i<N;i++)
```

```
{
    for (j=0;j<N;j++)
    {
        scanf("% d",&M[i][j]);
        for (i=0;i<=N;i++)
        {
            a[i][j]=M[i][j];
            b[i][j]=M[i][j];
        }
        printf("\n");
    }
    for (i=0;i<N;i++)
    {
        a[i][j]=1;
    }
    for (i=0;i<N;i++)
    {
        for (j=0;j<i;j++)
        {
            if(b[i][j]==1||b[j][i]==1)
            {
                b[i][j]==1;
                b[j][i]==1;
            }
        }
    }

    printf("M的自反闭包为: \n");
    for (i=0;i<N;i++)
    {
        for (j=0;j<N;j++)
        {
            printf("% d\t",a[i][j]);
        }
        printf("\n");
    }

    printf("M的对称闭包为: \n");
    for (i=0;i<N;i++)
    {
        for (j=0;j<N;j++)
        {
```

```
                printf("% d\t",b[i][j]);
            }
            printf("\n");
        }

    }
}
```

程序解释说明。

N：关系矩阵 M 的阶。

M[N][N]：开始存放 R 的关系矩阵。

测试数据举例：1,0,0,1,1,1,1,0,0,0,1,0,1,0,1,1,1,1,0,0,0,1,1,1,1,0,0,1,1,1,1,1,1,0,0,1,1,0,0,1,1,0,1,0,1,0,1,0,0,0,1,1,1,0,0,1,1,0,0,1,1,1,1,0,0,1

4.8.7 传递闭包运算

1. 功能

给定关系 R，求 R 的传递闭包。

2. 算法

这里给出求传递闭包的 Warshall 算法：

(1) 输入关系矩阵 $\boldsymbol{M}$。

(2) $1 \Rightarrow i$ 。

(3) 对于所有的 j ，若 $m_{ji}=1$ ，则对 $k=1,2,\cdots,n,$ 作 $m_{jk}=m_{jk} \vee m_{jk}$ 。

(4) $i+1 \Rightarrow i$ 。

(5) 若 $i \leqslant n$ ，则转(3)，否则结束。

3. 程序及解释说明

```
#include"stdio.h"
#include"string.h"
main()
{
    int i,j,k,N;
    printf("关系的闭包运算(2) \n");
    printf("输入定义R的集合中元素个数：\n");
    scanf("% d",&N);
    int M[N][N];
    printf("输入R的关系矩阵，按行输入：\n");
    for (i=0;i<N;i++)
    {
        for (j=0;j<N;j++)
```

```
        {
            scanf("% d",&M[i][j]);
        }
        printf("\n");
    }
    for (i=0;i<N;i++){
        for (j=0;j<N;j++){
            if(M[i][j]==1)
            {
                for (k=0;k<N;k++)
                    M[j][k]=M[i][k||M[j][k];
            }
        }
    }
    printf("所给关系的传递闭包为\n");
    for (i=0;i<N;i++)
    {
        for (j=0;j<N;j++)
            printf("% d",M[i][j]);
        printf("\n");
    }
}
```

程序解释说明。

N：关系矩阵 ***M*** 的阶。

M[N][N]：开始存放 *R* 的关系矩阵，最后存放 *R* 的传递闭包。

测试数据举例：1,0,0,0,1,1,0,1,0,1,1,0,1,0,1,1

第5章 函　数

函数是一个基本的数学概念，在通常的函数定义中，$y = f(x)$ 是在实数集合上讨论，本书把函数的概念予以推广，将函数看作一种特殊的关系。例如，计算机中把输入、输出间的关系看成一种函数；类似地，在开关理论、自动机理论和可计算性理论等领域中，函数都有着极其广泛的应用。

【本章主要内容】

函数的概念；

特殊函数；

特征函数；

逆函数与复合函数；

一些函数的算法。

5.1 函数的概念

在离散数学中，任何对象包括集合都可以做自变量或函数值，并且函数仅指单值函数，也没对两个集合的元素作任何特殊限制。

5.1.1 函数的定义

定义 5.1 设 f 是集合 A 到 B 的一个关系，如果对每个 $x \in A$，都存在唯一 $y \in B$，使得 $<x, y> \in f$，则称关系 f 为 A 到 B 的函数(或映射、变换)，记为 f: $A \to B$。当 $<x, y> \in f$ 时，通常记为 $y = f(x)$，这时称 x 为函数的自变量，称 y 为 x 在 f 下的函数值(或象)。

从函数的定义可以得出：

(1) $\mathrm{dom}(f)=A$，称为函数 f 的定义域，而不能是 A 的某个真子集；

(2) $\mathrm{ran}(f) \subseteq B$，称为函数 f 的值域，B 称为函数 f 的共域，$\mathrm{ran}(f)$ 也可记为 $f(A)$，并称 $f(A)$ 为 A 在 f 下的象；

(3) 一个 $x \in X$ 只能对应于唯一的一个 y，即 $<x, y> \in f$，$<x, z> \in f$，则 $y = z$；

(4) $|f| = |A|$。

需要注意的是，$f(x)$ 仅表示一个变值，但 f 却代表一个集合，因此有 $f \neq f(x)$，不能混淆这两个概念。同时，在定义一个函数时必须指定定义域、共域及变换规则，且变换规则要覆盖定义域中所有的元素。

【例题 5.1】 设集合 $A=\{1,2,3\}$，集合 $B=\{a,b,c\}$，判断下列各式是否是函数：

(1) $f=\{<1,b>,<2,c>,<3,a>\}$；

(2) $f=\{<1,a>,<1,c>,<2,c>,<3,a>\}$；

(3) $f=\{<1,a>,<2,c>,<3,a>\}$；

(4) $f=\{<1,c>,<2,c>,<3,c>\}$。

解：根据函数的定义，(1)，(3)和(4)满足条件，因此是函数；(2)不是函数，因为在(2)中，集合 A 中的元素 1 对应集合 B 中的两个元素 a，c，故不是函数。

【例题 5.2】 (1) 任意集合 A 上的恒等关系 I_A 是一个函数，常称为恒等函数，并且 $I_A(x)=x$ (对任意 $x\in A$)，或者 $f(x)=x$。

(2) 自然数集合上的 $2x+1$ 是一个函数，若用 f 表示这一关系，那么 f：$\mathbb{N}\to\mathbb{N}$，表示为 $f(x)=2x+1$。

5.1.2 函数的表示法

表示一个函数，通常有以下三种方法。

(1) 列表法：由于函数具有“单值性”，即对任一自变量有唯一确定的函数值，因此可将其序偶排列成一个表，将自变量与函数值一一对应起来。列表法一般适用于定义域为有限集合的情况。

(2) 图表法：用笛卡儿平面上点的集合表示函数。与列表法一样，图表法一般适用于定义域有限的情况。

(3) 解析法：用等式 $y=f(x)$ 表示函数，这时可认为 $y=f(x)$ 为函数的“命名式”，有别于“y 是 f 在 x 处的值”。$y=f(x)$ 具有双重意义，注意区别。

由于函数是特殊关系，因此下面是在关系相等、包含的概念基础上，给出函数相等、包含的概念。

定义 5.2 设函数 f：$A\to B$ 与 g：$C\to D$，如果 $A=C$，$B=D$，且对任意的 $a\in A$ 或 $a\in C$，都有 $f(a)=g(a)$，则称函数 f 与 g 相等，记作 $f=g$。

函数作为一种特殊的二元关系，其函数相等的定义与关系相等的定义一致，即相等的两个函数必须有相同的定义域、共域及序偶集合。因此，两个函数相等，一定满足下面两个条件：

(1) $\mathrm{dom}(f)=\mathrm{dom}(g)$；

(2) $\forall x\in\mathrm{dom}(f)=\mathrm{dom}(g)$，都有 $f(x)=g(x)$。

定义 5.3 设 A，B，C 是 3 个非空集合，函数 f：$A\to B$；g：$C\to B$。如果 $C\subseteq A$，且对于所有的 $a\in C$，有 $g(a)=f(a)$，则称 g 是 f 的限制，f 是 g 的扩充。

【例题 5.3】 设 $\mathbb{Z}$ 是整数集，并定义函数 f：$\mathbb{Z}\to\mathbb{Z}$，设 $f=\{<x,2x+1>\mid x\in\mathbb{Z}\}$，且 $\mathbb{N}$ 为自然数集合，求 f 在 $\mathbb{Z}$ 上的限制。

解：f 在 $\mathbb{Z}$ 上的集合表示形式如下：

$$f=\{\cdots,\ <-1,-1>,\ <0,1>,\ <1,3>,\ \cdots\}$$

因此，f 在自然数集 $\mathbb{N}$ 上的限制为

$$g=\{<0,1>, <1,3>, \cdots\}$$

定义 5.4 设 A，B 是非空集合，所有从 A 到 B 的函数记作 B^A，表示为 $B^A=\{f \mid f: A\to B\}$。

那么从 A 到 B 上一共可以定义多少个函数呢？有如下定理成立。

定理 5.1 设 A，B 是非空有限集合，则从 A 到 B 共有 $|B|^{|A|}$ 个不同的函数。

证明：设 $|A|=n, |B|=m$。函数 f 是从 A 到 B 的任一函数，并且 f 由 A 中的 n 个元素的取值唯一确定，对于 A 中的任一元素，f 在该元素处的取值都有 m 种可能，因此从 A 到 B 可以定义 $m\cdot m\cdot\cdots\cdot m=m^n=|B|^{|A|}$ 个不同的函数。

【例题 5.4】 设集合 $A=\{1,2\}$，集合 $B=\{a,b,c\}$，则从 A 到 B 共有 9 个函数，分别表示如下：

$$f_1=\{<1,a>, <2,a>\}, f_2=\{<1,a>, <2,b>\}, f_3=\{<1,a>, <2,c>\}$$

$$f_4=\{<1,b>, <2,a>\}, f_5=\{<1,b>, <2,b>\}, f_6=\{<1,b>, <2,c>\}$$

$$f_7=\{<1,c>, <2,a>\}, f_8=\{<1,c>, <2,b>\}, f_9=\{<1,c>, <2,c>\}$$

因为函数是一种特殊的关系，所以一个函数确定一个关系；但一个关系不一定确定一个函数。如例题 5.4 中，从 A 到 B 共有 $2^6=64$ 个不同的关系，但仅有 $3^2=9$ 个不同的函数。

定理 5.2 设 A，B，X，Y 是非空集合，$f: X\to Y$ 且 $A\subseteq f(X), B\subseteq f(X)$，则

(1) $f(A\cup B)=f(A)\cup f(B)$；

(2) $f(A\cap B)\subseteq f(A)\cap f(B)$。

证明：(1) 先证 $f(A\cup B)\subseteq f(A)\cup f(B)$。

对任意的 $y\in f(A\cup B)$，存在 $x\in A\cup B$，使得 $y=f(x)$。

即 $x\in A$ 或 $x\in B$ 时，有 $y=f(x)$，因此 $f(x)\in f(A)$ 或 $f(x)\in f(B)$，即 $y\in f(A)\cup f(B)$，则 $f(A\cup B)\subseteq f(A)\cup f(B)$。

再证 $f(A)\cup f(B)\subseteq f(A\cup B)$。

对任意的 $y\in f(A)\cup f(B)$，有 $y\in f(A)$ 或 $y\in f(B)$，因此在集合 A，B 中至少有一个集合里有一个 x，使得 $y=f(x)$。

即 $y=f(x)\in f(A\cup B)$，则 $f(A)\cup f(B)\subseteq f(A\cup B)$。因此 $f(A\cup B)=f(A)\cup f(B)$。

(2) 对任意的 $y\in f(A\cap B)$，存在 $x\in A\cap B$，使得 $y=f(x)$。

即 $x\in A$ 且 $x\in B$ 时，有 $y=f(x)$，因此 $f(x)\in f(A)$ 且 $f(x)\in f(B)$，即 $y\in f(A)\cap f(B)$，则 $f(A\cap B)\subseteq f(A)\cap f(B)$。

一般地，$f(A\cap B)\neq f(A)\cap f(B)$。

【例题 5.5】 设集合 $X=\{1,2,3\}$，集合 $Y=\{a,b,c\}$，$A=\{1,2\}$，$B=\{3\}$，且 $f: X\to Y$，$f(1)=a$，$f(2)=b$，$f(3)=b$。有 $A\cup B=\{1,2,3\}$，则 $f(A\cup B)=\{a,b\}$。

因此，$f(A)\cup f(B)=\{a,b\}\cup\{b\}=\{a,b\}$，即 $f(A\cup B)=f(A)\cup f(B)$ 成立。

但是 $f(A\cap B)=f(A)\cap f(B)$ 不一定成立。

【例题 5.6】 设集合 $X=\{1,2,3\}$，集合 $Y=\{a,b,c\}$，$A=\{1,2\}$，$B=\{3\}$，且 $f: X\to Y$，$f(1)=a$，$f(2)=b$，$f(3)=b$。有 $A\cap B=\varnothing$，则 $f(A\cap B)=\varnothing$。

但是，$f(A)\cap f(B)=\{a,b\}\cap\{b\}=\{b\}$，即 $f(A\cap B)\subseteq f(A)\cap f(B)$ 成立。

但是不满足 $f(A\cap B)=f(A)\cap f(B)$。

5.2 特殊函数

函数作为一种关系，能进行分类，如果从函数的最基本性质出发，来讨论单射、满射和双射的函数。本节主要讨论函数的基本性质及几种常用的函数。

5.2.1 单射、满射、双射

定义 5.5 设 f：$A\to B$ 是一个函数。

(1) 如果对任意的 $x_1,x_2\in A$，当 $x_1\neq x_2$ 时，有 $f(x_1)\neq f(x_2)$，则称 f 为 A 到 B 的单射函数或单射。

(2) 如果对任意的 $y\in B$，均有 $x\in A$，使 $y=f(x)$，即 ran(f)=B，则称 f 为 A 到 B 的满射函数或满射。

(3) 如果 f 既是 A 到 B 的单射，又是 A 到 B 的满射，则称 f 为 A 到 B 的双射函数或双射，或称一一对应的函数。

【例题 5.7】设集合 A，B，定义函数 f：$A\to B$，图 5.1 给出了 4 种不同情形下的函数。

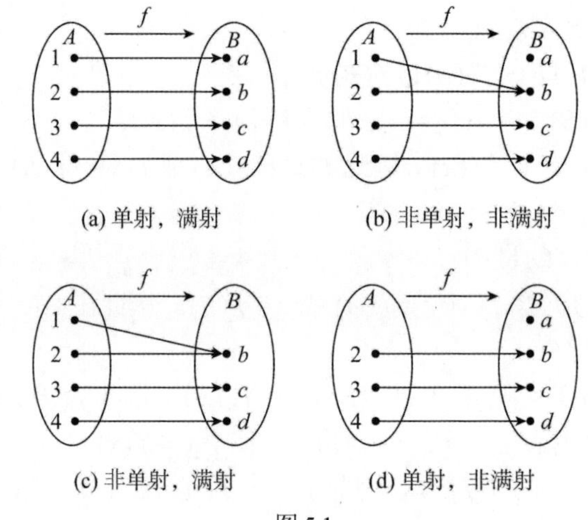

图 5.1

由定义 5.5 可知，当集合 A，B 为有限集时，有：

(1) f：$A\to B$ 是单射的必要条件为 $|A|\leqslant|B|$；

(2) f：$A\to B$ 是满射的必要条件为 $|A|\geqslant|B|$；

(3) f：$A\to B$ 是双射的必要条件为 $|A|=|B|$。

【例题 5.8】 在实数集上也可以找到这样的函数，例如，实数集上的函数 $f(x)=3^x$ 是单射而非满射，多项式函数 $f(x)=ax^3+bx^2+cx+d\ (a\neq 0)$ 是满射而非单射，一次函数 $y=ax+b$ $(a\neq 0)$ 是双射，但二次函数 $f(x)=ax^2+c\ (a\neq 0)$ 既非单射又非满射。

【例题 5.9】设集合 A={1,2,3,4,5,6,7,8,9,10}，找出一个从 $A\times A$ 到 A 的函数，能否找到一个

从 $A \times A$ 到 A 的满射？能否找到一个从 $A \times A$ 到 A 的单射？

解：对任意的 $x, y \in A$，设 $f(<x, y>) = \max\{x, y\}$，则 f 为一个从 $A \times A$ 到 A 的函数，该函数也是一个从 $A \times A$ 到 A 的满射，因为

$$|A \times A| = 10 \times 10$$

$$|A| = 10$$

因此 $|A \times A| > |A|$，这是满射函数存在的必要条件。但是找不到一个从 $A \times A$ 到 A 的单射，因为 $|A \times A| > |A|$，不满足单射的必要条件。

定理 5.3 设 A 和 B 为有限集，若 $|A| = |B|$，则 f：$A \to B$ 是单射的充要条件是 f：$A \to B$ 为满射。

证明：(1) 必要性。若 f：$A \to B$ 是单射，则 $|A| = |f(A)|$，因为 $|A| = |B|$，所以 $|f(A)| = |B|$。因此，$B = f(A)$。否则，若存在 $b \in B$ 且 $b \notin f(A)$，又 B 是有限集，因此有 $|f(A)| < |B| = |A|$，与 $|f(A)| = |B|$ 矛盾。因此 f：$A \to B$ 是满射。

(2) 充分性。若 f：$A \to B$ 是满射，根据定义有 $B = f(A)$，于是 $|A| = |B| = |f(A)|$。则 f：$A \to B$。否则，存在 $x_1, x_2 \in A$，尽管 $x_1 \neq x_2$，但仍有 $f(x_1) = f(x_2)$，因此，$|f(A)| < |A| = |B|$，与 $|A| = |B| = |f(A)|$ 矛盾，所以 f：$A \to B$ 是单射。

这个定理必须在有限集情况下才能成立，在无限集上不一定成立，如 f：$I \to I$，其中 $f(x) = 2x$，在这种情况下整数映射到偶整数，显然这是一个单射，但不是满射。

定义 5.6 设函数 f：$A \to B$，给出几个特殊函数的定义如下：

(1) 若存在 $b \in B$，使得对任意的 $a \in A$ 都有 $f(a) = b$，则称 f 是从 A 到 B 的常值函数；

(2) 集合 A 上的恒等关系 I_A 称为集合 A 上的恒等函数，即对任意的 $a \in A$，都有 $I_A(a) = a$。

5.2.2 特征函数

定义 5.7 设 U 是全集，且 $A \subseteq U$，函数 $\psi_A : U \to \{0,1\}$ 定义为

$$\psi_A(x) = \begin{cases} 1, & x \in A \\ 0, & x \notin A \end{cases}$$

称 $\psi_A(x)$ 是集合 A 的特征函数。

由特征函数的定义可知，集合 A 的每一个子集都对应于一个特征函数，不同的子集对应于不同的特征函数。因此，可以利用特征函数来标识集合 A 的不同的子集，及利用特征函数建立函数与集合之间的一一对应关系，有利于用计算机解决集合中的问题。

【例题 5.10】 设 $U=\{a,b,c,d\}$，$A=\{a,d\}$，则 A 的特征函数为

$$\psi_A : \{a,b,c,d\} \to \{0,1\}$$

$$\psi_A(a) = \psi_A(d) = 1$$

$$\psi_A(b) = \psi_A(c) = 0$$

关于特征函数有下列性质。

定理 5.4 设 U 是全集，且 $A \subseteq U$，$B \subseteq U$，则对任意的 $x \in U$，有：

(1) $(\forall x)(\psi_A(x) = 0) \Leftrightarrow A = \varnothing$；

(2) $(\forall x)(\psi_A(x)=1) \Leftrightarrow A=U$；

(3) $(\forall x)(\psi_A(x) \leqslant \psi_B(x)) \Leftrightarrow A \subseteq B$；

(4) $(\forall x)(\psi_A(x)=\psi_B(x)) \Leftrightarrow A=B$；

(5) $\psi_A{}'(x)=1-\psi_A(x)$； $\psi_{\sim A}(x)=1-\psi_A(x)$

(6) $\psi_{A\cap B}(x)=\psi_A(x) \bullet \psi_B(x)$；

(7) $\psi_{A\cup B}(x)=\psi_A(x)+\psi_B(x)-\psi_{A\cap B}(x)$；

(8) $\psi_{A-B}(x)=\psi_{A\cap \sim B}(x)=\psi_A(x)-\psi_A(x) \bullet \psi_B(x)$。

证明：这里给出(6)的证明，其余的可类似证明。

① 若$x \in A \cap B$，有$x \in A$且$x \in B$，则$\psi_A(x)=1$且$\psi_B(x)=1$，于是$\psi_{A\cap B}(x)=1=\psi_A(x) \bullet \psi_B(x)$。

② 若$x \notin A \cap B$，则$\psi_{A\cap B}(x)=0$，又因为$x \notin A \cap B$，则有$x \notin A$或$x \notin B$，因此$\psi_A(x)=0$或$\psi_A(x)=0$，于是$\psi_A(x) \bullet \psi_B(x)=0=\psi_{A\cap B}(x)$。

由①和②可得$\psi_{A\cap B}(x)=\psi_A(x) \bullet \psi_B(x)$。

利用集合的特征函数可以证明集合一些的等式。

【例题 5.11】利用特征函数证明$A \cap (B \cup C)=(A \cap B) \cup (A \cap C)$。

证明：对任意的x，有

$$
\begin{aligned}
\psi_{A\cap(B\cup C)}(x) &= \psi_A(x) \bullet \psi_{B\cup C}(x) \\
&= \psi_A(x) \bullet (\psi_B(x)+\psi_C(x)-\psi_{B\cap C}(x)) \\
&= \psi_A(x) \bullet \psi_B(x)+\psi_A(x) \bullet \psi_C(x)-\psi_A(x) \bullet \psi_{B\cap C}(x)) \\
&= \psi_{A\cap B}(x)+\psi_{A\cap C}(x)-\psi_{A\cap B\cap C}(x)) \\
&= \psi_{A\cap B}(x)+\psi_{A\cap C}(x)-\psi_{(A\cap B)\cap(A\cap C)}(x)) \\
&= \psi_{(A\cap B)\cup(A\cap C)}(x))
\end{aligned}
$$

因此，$A \cap (B \cup C)=(A \cap B) \cup (A \cap C)$。

【例题 5.12】设$U=\{a, b, c\}$，U的子集是：$\varnothing, \{a\}, \{b\}, \{c\}, \{a, b\}, \{a, c\}, \{b, c\}$和$\{a, b, c\}$。试给出$U$的所有子集的特征函数，且建立特征函数与二进制之间的对应关系。

解：U的任何子集A的特征函数的值如表 5.1 所示。

表 5.1

$\psi_A(x)$ \ x	A							
	$\varnothing$	$\{a\}$	$\{b\}$	$\{c\}$	$\{a, b\}$	$\{a, c\}$	$\{b, c\}$	$\{a, b, c\}$
a	0	1	0	0	1	1	0	1
b	0	0	1	0	1	0	1	1
c	0	0	0	1	0	1	1	1

如果规定元素的次序为a,b,c，则每个子集A的特征函数与一个三位二进制数相对应，且“1”表示元素呈现，“0”表示元素不呈现。如$\psi_{\{a,c\}}(x) \leftrightarrow 101$。令$B=\{000,001,010,011,100,101,110,111\}$，那么表 5.1 亦可以看作从$U$的幂集到$B$的一个双射。

5.2.3 隶属函数

对于特征函数进行推广可以导出模糊子集的概念。

定义 5.8 给定论域 E，指定 E 上的一个模糊子集 A 是指对任意 $x \in E$ 都有一个隶属程度 $\mu = \mu_A(x)(0 \leqslant \mu \leqslant 1)$ 与它对应，称 $\mu_A(x)$ 为 A 的隶属函数。

定义 5.9 设 U 是给定论域，$\mu_F(x)$是把任意 $x \in U$ 映射为[0, 1]上某个实值的函数，即

$$\mu_F(x)\text{：}U \to [0, 1]$$
$$x \to \mu_F(x)$$

称 $\mu_F(x)$为定义在 U 上的一个隶属函数，由 $\mu_F(x)$对所有 $x \in U$ 所构成的集合

$$F=\{\mu_F(x) \mid x \in U\}$$

则称 F 为 U 上的一个模糊集，$\mu_F(x)$称为 μ 对 F 的隶属度。

说明：(1) 模糊集 F 完全是由隶属函数 $\mu_F(x)$来刻画的，$\mu_F(x)$把 U 中的每一个元素 x 都映射为[0, 1]上的一个值。

(2) $\mu_F(x)$的值表示 x 隶属于 F 的程度，其值越大，表示 x 隶属于 F 的程度越高。当 $\mu_F(x)$仅取 0 和 1 时，隶属函数变为特征函数，模糊集 F 便退化为一个普通集合。

下面给出离散型和连续型刻画模糊概念的模糊集的两个例题。

【例题 5.13】 设论域 $U=\{20, 30, 40, 50, 60\}$给出的是年龄，确定一个刻画模糊概念“年轻”的模糊集 F。

解：由于模糊集是用其隶属函数来刻画的，因此需要先求出描述模糊概念“年轻”的隶属函数。假设对论域 U 中的元素，其隶属函数值分别为

$$\mu_F(20)=1,\ \mu_F(30)=0.8,\ \ \mu_F(40)=0.4,\ \ \mu_F(50)=0.1,\ \mu_F(60)=0$$

则可得到刻画模糊概念“年轻”的模糊集

$$F=\{1, 0.8, 0.4, 0.1, 0\}$$

【例题 5.14】 以年龄作为论域，取 $U=[0, 100]$，“年老”与“年轻”这样两个模糊概念可以分别用两个模糊子集 O 与 Y 来表示，它们的隶属函数可分别定义为

$$\psi_O(u)=\begin{cases} 0, & 0 \leqslant u \leqslant 50 \\ \left[1+\left(\dfrac{u-50}{5}\right)^{-2}\right]^{-1}, & 50 \leqslant u \leqslant 100 \end{cases}$$

$$\psi_Y(u)=\begin{cases} 1, & 0 \leqslant u \leqslant 25 \\ \left[1+\left(\dfrac{u-25}{5}\right)^{2}\right]^{-1}, & 25 \leqslant u \leqslant 100 \end{cases}$$

习题 5-1、5-2

1. 假设 f 和 g 是函数，证明 $f \cap g$ 也是函数。

2. 下列函数中哪些是单射的、满射的或双射的？

(1) f：$I \to I, f(j) = j(\bmod 3)$

(2) f：$N \to N, f(j) = \begin{cases} 1, & j\text{是奇数} \\ 0, & j\text{是偶数} \end{cases}$

(3) f：$N \to \{0,1\}, f(j) = \begin{cases} 1, & j\text{是奇数} \\ 0, & j\text{是偶数} \end{cases}$

(4) f：$I \to N, f(i) = |2i| + 1$

(5) f：$R \to R, f(r) = 2r - 15$

3. 试证明，对于所有的$x \in E$，

(1) $\psi_A(x) \leqslant \psi_B(x)$，当且仅当$A \subseteq B$；

(2) $\psi_{A \cap B}(x) = \min\{\psi_B(x), \psi_B(x)\}$；

(3) $\psi_{A \cup B}(x) = \max\{\psi_B(x), \psi_B(x)\}$；

(4) $\psi_{A-B}(x) = \psi_A(x) - \psi_{A \cap B}(x)$；

(5) 设$E = [0,1], A = \left[\frac{1}{2}, 1\right]$，画出$\psi_A$的图形。

4. 设A，B是U上的两个模糊子集，它们的并集$A \cup B$和交集$A \cap B$都仍然是模糊子集，它们的隶属函数分别定义为

$$C = A \cup B \Leftrightarrow \psi_{A \cup B}(x) = \max\{\psi_A(x), \psi_B(x)\}$$

$$C = A \cap B \Leftrightarrow \psi_{A \cap B}(x) = \min\{\psi_A(x), \psi_B(x)\}$$

证明：模糊集的$\cup$和$\cap$运算满足幂等律、交换律、结合律、吸收律、分配律、De Morgan律等。

5.3 逆函数和复合函数

在关系的定义中曾提到，从X到Y的关系R，其逆关系R^c是Y到X的关系。$<y, x> \in R^c \Leftrightarrow <x, y> \in R$。但是对于函数就不能用简单的交换序偶的元素而得到逆函数，这是因为若有函数f：$X \to Y$，但f的值域R_f可能只是y的一个真子集，即$R_f \subset Y$，因$dom\ f^c = R_f \subset Y$，不符合函数定义域的要求。此外，若X到Y的映射f是一个多一对应，即有$<x_1, y> \in f, <x_2, y> \in f$，其逆关系将为$<y, x_1> \in f^c, <y, x_2> \in f^c$，这就违反函数值唯一性的要求。为此我们对函数求逆需规定一些条件。

5.3.1 逆函数

定理 5.5 设f：$X \to Y$是一双射函数，那么f^c是$Y \to X$的双射函数。

证明：设

$$f = \{<x, y> \mid x \in X \wedge y \in Y \wedge f(x) = y\}$$

$$f^c = \{<y,x>|<x,y>\in f\}$$

因为f是满射的，故对每一$y\in Y$必存在$<x,y>\in f$，因此必有$<y,x>\in f^c$，即f^c的前域为Y。又因为f是单射，对每一个$y\in Y$恰有一个$x\in X$，使$<x,y>\in f$，因此仅有一个$x\in X$，使$<y,x>\in f^c$，即y对应唯一的x，故f^c是函数。

又因$\mathrm{ran}\ f^c=\mathrm{dom}\ f=X$，故$f^c$是满射。又若$y_1\neq y_2$，有

$$f^c(y_1)=f^c(y_2)$$

因为$f^c(y_1)=x_1$，$f^c(y_2)=x_2$，即$x_1=x_2$，故$f(x_1)=f(x_2)$，即$y_1=y_2$，得出矛盾。因此f^c是一个双射函数。

定义 5.10 设f：$X\to Y$是一双射函数，称$Y\to X$的双射函数f^c为f的逆函数，记作f^{-1}。

例如，设$A=\{1,2,3\},B=\{a,b,c\},f:A\to B$为：

若$f=\{<1,a>,<2,c>,<3,b>\}$，则它的逆函数是$f^{-1}=\{<a,1>,<c,2>,<b,3>\}$；

若$f=\{<1,a>,<2,b>,<3,b>\}$，则f的逆关系$\{<a,1>,<b,2>,<b,3>\}$，就不是函数。

5.3.2 复合函数

定义 5.11 设函数f：$X\to Y,g$：$W\to Z$，若$f(X)\subseteq W$，则$g\circ f=\{<x,z>|\ x\in X\wedge z\in Z\wedge(\exists y)(y\in Y\wedge y=f(x)\wedge z=g(y))\}$，称$g$在函数$f$的左边可复合。

定理 5.6 两个函数的复合是一个函数。

证明：设g：$W\to Z,f$：$X\to Y$为左复合，即$f(X)\subseteq W$。

(1) 对于任意$x\in X$，因为f为函数，故必有唯一的序偶$<x,y>$使$y=f(x)$成立，而$f(x)\in f(X)$即$f(x)\in W$，又因为g是函数，故必有唯一序偶$<y,z>$使$z=g(y)$成立。根据复合的定义，$<x,z>\in g\circ f$，即X中每个x对应Z中某个z。

(2) 假定$g\circ f$中包含序偶$<x,z_1>$和$<x,z_2>$且$z_1\neq z_2$，这样在Y中必存在y_1和y_2，使得在f中有$<x,y_1>$和$<x,y_2>$，在g中有$<y_1,z_1>$和$<y_2,z_2>$。因为f是一个函数，故$y_1=y_2$。于是在g中有$<y_1,z_1>$和$<y_2,z_2>$。但g是一个函数，故$z_1=z_2$，即每个$x\in X$只能有唯一的$<x,z>\in g\circ f$。

由(1)(2)可知，$g\circ f$是一个函数。

在定义 5.11 中，当$W=Y$时，则函数f：$X\to Y,g$：$W\to Z$。

$$g\circ f=\{<x,z>|\ x\in X\wedge z\in Z\wedge\exists y(y\in Y\wedge y=f(x)\wedge z=g(y))\}$$

称为复合函数，或称$<x,z>\in g\circ f$为g对f的左复合。

注意：在上述定义中，假定$\mathrm{ran}\ f\subseteq\mathrm{dom}\ g$，如果不满足这个条件，则定义$g\circ f$为空。

根据复合函数的定义，显然有$g\circ f(x)=g(f(x))$。

【例题 5.15】 设$X=\{1,2,3\}$，$Y=\{p,q\}$，$Z=\{a,b\}$，$f=\{<1,p>,<2,p>,<3,q>\}$，$g=\{<p,b>,<q,b>\}$，求$g\circ f$。

解：$g\circ f=\{<1,b>,<2,b>,<3,b>\}$

定理 5.7 令$g\circ f$是一个复合函数。

(1) 若 g 和 f 是满射的，则 $g\circ f$ 是满射的。

(2) 若 g 和 f 是单射的，则 $g\circ f$ 是单射的。

(3) 若 g 和 f 是双射的，则 $g\circ f$ 是双射的。

证明：(1) 设 f：$X\to Y, g$：$Y\to Z$，令 z 为 Z 的任意一个元素，因 g 是满射，故必有某个元素 $y\in Y$ 使得 $g(y)=z$，又因为 f 是满射，故必有某个元素 $x\in X$，使得 $f(x)=y$，故

$$g\circ f(x)=g(f(x))=g(y)=z$$

因此，$R_{g\circ f}=Z$，$g\circ f$ 是满射的。

(2) 令 x_1,x_2 均为 X 的元素，假定 $x_1\neq x_2$，因为 f 是单射的，故 $f(x_1)\neq f(x_2)$。又因 g 是单射的且 $f(x_1)\neq f(x_2)$，故 $g(f(x_1))\neq g(f(x_2))$，于是 $x_1\neq x_2\Rightarrow g\circ f(x_1)\neq g\circ f(x_2)$，因此，$g\circ f$ 是单射的。

(3) 因为 g 和 f 是双射，故根据(1)与(2)，可知 $g\circ f$ 为满射和单射的，即 $g\circ f$ 是双射的。

由于函数的复合仍然是一个函数，故可求三个函数的复合。

【例题 5.16】设 $\mathbb{R}$ 为实数集合，对 $x\in\mathbb{R}$ 有 $f(x)=x+2$，$g(x)=x-2$，$h(x)=3x$，求 $g\circ f$ 与 $h\circ(g\circ f)$。

解：

$$g\circ f(x)=\{<x,x>|\, x\in\mathbb{R}\}$$
$$h\circ(g\circ f)=\{<x,3x>|\, x\in\mathbb{R}\}$$

一般地，函数的复合是可结合的，$h\circ(g\circ f)=(h\circ g)\circ f$。

定理 5.8 设函数 f：$X\to Y$，则

$$f=f\circ I_X=I_Y\circ f$$

这个定理的证明可以由定义直接得到。

定理 5.9 如果函数 f：$X\to Y$ 有逆函数 f^{-1}：$Y\to X$，则

$$f^{-1}\circ f=I_X \quad f\circ f^{-1}=I_Y$$

证明：(1) $f^{-1}\circ f$ 与 I_X 的定义域均是 X。

(2) 因为 f 为双射函数，所以 f^{-1} 也是双射函数。

若 $f:x\to f(x)$，则 $f^{-1}(f(x))=x$，由(1)(2)得 $f^{-1}\circ f=I_X$，故 $x\in X\Rightarrow(f^{-1}\circ f)(x)=f^{-1}(f(x))=x$。

【例题 5.17】令 $f:\{0,1,2\}\to\{a,b,c\}$，其定义如图 5.2 所示，求 $f^{-1}\circ f$ 和 $f\circ f^{-1}$。

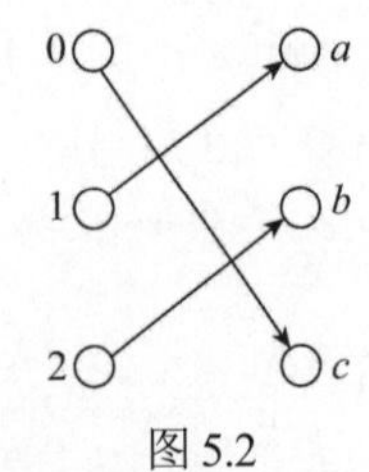

图 5.2

解：$f^{-1}\circ f$ 和 $f\circ f^{-1}$ 可表示为如图 5.3 所示。

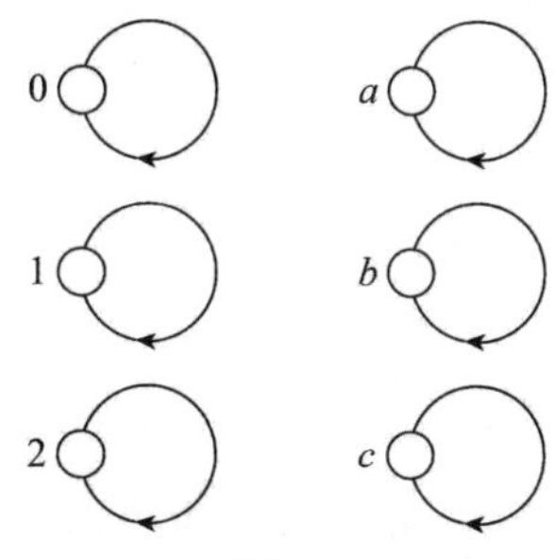

图 5.3

定理 5.10 若 f：$X\rightarrow Y$ 是双射函数，则 $(f^{-1})^{-1}=f$ 。

证明：(1) 因 f：$X\rightarrow Y$ 是双射函数，故 f^{-1}：$Y\rightarrow X$ 也是双射函数，因此 $(f^{-1})^{-1}:X\rightarrow Y$ 又为双射函数，显然

$$\operatorname{dom} f=\operatorname{dom}(f^{-1})^{-1}=X$$

(2) $x\in X\Rightarrow f$：$x\rightarrow f(x)\Rightarrow f^{-1}$：$f(x)\rightarrow x\Rightarrow(f^{-1})^{-1}$：$x\rightarrow f(x)$ 。

由(1)(2)可知

$$(f^{-1})^{-1}=f$$

定理 5.11 若 f：$X\rightarrow Y,g$：$Y\rightarrow Z$ 均为双射函数，则 $(g\circ f)^{-1}=f^{-1}\circ g^{-1}$ 。

证明：(1) 因 f：$X\rightarrow Y,g$：$Y\rightarrow Z$ 均为双射函数，故 f^{-1} 和 g^{-1} 均存在，且 f^{-1}：$Y\rightarrow X,g^{-1}$：$Z\rightarrow Y$，所以 $f^{-1}\circ g^{-1}:Z\rightarrow X$ 。

根据定理 5.10 可知，$g\circ f$：$X\rightarrow Z$ 是双射的，故 $(g\circ f)^{-1}$ 存在且 $(g\circ f)^{-1}$：$Z\rightarrow X$ 。

$$\operatorname{dom}(f^{-1}\circ g^{-1})=\operatorname{dom}((g\circ f)^{-1})=Z$$

(2) 对任意 $z\in Z\Rightarrow$ 存在唯一 $y\in Y$ ，使得 $g(y)=z\Rightarrow$ 存在唯一 $x\in X$ ，使得 $f(x)=y$ ，故

$$(f^{-1}\circ g^{-1})(z)=f^{-1}(g^{-1}(z))=f^{-1}(y)=x$$

但

$$(g\circ f)(x)=g(f(x))=g(y)=Z$$

故

$$(g\circ f)^{-1}(z)=x$$

因此对任一 $z\in Z$ 有

$$(g\circ f)^{-1}(z)=(f^{-1}\circ g^{-1})(z)$$

由(1)(2)可知

$$f^{-1}\circ g^{-1}=(g\circ f)^{-1}$$

习题 5-3

1. 设 $X=\{1,2,3,4\}$ ，确定出这样的函数 f：$X\rightarrow Y$ ，使得 $f\neq I_X$ ，并且是单射的，求出

$f \circ f = f^2$，$f^3 = f \circ f^2$，f^{-1} 和 $f \circ f^{-1}$ 。是否能够找出另外一个单射函数 g：$X \to X$ 使得 $g \neq I_X$ 但是 $g \circ g = I_X$？

2. 设 $f \circ g$ 是复合函数。

(1) 如果 $f \circ g$ 是满射的，那么 f 是满射的。

(2) 如果 $f \circ g$ 是单射的，那么 g 是单射的。

(3) 如果 $f \circ g$ 是双射的，那么 f 是满射的而 g 是单射的。

3. 试证：若 f：$A \to B$，g：$B \to A$，且 $g \circ f = I_A$，$f \circ g = I_B$，则 $g = f^{-1}$，且 $f = g^{-1}$。

4. 证明：若 $(g \circ f)^{-1}$ 是一个函数，则 f 和 g 是单射不一定成立。

5.4 求满射的算法

1. 功能

设 A，B 为有限集合，且 $|A| = m, |B| = n$，求出共有多少从 A 到 B 的满射函数。

2. 基本思想

根据函数的定义可知，从 A 到 B 的函数即为从 A 到 B 的满射函数。既然是函数，必有 $m \geqslant n$，否则就不是函数。对于所给出的问题，可以使用公式

$$F = C_n^n \cdot n^m - C_n^{n-1} \cdot (n-1)^m + C_n^{n-2} \cdot (n-2)^m - \cdots + (-1)^{n-1} C_n^1 \times 1^m$$

求得其解。这里，我们使用计算机中常用的一种方法——枚举法来求解。

枚举法就是一个个地列出所有满足条件的函数，并将其记录下来，当枚举结束时就可求得欲求函数的数目。对于上面提出的问题，相当于把 n 个不同的数字放到 m 个位置上的所有不同的放法。其中数字是可重复出现的，但是每个数字必须都出现过至少一次才是满射函数。

3. 算法

(1) 函数总数 F 置为零，$0 \Rightarrow F$。

(2) 满射函数 $A(M)$ 置为零，$0 \Rightarrow A(M)$。

(3) 检查 $A(M)$ 中的数是否是从 0 到 $n-1$ 这 n 个数字在 m 个位置上至少出现一次。若是，则 $F+1 \Rightarrow F$。

(4) 用模拟的方法，将 $A(M)$ 中的 n 进制数加 1。

(5) 若 $A(0) = 0$，则转(3)。

(6) 否则结束。

4. 程序及解释说明

```
#include < stdio.h >
int main()
{
    int m = 3;
```

```
    int n = 2;
    int surjectionCount = 0;
    int workArray[] = {-1,-1,-1};
    int fullMappedArray[] = {0,0};
    for(int i=0;i<n;i++)
    {
        workArray[0]=i;
        for(int j=0;j<n;j++)
        {
            workArray[1]=j;
            for(int k=0;k<n;k++)
            {
                workArray[2]=k;
                Bool isFunction = true;
                for(int clearIter=0;clearIter<n;clearIter++)
                {
                    fullMappedArray[clearIter]=0;
                }
                for(int checkIter=0;checkIter<m;checkIter++)
                {
                    fullMappedArray[workArray[checkIter]]=1;
                }
                for(int iter=0;iter<n;iter++)
                {
                    if(fullMappedArray[iter]!=1)
                    {
                        isFunction = false;
                    }
                }
                if(isFunction){
                    surjectionCount ++;
                    for(int iter2=0;iter2<m;iter2++)
                    {
                        printf("% d,workArray[iter2]);
                    }
                    Printf("\n");
                }
            }
        }
    }
   printf("% d\n",surjectionCount);
}
```

程序解释说明。

workArray[N]：工作数组。

surjectionCount：录满射函数个数。

单射与双射函数的算法与满射函数极为类似，读者可以根据满射函数的程序来参考练习。

第6章 图　论

图论是近年来发展迅速而又应用广泛的一门新兴学科。它最早起源于一些数学游戏的难题研究，如1736年欧拉(L. Euler)所解决的哥尼斯堡(Königsberg)七桥问题，以及在民间广为流传的一些游戏难题，如迷宫问题、尼姆博弈问题、棋盘上马的行走路线问题等。这些古老的难题、当时吸引了很多学者的注意，在这些问题研究的基础上又提出了著名的四色猜想、哈密顿(环游世界)数学难题。

1847年，克希霍夫(Kirchhoff)开始用图论分析电路网络，这是图论最早应用于工程科学，以后随着科学的发展，图论在解决运筹学、网络理论、信息论、控制论、博弈论以及计算机科学等各个领域的问题时显示出越来越强大的作用，还在网络、电路设计、编码理论、控制论、可靠性理论、程序设计、故障诊断、人工智能、地图着色、情报检索，以及应用于语言学、社会结构、经济学、运筹学、遗传学等方面得到广泛应用。

图论作为一个数学分支，有一套完整的体系和广泛的内容。本章主要围绕与计算机科学有关的知识，介绍图论的一些基本概念、定理和研究内容，给出一些相应的算法和一些典型的应用实例，有助于计算机类的学生运用图论的基本知识解决实际问题。

图可分为有限图和无限图两类，本书只研究有限图，即结点和边都是有限集合。

【本章主要内容】

图的基本概念；

通路、回路和连通图；

图的连通性；

图的矩阵表示。

6.1 图的概念

现实世界中许多状态是由图形来描述的。离散数学研究的图是不同于几何图形、机械图形的另一种数学结构，不关心图中结点的位置、边的长短和形状，只关心结点与边的联结关系。图6.1(a)和(b)表示同一个图形。

6.1.1 图的定义

定义 6.1 一个图是一个三元组$<V(G),E(G),\varphi_G>$，其中$V(G)$是一个非空的结点集合，$E(G)$是边集合，φ_G是从边集合E到结点无序偶(有序偶)集合上的函数。

【例题 6.1】 图$G=<V(G),E(G),\varphi_G>$，其中$V(G)=\{a,b,c,d\}$，$E(G)=\{e_1,e_2,e_3,e_4,e_5,e_6\}$，$\varphi_G(e_1)=(a,b)$，$\varphi_G(e_2)=(a,c)$，$\varphi_G(e_3)=(b,d)$，$\varphi_G(e_4)=(b,c)$，$\varphi_G(e_5)=(d,c)$，$\varphi_G(e_6)=(a,d)$。

一个图可用一个图形表示，例题 6.1 可表示为图 6.1(a)或(b)。

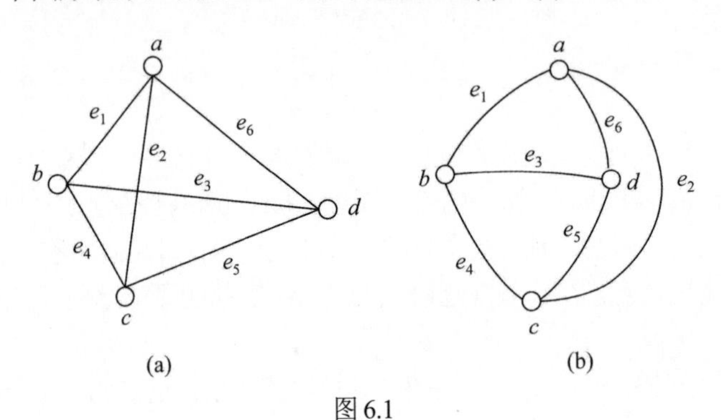

图 6.1

若把图中的边e_i看作总是与两个结点关联，那么一个图亦可简记为$G=<V,E>$，其中 V 是非空结点集，E是连接结点的边集。

若边e_i与结点无序偶(v_j,v_k)相关联，则称该边为无向边。

若边e_i'与结点有序偶$<v_j,v_k>$相关联，则称该边为有向边。其中v_j称为e_i'的起始结点，v_k称为e_i'的终止结点。

每一条边都是无向边的图称无向图，如图 6.2(a)所示。

每一条边都是有向边的图称有向图，如图 6.2(b)所示。

如果在图中一些边是有向边，另一些边是无向边，则这个图称混合图，如图 6.2(c)所示。

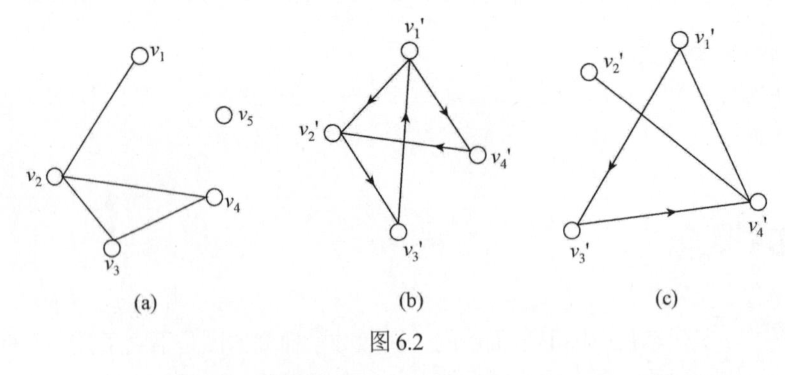

图 6.2

一般情况下，只讨论有向图和无向图。

在一个图中，若两个结点由一条有向边(或无向边)关联，则这两个结点称为邻接点。

在一个图中不与任何结点相邻接的结点称为孤立结点，如图 6.2(a)中的结点 v_5。仅由孤立结点组成的图称为零图，仅由一个孤立结点构成的图称为平凡图。

关联于同一结点的两条边称为**邻接边**。关联于同一结点的一条边称为**自回路或环**，如图 6.3 中(E,E)是环。环的方向是没有意义的，它既可作为有向边，也可作为无向边。

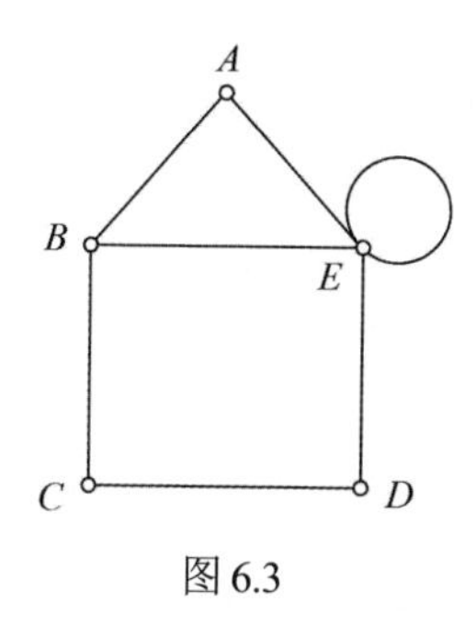

图 6.3

6.1.2 结点的度数

定义 6.2 在图$G=<V,E>$中，与结点$v(v\in V)$关联的边数称作该结点的度数，记作$\deg(v)$。

【例题 6.2】 例如在图 6.3 中，结点 A 的度数为 2，结点 B 的度数为 3，我们约定：每个环使其对应结点的度数增加 2。故图 6.3 中结点 E 的度数为 5。

$\Delta(G)=\max\{\deg v\mid v\in V(G)\}$，$\delta(G)=\min\{\deg v\mid v\in V(G)\}$ 分别为$G=<V,E>$的最大度和最小度。如图 6.3 中$\Delta(G)=5$，$\delta(G)=2$。

定理 6.1(握手定理) 每个图中，结点度数的总和等于边数的两倍：

$$\sum_{v\in V}\deg(v)=2|E|$$

证明：因为每条边必关联两个结点，而一条边给予关联的每个结点的度数为 1，环中的边给予该结点的度数为 2，因此在一个图中，结点度数的总和等于边数的两倍。

推论 6.1 在任何图中，度数为奇数的结点必定是偶数个。

证明：设 V_1 和 V_2 分别是 G 中奇数度数和偶数度数的结点集，则$V_1\cup V_2=V$，$V_1\cap V_2=\varnothing$，由定理 6.1，得

$$\sum_{v\in V_1}\deg(v)+\sum_{v\in V_2}\deg(v)=\sum_{v\in V}\deg(v)=2|E|$$

由于$\sum_{v\in V_2}\deg(v)$是偶数之和，必为偶数，而$2|E|$是偶数，故得$\sum_{v\in V_1}\deg(v)$是偶数，即$|V_1|$必是偶数，即度数为奇数的结点必定是偶数个。

定义6.3 在有向图中，射入一个结点的边数称为该结点的入度，由一个结点射出的边数称为该结点的出度。结点的出度与入度之和就是该结点的度数。

定理 6.2 在任何有向图中，所有结点的入度之和等于所有结点的出度之和。

证明：因为每一条有向边必对应一个入度和一个出度，若一个结点具有一个入度或出度，则必关联一条有向边，所以，有向图中各结点入度之和等于边数，各结点出度之和也等于边数。因此，任何有向图中，入度之和等于出度之和。

定理 6.1、定理 6.2 与推论 6.1 非常重要，要熟练掌握，并且要会灵活运用。

设$V=\{v_1,v_2,\cdots,v_n\}$是图G的结点集，称$(d(v_1), d(v_2), \cdots, d(v_n))$为$G$的度数列。同样，可以对有向图定义出度序列$(d_o(v_1), d_o(v_2), \cdots, d_o(v_n))$与入度序列$(d_i(v_1), d_i(v_2), \cdots, d_i(v_n))$。如图6.2(a)的度数列为(1,3,2,2,0)。对于给定结点已编号的图G，它的度数列是唯一的。

【例题6.3】 (1) (3,3,2,3,4)，(3,3,2,3,5)能称为图的度数列吗？

(2) 已知图G中有11条边，1个4度结点，4个3度结点，其余结点的度数均不大于2，问G中至少有几个结点？

解：(1) (3,3,2,3,4)不能称为图的度数列，因为它有3个3，即奇数度的结点个数为奇数，不满足握手定理。(3,3,2,3,5)它有3个3，1个5，满足握手定理，因此能称为图的度数列。

(2) 由握手定理，G中的各结点度数之和为22，1个4度结点、4个3度结点共占去16度，还剩6度，若其余结点全是2度点，还需要3个结点，所以G至少有1+4+3=8个结点。

6.1.3 简单图、完成图、补图

在上面所讲图的概念中，一个结点的度数可能大于1，但是任何一对结点间常常不多于一条边。而我们把连接于同一对结点间的多条边称为平行边。

定义6.4 含有平行边的任何一个图称为多重图。

例如图6.4所示的均为多重图。图6.4(a)中，结点a和b之间有两条平行边，结点b和c之间有三条平行边，在结点b有两个平行的环。结点a的度数为3，结点c的度数为4，结点b的度数为9。图6.4(b)中，结点v_1和v_2之间有两条平行边。这是因为该有向图中，$<v_1,v_2>$与$<v_2,v_1>$为是不同的结点对。

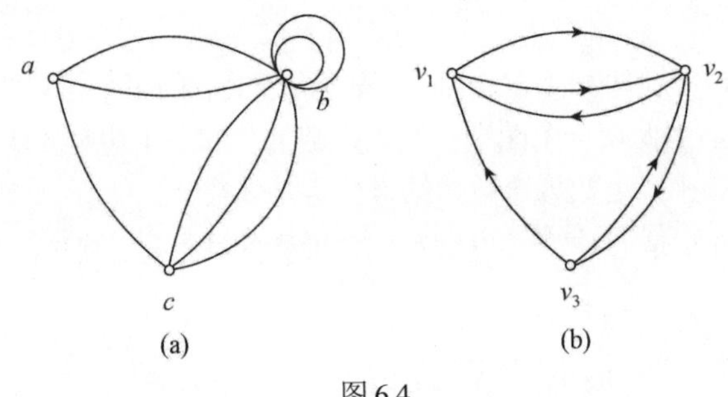

图6.4

不含有平行边和环的图称作简单图。

定义6.5(完全图) (1) 设$G=<V, E>$是无向简单图，且$|V|=n$，若简单图G中任意两个不同的结点都是邻接的，则称图G为无向完全图。n个结点的无向完全图记作K_n。

(2) 设$G=<V, E>$是有向简单图，且$|V|=n$，若

$$\forall u \forall v(u \in V \wedge v \in V \wedge u \neq v \rightarrow <u,v> \in E \wedge <v,u> \in E)$$

则称图G为有向完全图。在不引起二义性的时候，有向完全图也可记作K_n。

注意：若完全图的V中有n个结点，则无向完全图K_n中边数为$n(n-1)/2$条，有向完全图K_n中有$n(n-1)$条边。

【例题6.4】 图6.5中给出三阶、四阶和五阶的无向完全图。

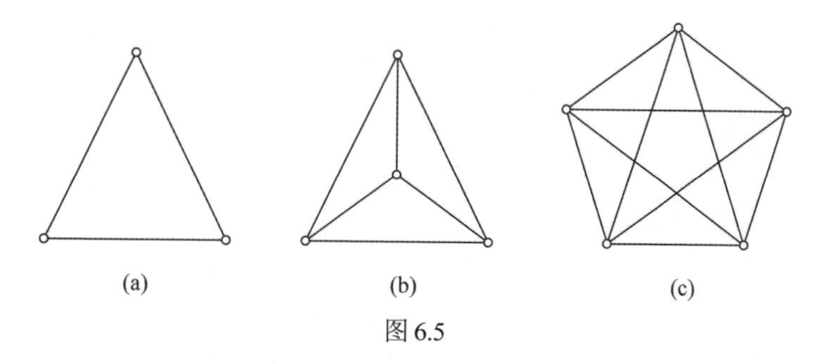

图 6.5

定理 6.3 n 个结点的无向完全图 K_n 的边数为 $\frac{1}{2}n(n-1)$。

证明：在 K_n 中任意两点间都有边相连，n 个结点中任取两点的组合数为

$$\mathrm{C}_n^2 = \frac{1}{2}n(n-1)$$

故 K_n 的边数为

$$|E| = \frac{1}{2}n(n-1)$$

对含有 n 个结点的图 G，总可以把它补成一个具有同样结点的完全图，方法是把那些没有连上的边添加上去。

定义 6.6 给定一个图 G，由 G 中所有结点和所有能使 G 成为完全图的添加边组成的图称为 G 的相对于完全图的补图，或简称为 G 的补图，记作 $\overline{G}$。

图 6.6 中(a)和(b)互为补图。

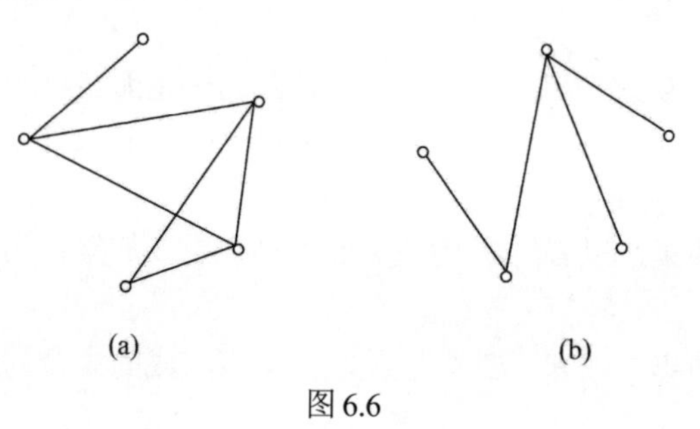

图 6.6

6.1.4 子图

定义 6.7 设有图 $G=<V,E>$ 和 $G'=<V',E'>$。

(1) 若 $V'\subseteq V$ 且 $E'\subseteq E$，则称 G' 为 G 的子图，记作 $G'\subseteq G$；

(2) 若 $V'\subset V$ 且 $E'\subset E$，则称 G' 为 G 的真子图；

(3) 若 $V'=V$ 且 $E'\subseteq E$，则称 G' 为 G 的生成子图；

(4) 若 $V'=V$ 且 $V'\neq\varnothing$，E' 包含了 G 在 V' 之间所有的边，则称 G' 为 G 的导出子图。

图 6.7 中(b)和(c)都是(a)的子图，也是真子图。

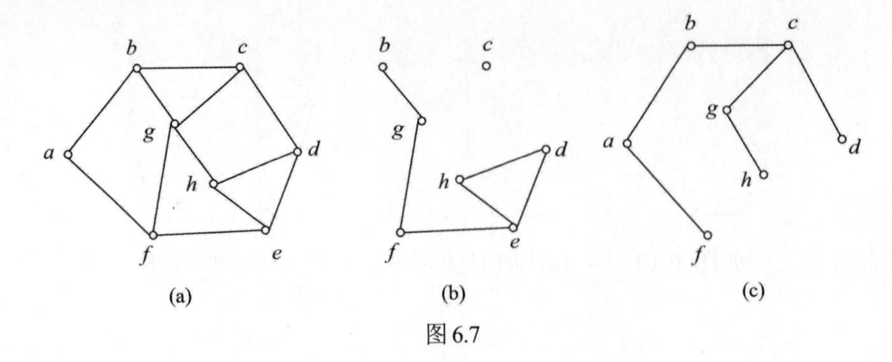

图 6.7

图 6.8 给出了 4 个结点的所有生成子图。

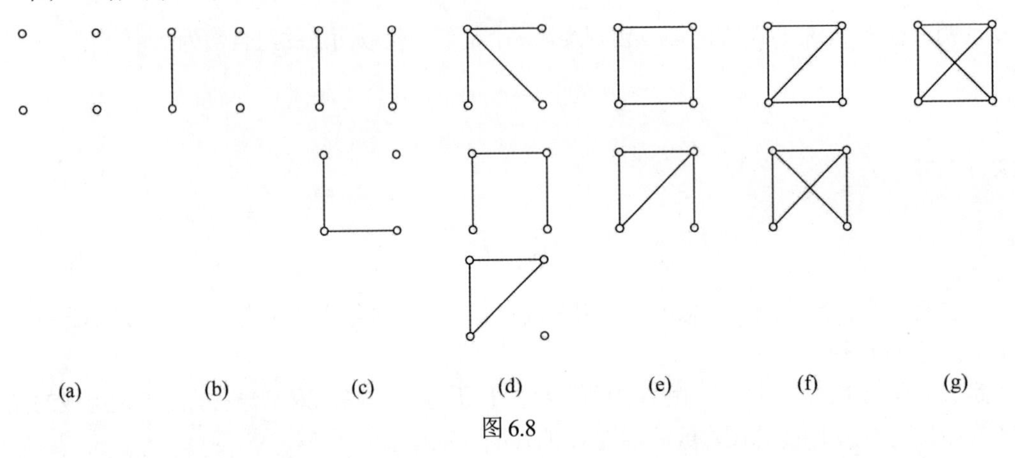

图 6.8

6.1.5 图的运算

定义 6.8 设图$G=<V,E>$和$G'=<V',E'>$，是两个无孤立点的图。

(1) 称以$E\cup E'$为边集，以$E\cup E'$中边关联的结点组成的集合为结点集的图为G与G'的并图，记作$G\cup G'$。

(2) 称以$E\cap E'$为边集，以$E\cap E'$中边关联的结点组成的集合为结点集的图为G与G'的交图，记作$G\cap G'$。

(3) 称以$E-E'$为边集，以$E-E'$中边关联的结点组成的集合为结点集的图为G与G'的差图，记作$G-G'$。

【例题 6.5】在图 6.9 中，(c)是(a)与(b)的差图；(a)是(b)与(c)的并图，也是(c)与(d)的并图；(b)是(a)与(b)的交图，也是(b)与(d)的交图。

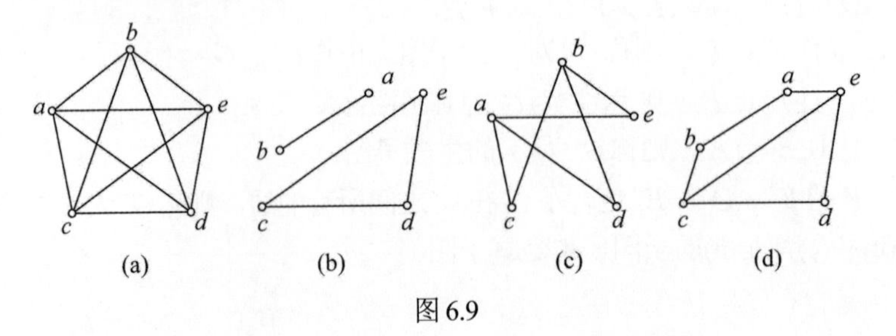

图 6.9

6.1.6 图的同构

定义6.9 设无向图$G=<V,E>$(有向图$G'=<V',E'>$)，如果存在一一对应的映射g：$v_i \to v_i'$且$e=(v_i,v_j)$(或$<v_i,v_j>$)是G的一条边，当且仅当$e'=(g(v_i),g(v_j))$(或$<g(v_i),g(v_j)>$)是G'的一条边，则称G与G'同构，记作$G \simeq G'$。

从这个定义可以看到，G与G'同构的充要条件是：两个图的结点和边分别存在着双射，且保持关联关系。例如图 6.10 中，(a)与(b)是同构的；(c)与(d)不是同构的，因为没有保持关联关系。

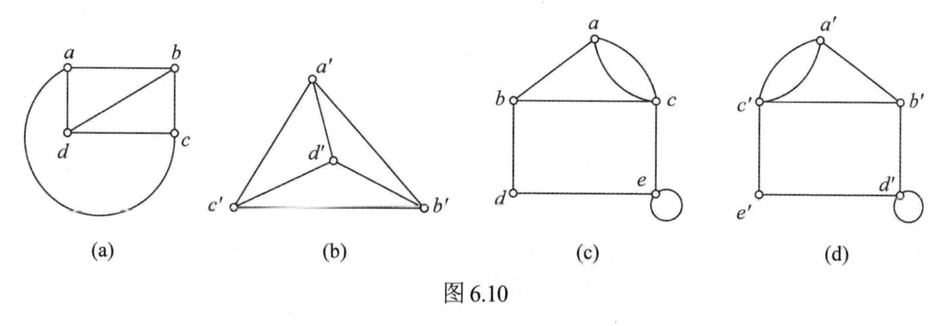

图 6.10

两图同构的必要条件：结点数目相同，边数相等，度数相同的结点数目相等。但是，它不是两个图同构的充分条件，例如图 6.10 中(c)和(d)满足上述三个条件，但是它们不同构的。

习题 6-1

1. 证明：(1) 在有向完全图中，所有结点入度的平方之和等于所有结点的出度平方之和。

(2) 简单图的最大度小于结点数。

2. 给出图 6.11 相对于完全图的补图。

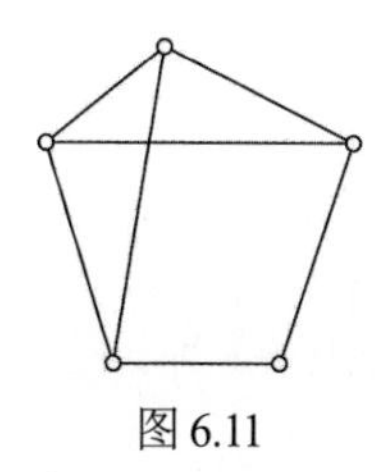

图 6.11

3. 证明图 6.12 中两个图不同构。

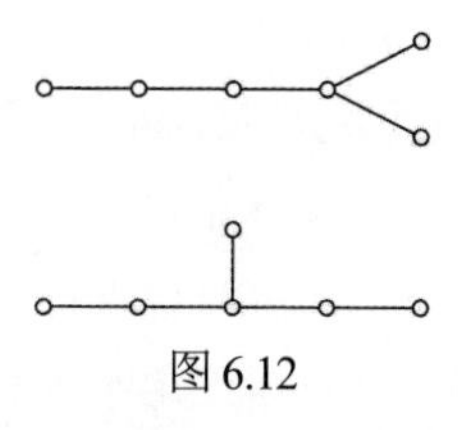

图 6.12

4. 一个图如果同构于它的补图，则该图称为自补图。

(1) 试给出一个有 5 个结点的自补图。

(2) 一个图是自补图，其对应的完全图的边数必为偶数。

6.2 路与连通性

在现实世界中，常常要考虑这样的问题：如何从一个图 G 中的给定结点出发，沿着一些边和结点连续移动而到达另一指定结点？点和边依次出现所组成的序列，就形成了路的概念。

6.2.1 路的概念

定义 6.10 给定图$G=<V,E>$，设$v_0,v_1,\cdots,v_n \in V,e_1,e_2,\cdots,e_n \in E$，其中$e_i$是关联于结点$v_{i-1}$，$v_i$的边，交替序列$v_0e_1v_1e_2\cdots e_nv_n$称为联结$v_0$到$v_n$的路。

v_0和v_n分别称作路的起点和终点，边的数目 n 称作路的长度。当$v_0=v_n$时，这条路称作回路。若一条路中所有的边$e_1,e_2,\cdots,e_n$均不相同，则称作迹，也称简单通路。若一条路中所有的结点$v_0,v_1,\cdots,v_n$均不相同，则称作通路，也称基本通路。在通路中，除$v_0=v_n$外，其余的结点均不相同，就称作圈。在简单图中一条路$v_0e_1v_1e_2\cdots e_nv_n$可简记为$v_0,v_1,\cdots,v_n$或$e_1,e_2,\cdots,e_n$。

【例题 6.6】 指出图 6.13 中的路、迹、通路和圈。

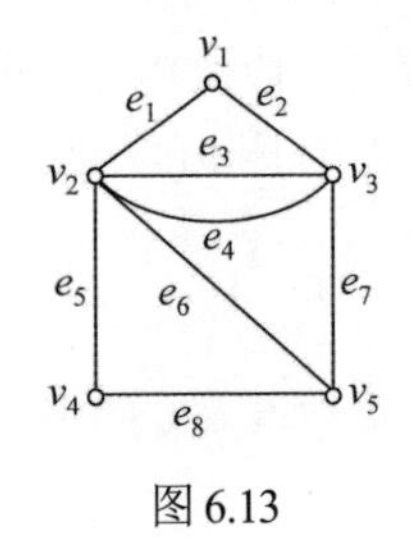

图 6.13

解：路：$v_1e_2v_3e_3v_2e_3v_3e_4v_2e_6v_5e_7v_3$

迹：$v_5e_8v_4e_5v_2e_6v_5e_7v_3e_4v_2$

通路：$v_4e_8v_5e_6v_2e_1v_1e_2v_3$

圈：$v_2e_1v_1e_2v_3e_7v_5e_6v_2$

若$G=<V,E>$中某两个顶点间有若干条通路，必有一条长度最短(经过的边最少)，称此通路为短程，也称作距离。

约定：对任一顶点v_i，$d(v_i,v_i)=0$。

若v_i和v_j之间没有通路，则$d(v_i,v_j)=\infty$。

容易证明，无向图的距离定义满足欧几里得距离的三条公理。

(1) $d(v_i,v_j)\geqslant 0$ (非负性)

(2) $d(v_i,v_j)=d(v_j,v_i)$ (对称性)

(3) $d(v_i,v_j)+d(v_j,v_k)\geqslant d(v_i,v_k)$ (三角不等式)

有向图距离不一定满足对称性。

定理 6.4 在一个具有 n 个结点的图中，如果从结点v_j到结点v_k存在一条路，则从结点v_j到结点v_k必存在一条不多于$n-1$条边的路。

证明：如果从结点v_j到结点v_k存在一条路，设该路上的结点序列为$v_j \cdots v_i \cdots v_k$，若在这条路中有$l$条边，则序列中必有$l+1$个结点。若$l > n-1$，则必有结点$v_s$，它在序列中不止一次出现，即必有结点序列$v_j \cdots v_s \cdots v_s \cdots v_k$，在路中去掉从$v_s$到$v_s$的这些边，仍是$v_j$到$v_k$的一条路，但此路比原来的路边数要少。如此重复进行下去，必可得到一条从v_j到v_k的不多于$n-1$条边的路。

推论 6.2 在一个具有n个结点的图中，若从结点v_j到v_k存在一条路，则必存在一条从v_j到v_k而边数小于n的通路。

6.2.2 图的连通性

定义 6.11 在无向图G中，若结点u和v之间存在一条路，则称结点u和结点v是连通的。规定任何结点到自己都是连通的。

说明：结点之间连通性是结点集V上的等价关系，对结点集V作出一个划分，把V分成非空子集$V_1, V_2, \cdots, V_m$，使得结点v_j到v_k是连通的，当且仅当它们属于同一个V_i。把子图$G(V_1), G(V_2), \cdots, G(V_m)$称为图$G$的连通分支图，把图$G$的连通分支数记作$\omega(G)$。

定义 6.12 若图G中只有一个连通分支，则称G为连通图。

在连通图中，任意两个结点之间必是连通的。

【例题 6.7】 图 6.14 中(a)是连通图，(b)是具有三个连通分支的非连通图。

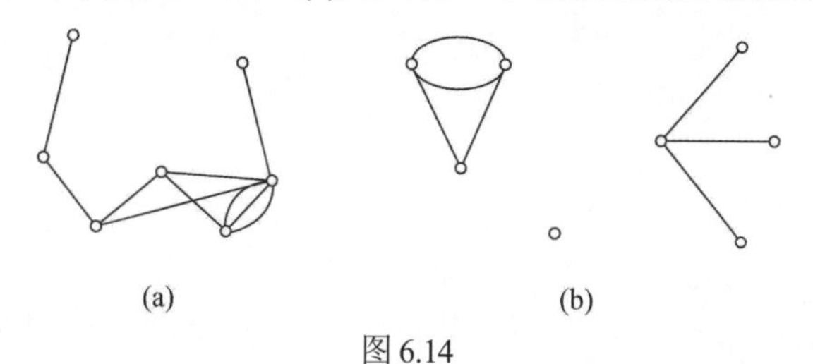

图 6.14

在图中，删除结点v是把v以及与v关联的边都删去；删除某边是仅删去该边。

定义 6.13 设无向图$G=<V,E>$为连通图，若有点集$V_1 \subset V$，使图G删除V_1的所有结点后所得的子图是不连通图，而删除V_1的任何真子集后，所得到的子图仍是连通图，则称V_1是G的一个点割集。若某一个结点构成一个点割集，则称该结点为割点。

若G不是完全图，G的点连通度(或连通度)为：$k(G)=\min\{|V_1| \mid V_1是G的点割集\}$。连通度$k(G)$是为了产生一个不连通图需要删去的点的最少数目。

注意：一个不连通图的连通度等于 0；含割点的连通图其连通度为 1；完全图K_n中，$k(K_n)=n-1$。

定义 6.14 设无向图$G=<V,E>$为连通图，若有边集$E_1 \subset E$，使图G中删除E_1中的所有边后得到的子图是不连通图，而删除E_1的任一真子集后得到的子图是连通图，则称E_1是G的一个边割集。若某一个边构成一个边割集，则称该边为割边(或桥)。

非平凡图G的边连通度为：$\lambda(G)=\min\{|E_1| \mid E_1是G的边割集\}$。边连通度$\lambda(G)$是为了产生一个不连通图需要删去的边的最少数目。

注意：平凡图$\lambda(G)=0$；不连通图$\lambda(G)=0$；含桥的连通图$\lambda(G)=1$，完全图

K_n中，$\lambda(K_n)=n-1$。图 G 含有割边 e，即删去 G 的一条边 e 使 $\omega(G-e)>\omega(G)$。

【例题 6.8】如图 6.15 所示。

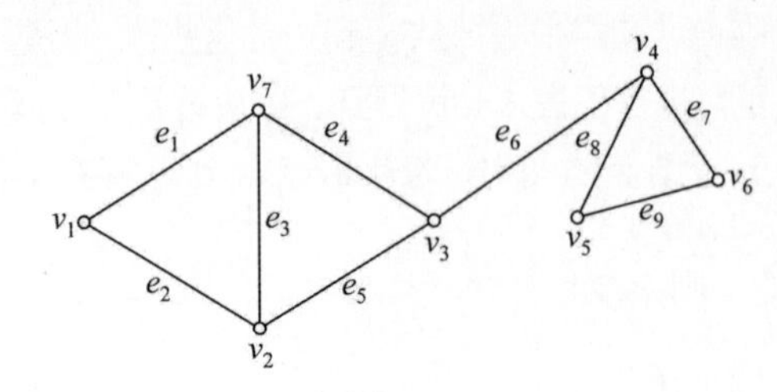

图 6.15

图 6.15 中的$\{v_2,v_7\}$，$\{v_3\}$，$\{v_4\}$均为点割集，其中的结点 v_3 与 v_4 均为割点。$\{e_1,e_2\}$，$\{e_1,e_3,e_4\}$，$\{e_6\}$，$\{e_7,e_8\}$，$\{e_2,e_3,e_4\}$，$\{e_2,e_3,e_5\}$，$\{e_4,e_5\}$，$\{e_7,e_9\}$，$\{e_8,e_9\}$等都是边割集，其中 e_6 为桥。

【例题 6.9】如图 6.16 所示。

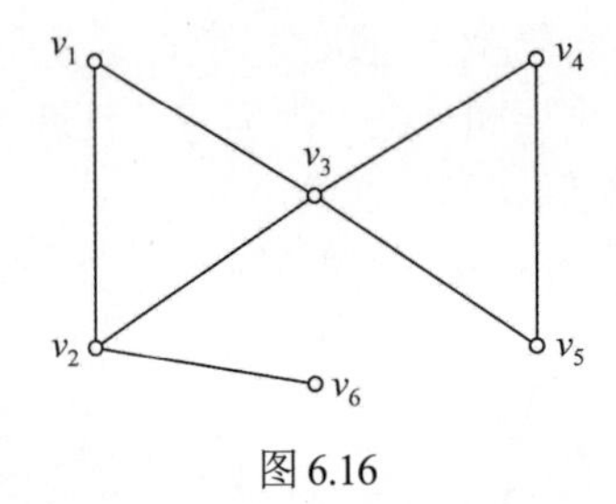

图 6.16

图 6.16 中的 v_3 和 v_2 都是割点，$\{v_2,v_3,v_4\}$，$\{v_1,v_2,v_4,v_5\}$都是点割集。$\{(v_2,v_6)\}$，$\{(v_3,v_4),(v_3,v_5)\}$，$\{(v_1,v_3),(v_2,v_3)\}$，$\{(v_3,v_4),(v_4,v_5)\}$等都是边割集。

【例题 6.10】彼得森图如图 6.17 所示，其中$\{v_2,v_5,v_6\}$，$\{v_1,v_4,v_{10}\}$，$\{v_1,v_3,v_7\}$，$\{v_2,v_4,v_8\}$都是点割集。

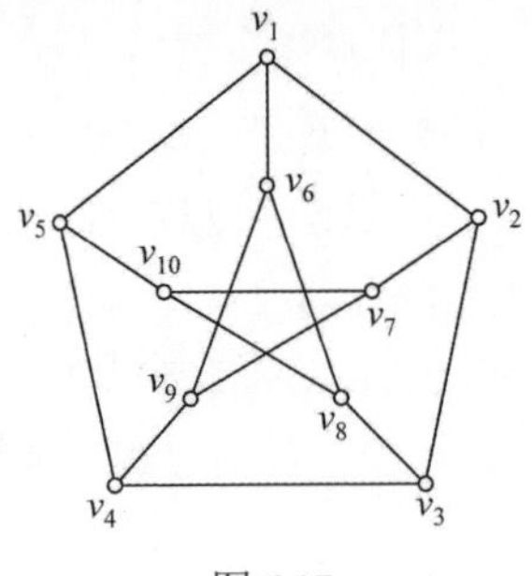

图 6.17

定理 6.5 对任意的图 $G=\langle V,E\rangle$，有 $k(G)\leqslant\lambda(G)\leqslant\delta(G)$，其中，$k(G)$，$\lambda(G)$，$\delta(G)$分别为 G 的点连通度、边连通度和结点的最小度数。

证明：若 G 是平凡图或非连通图，则 $k(G)=\lambda(G)=0$，结论显然成立。

若 G 是非平凡的连通图，则因每一结点的所有关联边都可包含图 G 的一个边割集，所以，$\lambda(G)\leqslant\delta(G)$。

下面证明$k(G)\leqslant\lambda(G)$。

若$\lambda(G)=1$，则G有一割边，此时$k(G)=\lambda(G)=1$，$k(G)\leqslant\lambda(G)\leqslant\delta(G)$成立。

若$\lambda(G)\geqslant 2$，则必可删除某$\lambda(G)$条边，使G不连通，而删去其中$\lambda(G)-1$条边，G仍然连通，且有一条桥$e=(u,v)$。

对$\lambda(G)-1$条边中的每一条边都选取一个不同于u,v的结点，把这些$\lambda(G)-1$个结点删除，则必至少要删除$\lambda(G)$中包含的$\lambda(G)-1$边。

若剩下的图是不连通的，则$k(G)\leqslant\lambda(G)-1\leqslant\delta(G)$。

若剩下的图是连通的，则e仍是桥，此时再删去u或v，就必产生一个非连通图，也有$k(G)\leqslant\lambda(G)$。

综上所述，对任意的图G，有$k(G)\leqslant\lambda(G)\leqslant\delta(G)$。

定义 6.15 在有向图$G=\langle V,E\rangle$中，从结点u到v有一条路，称从u可达v。

规定任何结点到自己都是可达的。

可达性是有向图结点集上的二元关系，它是自反和传递的，但一般来说它不是对称的，因为如果从u到v有一条路，不一定必有v到u的一条路，故可达性不是等价关系。

定义 6.16 若在简单有向图G中，任何一对结点间至少有一个结点到另一个结点是可达的，则称这个图是**单侧连通**的。如果对于图G中的任何一对结点，两者之间是相互可达的，则称这个图是**强连通**的。如果在图G中略去边的方向，看成无向图，图是连通的，则称该图为**弱连通**的。

【例题 6.11】 图 6.18 中，(a)是单侧连通图，(b)是强连通图，(c)是弱连通图。

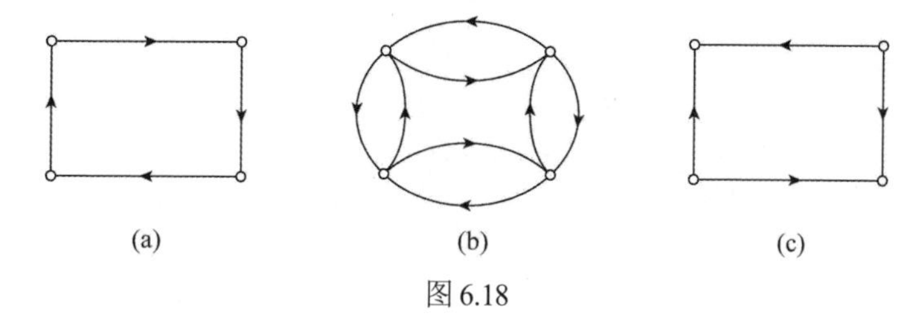

图 6.18

注意： 若图G是强连通的，则必是单侧连通的；若图G是单侧连通的，则必是弱连通的。这两个命题，其逆不真。

定理 6.6 一个有向图是强连通的，当且仅当G中有一个回路，它至少包含每个结点一次。

证明：充分性。如果G中有一个回路且它至少包含每个结点一次，则G中任两个结点都是相互可达的，故G是强连通图。

必要性。如果有向图G是强连通的，则任两个结点都相互可达，故必可作一回路经过图中所有结点。若不然则必有一回路不包含某一结点v，因此，v与回路上的各结点就不是相互可达的，与强连通矛盾。

定义 6.17 在简单有向图中，具有强连通性质的最大子图称为**强分图**；具有单侧连通性质的最大子图称为**单侧分图**；具有弱连通性质的最大子图称为**弱分图**，

【例题 6.12】 在图 6.19(a)中，由$\{v_1,v_2,v_3,v_4\}$或$\{v_5\}$导出的子图都是强分图；由$\{v_1,v_2,v_3,v_4,v_5\}$导出的子图是单侧分图，也是弱分图。

在图 6.19(b)中，强分图可由$\{v_1\},\{v_2\},\{v_3\},\{v_4\}$导出，单侧分图可由$\{v_1,v_2,v_3\}$，$\{v_1,v_3,v_4\}$导出，弱分图可由$\{v_1,v_2,v_3,v_4\}$导出。

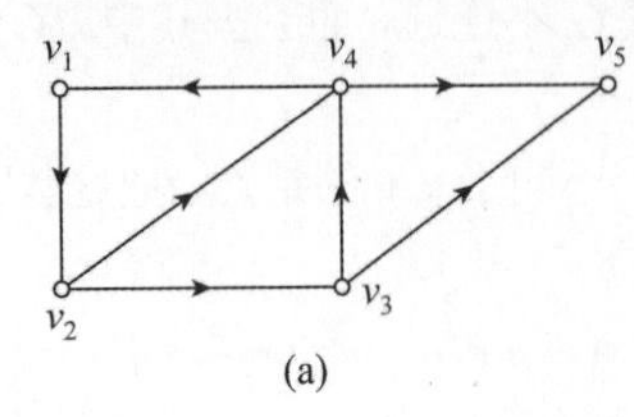

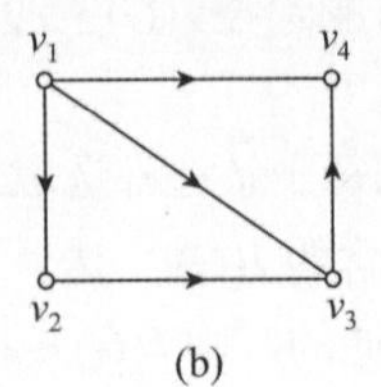

图 6.19

习题 6-2

1. 已知图形如图 6.20 所示。

(1) 求从 A 到 F 的所有通路。

(2) 求从 A 到 F 的所有迹。

(3) 计算 $k(G)$，$\lambda(G)$和 $\delta(G)$。

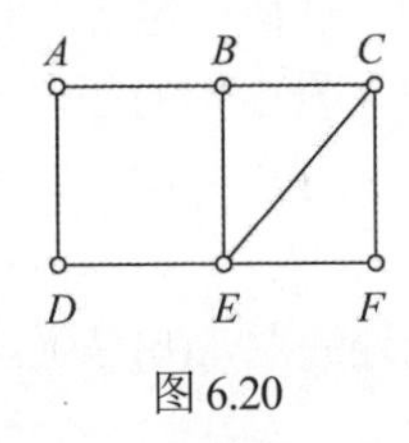

图 6.20

2. 有向图如图 6.21 所示，给出强分图、单侧分图和弱分图。

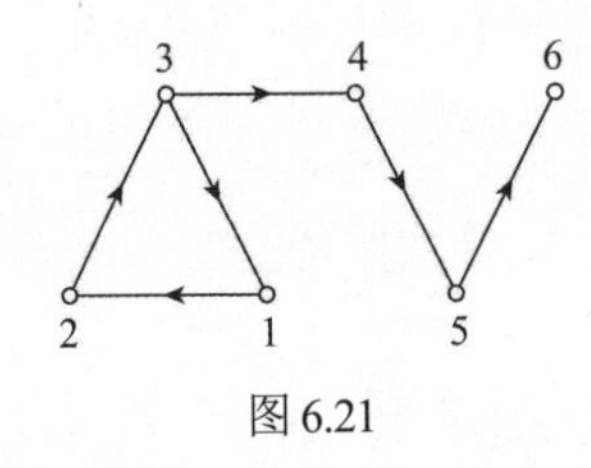

图 6.21

3. 证明：(1) 在无向图 G 中，从结点 u 到结点 v 有一条长度为偶数的通路，从结点 u 到结点 v 又有一条长度为奇数的通路，则在 G 中必有一条长度为奇数的回路。

(2) 若无向图 G 中恰有两个奇数度的结点，则这两结点间必有一条路。

4. 证明：若图 G 是不连通的，则 G 的补图 $\overline{G}$ 是连通的。

5. 证明：当且仅当 G 的一条边 e 不包含在 G 的闭迹中时，e 才是 G 的割边。

6.3 图的矩阵表示

在第 4 章中已经说明，给定集合 A 上的关系 R 可用一个有向图表示，这种图形表示了集合 A 上元素之间的关系，关系图亦表示了集合中元素间的邻接关系。对于关系图，可用一个矩阵表示，一个矩阵也必对应于一个标定结点序号的关系图。

6.3.1　邻接矩阵

定义 6.18　设$G=<V,E>$是一个简单无向图，它有 n 个结点，即$V=\{v_1,v_2,\cdots,v_n\}$，则 n 阶方阵$\boldsymbol{A}(G)=(a_{ij})$称为 G 的邻接矩阵。其中

$$a_{ij}=\begin{cases}1, & v_i \text{ adj } v_j \\ 0, & v_i \text{ nadj } v_j \text{或} i=j\end{cases}$$

式中，adj 表示邻接，nadj 表示不邻接。

定义 6.19　设$G=<V,E>$是一个简单有向图，它有 n 个结点，即$V=\{v_1,v_2,\cdots,v_n\}$，则 n 阶方阵$\boldsymbol{A}(G)=(a_{ij})$称为 G 的邻接矩阵。其中

$$a_{ij}=\begin{cases}1, & <v_i,v_j>\in E \\ 0, & <v_i,v_j>\notin E\end{cases}$$

称 $\boldsymbol{A}$ 为有向图G 的邻接矩阵。

【例题 6.13】无向图如图 6.22 所示。

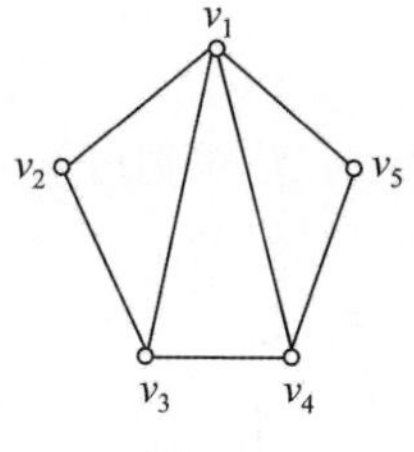

图 6.22

它的邻接矩阵为

$$\boldsymbol{A}(G)=\begin{bmatrix}0&1&1&1&1\\1&0&1&0&0\\1&1&0&1&0\\1&0&1&0&1\\1&0&0&1&0\end{bmatrix}$$

【例题 6.14】有向图如图 6.23 所示。

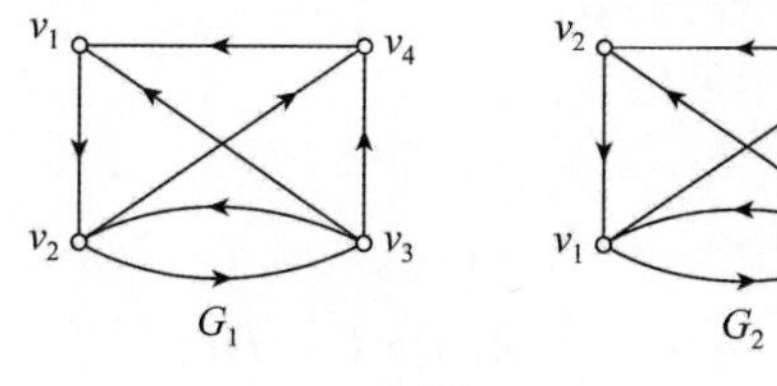

图 6.23

它的邻接矩阵为

$$A(G_1)=\begin{bmatrix}0&1&0&0\\0&0&1&1\\1&1&0&1\\1&0&0&0\end{bmatrix},\ A(G_2)=\begin{bmatrix}0&0&1&1\\1&0&0&0\\1&1&0&1\\0&1&0&0\end{bmatrix}$$

根据简单无向图(有向图)的定义，可以得到图的很多重要性质。

(1) 无向图的邻接矩阵是对称的，而有向图的邻接矩阵不一定对称。

(2) 在无向图的邻接矩阵 $\boldsymbol{A}$ 中，第 i 行中值为 1 的元素数目等于 v_i 的度数。

(3) 在有向图的邻接矩阵 $\boldsymbol{A}$ 中，第 i 行元素是由结点 v_i 出发的边所决定的，第 i 行中值为 1 的元素数目等于 v_i 的出度。同理，在第 i 列中值为 1 的元素数目是 v_j 的入度。

(4) 如果给定的一个图是零图，则其对应的矩阵中所有元素都为零，即它是一个零矩阵，反之亦然。

用矩阵的运算来描述与图的通路和回路有关的性质。该性质非常重要，下面用定理形式给出。

定理 6.7 设 $\boldsymbol{A}(G)$是简单有向图 G 的邻接矩阵，则 $(\boldsymbol{A}(G))^l$ 中的 i 行 j 列元素 $a_{ij}^{(l)}$ 等于 G 中联结 v_i 与 v_j 的长度为 l 的路的数目。

证明：对 l 用数学归纳法。

(1) 设有向图 G 的结点集合 $V=\{v_1,v_2,\cdots,v_n\}$，它的邻接矩阵为 $\boldsymbol{A}(G)=(a_{ij})_{n\times n}$，现在计算从结点 v_i 到结点 v_j 的长度为 2 的路的数目。注意到每条从 v_i 到 v_j 的长度为 2 的路中间必须经过一个结点 v_k，即 $v_i\to v_k\to v_j(1\leqslant k\leqslant n)$，如果图 G 中有路 $v_iv_kv_j$ 存在，那么，$a_{ik}=a_{kj}=1$，即 $a_{ik}\times a_{kj}=1$；反之，如果图 G 中不存在路 $v_iv_kv_j$，那么 $a_{ik}=0$ 或 $a_{kj}=0$，即 $a_{ik}\times a_{kj}=0$。于是从结点 v_i 到结点 v_j 的长度为 2 的路的数目等于

$$a_{i1}\times a_{1j}+a_{i2}\times a_{2j}+\cdots+a_{in}\times a_{nj}=\sum_{k=1}^{n}a_{ik}\times a_{kj}$$

按照矩阵的乘法规则，这恰好等于矩阵 $(\boldsymbol{A}(G))^2$ 中第 i 行第 j 列的元素。有

$$(a_{ij}^{(2)})_{n\times n}=(\boldsymbol{A}(G))^2=\begin{bmatrix}a_{11}&a_{12}&\cdots&a_{1n}\\a_{21}&a_{22}&\cdots&a_{2n}\\\vdots&\vdots&\vdots&\vdots\\a_{n1}&a_{n2}&\cdots&a_{nn}\end{bmatrix}\times\begin{bmatrix}a_{11}&a_{12}&\cdots&a_{1n}\\a_{21}&a_{22}&\cdots&a_{2n}\\\vdots&\vdots&\vdots&\vdots\\a_{n1}&a_{n2}&\cdots&a_{nn}\end{bmatrix}$$

$a_{ij}^{(2)}$ 表示从 v_i 到 v_j 的长度为 2 的路的数目。

$a_{ii}^{(2)}$ 表示从 v_i 到 v_i 的长度为 2 的回路数目。

当 l=2 时，由上可知命题成立。

(2) 设命题对 l 成立，由于

$$(\boldsymbol{A}(G))^{l+1}=A(G)\times(\boldsymbol{A}(G))^l.$$

故

$$a_{ij}^{(l+1)}=\sum_{k=1}^{n}a_{ik}\times a_{kj}^{(l)}$$

根据邻接矩阵定义 a_{ik} 表示联结 v_i 与 v_k 的长度为1的路的数目，$a_{kj}^{(l)}$ 是联结 v_k 与 v_j 的长度为 l 的路的数目，故上式右边的每一项表示由 v_i 经过一条边到 v_k，再由 v_k 经过一条长度为 l 的路到 v_j 的总长度为 l+1 的路的数目。对所有 k 求和，即得 $a_{ij}^{(l+1)}$ 为所有从 v_i 到 v_j 的长度为 l+1 的路的数目，故命题对 l+1 成立。

定理 6.7 的结论对简单无向图也成立。

【例题 6.15】 求图 6.24 中 v_1 到 v_2 以及 v_2 到 v_3 长度为 4 的通路数，v_3 到 v_3 长度为 3 和长度为 4 的回路数。

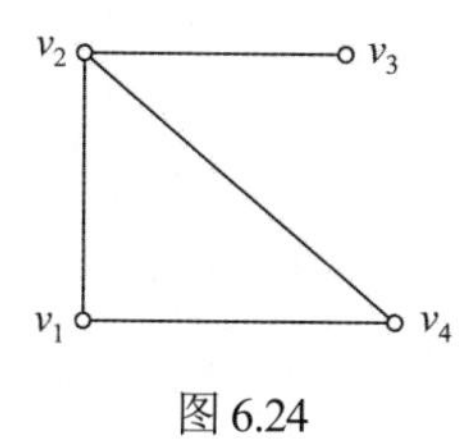

图 6.24

解：图 6.24 的邻接矩阵为

$$\boldsymbol{A}=\begin{bmatrix}0&1&0&1\\1&0&1&1\\0&1&0&0\\1&1&0&0\end{bmatrix}$$

根据 $\boldsymbol{A}$ 求得

$$\boldsymbol{A}^2=\begin{bmatrix}2&1&1&1\\1&3&0&1\\1&0&1&1\\1&1&1&2\end{bmatrix},\ \boldsymbol{A}^3=\begin{bmatrix}2&4&1&3\\4&2&3&4\\1&3&0&1\\3&4&1&2\end{bmatrix},\ \boldsymbol{A}^4=\begin{bmatrix}7&6&4&6\\6&11&2&6\\4&2&3&4\\6&6&4&7\end{bmatrix}$$

从 $\boldsymbol{A}^4$ 中可以看出 v_1 到 v_2 长度为 4 的通路数有 6 条，v_2 到 v_3 长度为 4 的通路数有 2 条，从 A^3、A^4 中可以看出 v_3 到 v_3 长度为 3 的回路数为 0 条、长度为 4 的回路数有 3 条。

6.3.2 可达矩阵

在许多实际问题中，常常要判断有向图的一个结点 v_i 到另一结点 v_j 是否存在路，即是否可达。如果利用图 G 的邻接矩阵 $\boldsymbol{A}$ 计算，比较繁琐和复杂。

对于有向图 G 中任意两个结点之间的可达性，亦可用矩阵表达。

定义 6.20 令 $G=\langle V,E\rangle$ 为一个简单有向图，$|V|=n$，假定 G 的结点已编好顺序，即 $V=\{v_1,v_2,\cdots,v_n\}$，定义一个 $n\times n$ 矩阵 $\boldsymbol{P}=(p_{ij})$。其中

$$p_{ij}=\begin{cases}1,\ 从v_i到v_j至少存在一条路\\0,\ 从v_i到v_j不存在路\end{cases}$$

称矩阵 $\boldsymbol{P}$ 为图 G 的可达性矩阵。

可达性矩阵表明了图中任意两个结点间是否至少存在一条路以及在任何结点上是否存在回路。

一般地讲，求图 G 的可达性矩阵 $\boldsymbol{P}$ 有三种方法。

(1) 可由图 G 的邻接矩阵 $\boldsymbol{A}$ 得到可达性矩阵 $\boldsymbol{P}$，即令 $\boldsymbol{B}_n=\boldsymbol{A}+\boldsymbol{A}^2+\cdots+\boldsymbol{A}^n$，将 $\boldsymbol{B}_n$ 中不为零的元素均改换为 1，而为零的元素不变，这个改换的矩阵即为可达性矩阵 $\boldsymbol{P}$。

(2) 在图 G 的邻接矩阵 $\boldsymbol{A}$ 基础上，运用逻辑加和逻辑乘进行运算，即将矩阵 $\boldsymbol{A},\boldsymbol{A}^{(2)},\cdots,\boldsymbol{A}^{(n)}$ 分别改为布尔矩阵 $\boldsymbol{A}^{(1)},\boldsymbol{A}^{(2)},\cdots,\boldsymbol{A}^{(n)}$，因此 $\boldsymbol{P}=\boldsymbol{A}^{(1)}\vee\boldsymbol{A}^{(2)}\vee\cdots\vee\boldsymbol{A}^{(n)}$ 为所求的可达矩阵。

(3) 当邻接矩阵中 1 较少时，用 Warshall 算法来计算可达性矩阵 $\boldsymbol{P}$。

【例题 6.16】 图 G 的邻接矩阵为 $\boldsymbol{A}=\begin{bmatrix}0&1&0&0\\0&0&1&1\\1&1&0&1\\1&0&0&0\end{bmatrix}$，求 G 的可达性矩阵。

解：$\boldsymbol{A}^2=\begin{bmatrix}0&0&1&1\\2&1&0&1\\1&1&1&1\\0&1&0&0\end{bmatrix}$，$\boldsymbol{A}^3=\begin{bmatrix}2&1&0&1\\1&2&1&1\\2&2&1&2\\0&0&1&1\end{bmatrix}$，$\boldsymbol{A}^4=\begin{bmatrix}1&2&1&1\\2&2&2&3\\3&3&2&3\\2&1&0&1\end{bmatrix}$

故

$$\boldsymbol{B}_4=\boldsymbol{A}+\boldsymbol{A}^2+\boldsymbol{A}^3+\boldsymbol{A}^4=\begin{bmatrix}3&4&2&3\\5&5&4&6\\7&7&4&7\\3&2&1&2\end{bmatrix}\quad\boldsymbol{P}=\begin{bmatrix}1&1&1&1\\1&1&1&1\\1&1&1&1\\1&1&1&1\end{bmatrix}$$

由此可知图 G 中任两结点间均是可达的，并且任一结点均有回路，因而它是个连通图。

【例题 6.17】 设图 G 如图 6.25 所示，求可达性矩阵 $\boldsymbol{P}$。

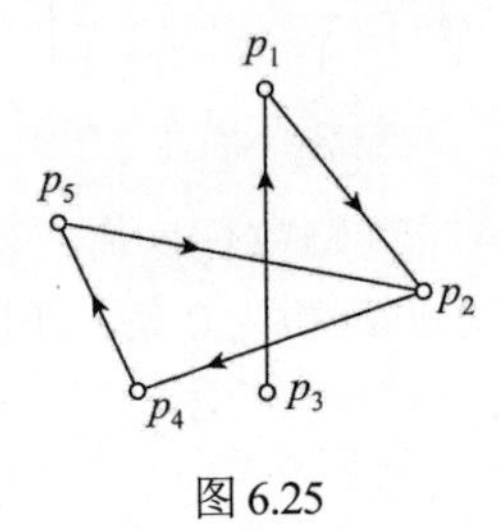

图 6.25

解：$\boldsymbol{A}=\begin{bmatrix}0&1&0&0&0\\0&0&0&1&0\\1&0&0&0&0\\0&0&0&0&1\\0&1&0&0&0\end{bmatrix}$

$$\boldsymbol{A}^{(2)}=\begin{bmatrix}0&1&0&0&0\\0&0&0&1&0\\1&0&0&0&0\\0&0&0&0&1\\0&1&0&0&0\end{bmatrix}\begin{bmatrix}0&1&0&0&0\\0&0&0&1&0\\1&0&0&0&0\\0&0&0&0&1\\0&1&0&0&0\end{bmatrix}=\begin{bmatrix}0&0&0&1&0\\0&0&0&0&1\\0&1&0&0&0\\0&1&0&0&0\\0&0&0&1&0\end{bmatrix}$$

$$A^{(3)}=\begin{bmatrix}0&0&0&1&0\\0&0&0&0&1\\0&1&0&0&0\\0&1&0&0&0\\0&0&0&1&0\end{bmatrix}\begin{bmatrix}0&1&0&0&0\\0&0&0&1&0\\1&0&0&0&0\\0&0&0&0&1\\0&1&0&0&0\end{bmatrix}=\begin{bmatrix}0&0&0&0&1\\0&1&0&0&0\\0&0&0&1&0\\0&0&0&1&0\\0&0&0&0&1\end{bmatrix}$$

同理可得

$$A^{(4)}=\begin{bmatrix}0&1&0&0&0\\0&0&0&1&0\\0&0&0&0&1\\0&0&0&0&1\\0&1&0&0&0\end{bmatrix}, \quad A^{(5)}=\begin{bmatrix}0&0&0&1&0\\0&0&0&0&1\\0&1&0&0&0\\0&1&0&0&0\\0&0&0&1&0\end{bmatrix}$$

$$P=A\vee A^{(2)}\vee A^{(3)}\vee A^{(4)}\vee A^{(5)}=\begin{bmatrix}0&1&0&1&1\\0&1&0&1&1\\1&1&0&1&1\\0&1&0&1&1\\0&1&0&1&1\end{bmatrix}$$

有向图的可达性矩阵概念很容易推广到无向图中，只要将无向图中每条无向边看成具有相反方向的两条边即可。无向图的邻接矩阵是对称的，其可达性矩阵称为连通矩阵，也是对称的。

6.3.3 关联矩阵

对于一个无向图 G，除可用邻接矩阵表示外，还可由完全关联矩阵表示。假定图 G 无自回路，如因某种运算得到了自回路，则将它删去。

定义 6.21 给定无向图 G，令 $v_0,v_1,\cdots,v_p$ 和 $e_1,e_2,\cdots,e_q$ 分别为 $M(G)$的结点和边，则矩阵 $\boldsymbol{M}(G)=(m_{ij})$，其中

$$m_{ij}=\begin{cases}1, & 若v_i关联e_j\\0, & 若v_i不关联e_j\end{cases}$$

称 $\boldsymbol{M}(G)$为完全关联矩阵。

【例题 6.18】 写出图 6.26 的完全关联矩阵。

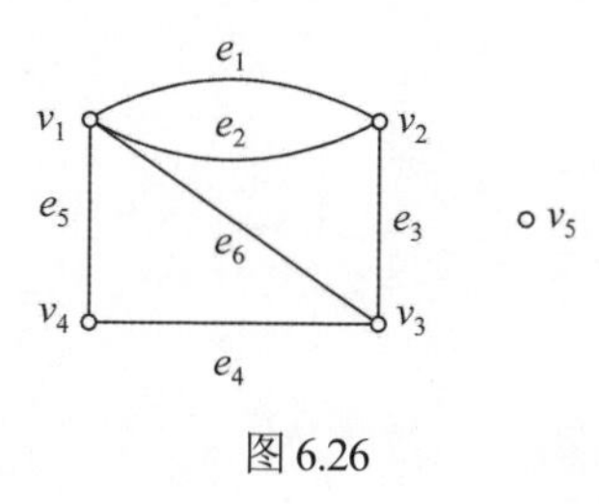

图 6.26

解：用表 6.1 表示。

表 6.1

v	e_1	e_2	e_3	e_4	e_5	e_6
v_1	1	1	0	0	1	1
v_2	1	1	1	0	0	0
v_3	0	0	1	1	0	1
v_4	0	0	0	1	1	0
v_5	0	0	0	0	0	0

它的关联矩阵为

$$\boldsymbol{M}(G)=\begin{bmatrix}1&1&0&0&1&1\\1&1&1&0&0&0\\0&0&1&1&0&1\\0&0&0&1&1&0\\0&0&0&0&0&0\end{bmatrix}$$

从完全关联矩阵中可以看出图形具有的一些性质：

(1) 图中每一边关联两个结点，故 $\boldsymbol{M}(G)$的每一列中只有两个 1。

(2) 每一行中元素的和数是对应结点的度数。

(3) 一行中元素全为 0，其对应的结点为孤立结点。

(4) 两列相同对应的两条平行边。

(5) 对于同一个图，当结点或边的编序不同时，其对应的 $\boldsymbol{M}(G)$仅有行序与列序的差别。

(6) n 个结点的完全关联矩阵的秩最大为$n-1$。一个连通图的完全关联矩阵的秩为$n-1$。

当一个图是有向图时，亦可用结点和边的关联矩阵表示。

定义 6.22 给定简单有向图$G=<V,E>$，$V=\{v_0,v_1,\cdots,v_p\}$，$E=\{e_1,e_2,\cdots,e_q\}$，$p\times q$ 矩阵$\boldsymbol{M}(G)=(m_{ij})$，其中

$$m_{ij}=\begin{cases}1，在G中v_i是e_j的起点\\-1，在G中v_i是e_j的终点\\0，v_i与e_j不关联\end{cases}$$

称 $\boldsymbol{M}(G)$为 G 的完全关联矩阵。

【例题 6.19】 写出图 6.27 的完全关联矩阵。

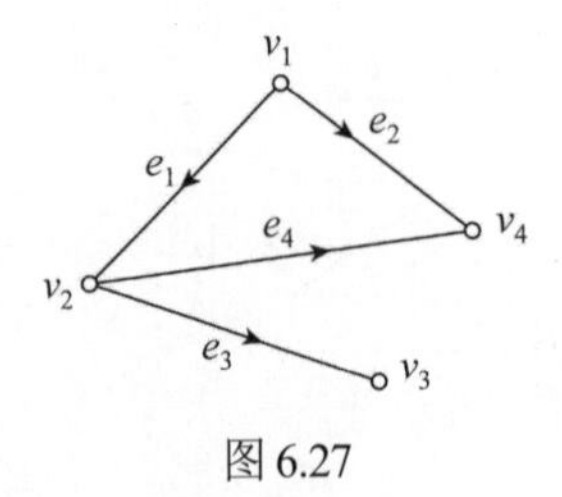

图 6.27

解：相应的完全关联矩阵为

$$M=\begin{bmatrix}1 & 1 & 0 & 0\\ -1 & 0 & 1 & 1\\ 0 & 0 & -1 & 0\\ 0 & -1 & 0 & -1\end{bmatrix}$$

有向图的完全关联矩阵也有类似于无向图的一些性质，读者可予以归纳。

把 G 的结点 v_i 与 v_j 合并运算，就是对图 G 的完全关联矩阵中两个行相加，定义如下：若记 v_i 对应的行为 $\vec{v}_i$，v_j 对应的行为 $\vec{v}_j$，将第 i 行与第 j 行相加，规定对有向图是指对应分量的普通加法运算，对无向图是指对应分量的模 2 加法运算，把这种运算记作 $\vec{v}_i \oplus \vec{v}_j = \vec{v}_{ij}$。

设图 G 的结点 v_i 与 v_j 合并得到图 G'，那么 $\boldsymbol{M}(G')$ 是将 $\boldsymbol{M}(G)$ 中 $\vec{v}_i$ 与 $\vec{v}_j$ 相加而得到的。因为若有关项中对于第 r 个对应分量有 $a_{ir} \oplus a_{jr} = \pm 1$，则说明 v_i 和 v_j 两者之中只有一个结点是边 e_r 的端点，且将两个结点合并后的结点 $v_{i,j}$ 仍是 e_r 的端点。

若 $a_{ir} \oplus a_{jr} = 0$，则有两种情况：

(1) v_i，v_j 都不是 e_r 的端点，那么 $v_{i,j}$ 也不是 e_r 的端点。

(2) v_i，v_j 都是 e_r 的端点，那么合并后在 G' 中 e_r 成为 $v_{i,j}$ 的自回路，按规定应删去。

此外，在 $\boldsymbol{M}(G')$ 中若有某些列，其元素全为零，说明 G 中的一些结点合并后，消失了一些对应边。

【例题 6.20】 图 6.28(a)中合并结点 v_1 和 v_2，删去自回路得图 6.28(b)。其关联矩阵 $\boldsymbol{M}(G')$ 是由 $\boldsymbol{M}(G)$ 中将第 2 行加到第 3 行而得到。

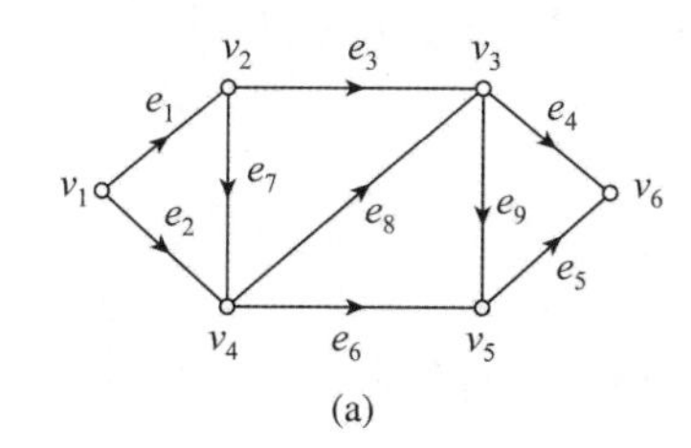

(a)

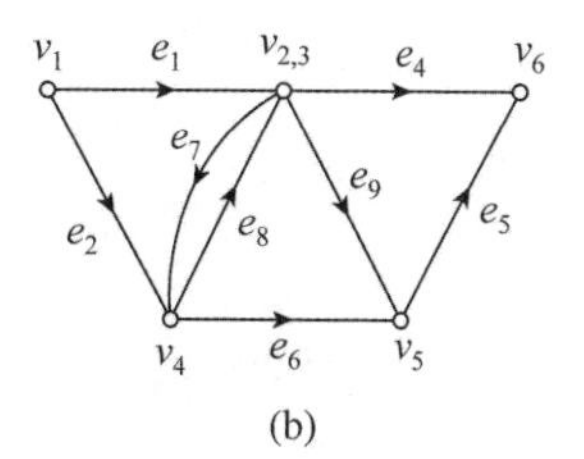

(b)

图 6.28

G 的完全关联矩阵用表 6.2 表示。

表 6.2

v	e_1	e_2	e_3	e_4	e_5	e_6	e_7	e_8	e_9
v_1	1	1	0	0	0	0	0	0	0
v_2	−1	0	1	0	0	0	1	0	0
v_3	0	0	−1	1	0	0	0	−1	1
v_4	0	−1	0	0	0	1	−1	1	0
v_5	0	0	0	0	1	−1	0	0	−1
v_6	0	0	0	−1	−1	0	0	0	0

它的完全关联矩阵为

$$
\boldsymbol{M}(G)=\begin{bmatrix}1&1&0&0&0&0&0&0&0\\-1&0&1&0&0&0&1&0&0\\0&0&-1&1&0&0&0&-1&1\\0&-1&0&0&0&1&-1&1&0\\0&0&0&0&1&-1&0&0&-1\\0&0&0&-1&-1&0&0&0&0\end{bmatrix}
$$

合并结点 v_1 和 v_2，删去自回路，得到如表 6.3 所示的结果。如图 6.28(b)所示。

表 6.3

$\boldsymbol{v}$	$\boldsymbol{e_1}$	$\boldsymbol{e_2}$	$\boldsymbol{e_3}$	$\boldsymbol{e_4}$	$\boldsymbol{e_5}$	$\boldsymbol{e_6}$	$\boldsymbol{e_7}$	$\boldsymbol{e_8}$	$\boldsymbol{e_9}$
v_1	1	1	0	0	0	0	0	0	0
v_2,v_3	−1	0	0	1	0	0	1	−1	1
v_4	0	−1	0	0	0	1	−1	1	0
v_5	0	0	0	0	1	−1	0	0	−1
v_6	0	0	0	−1	−1	0	0	0	0

它的关联矩阵为

$$
\boldsymbol{M}(G')=\begin{bmatrix}1&1&0&0&0&0&0&0&0\\-1&0&0&1&0&0&1&-1&1\\0&-1&0&0&0&1&-1&1&0\\0&0&0&0&1&-1&0&0&-1\\0&0&0&-1&-1&0&0&0&0\end{bmatrix}
$$

习题 6-3

1. 求出图 6.29 中有向图的邻接矩阵 $\boldsymbol{A}$，找出从 v_1 到 v_4 长度为 2 和 4 的路，通过计算 $\boldsymbol{A}^2$，$\boldsymbol{A}^3$，$\boldsymbol{A}^4$ 来验证所得结论。

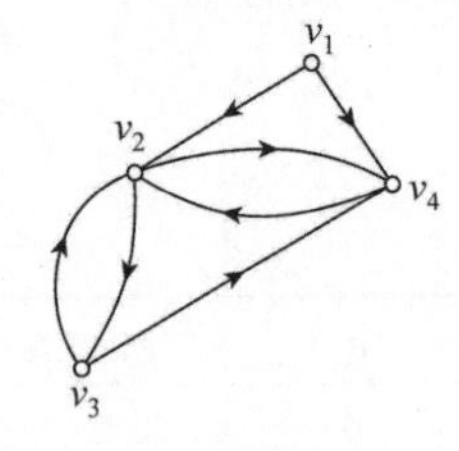

图 6.29

2. 图 6.30 中给出了一个有向图，试求该图的邻接矩阵和可达性矩阵。

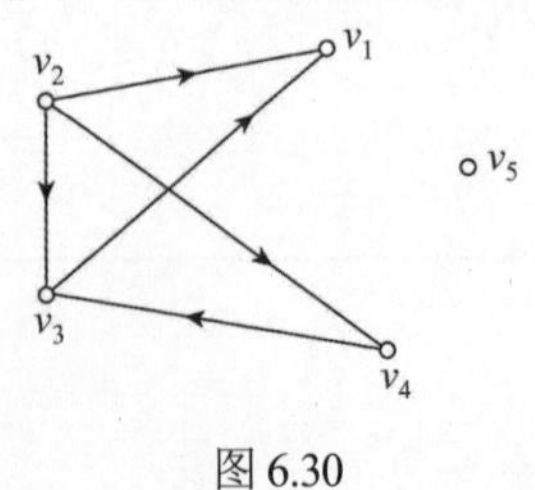

图 6.30

3. 写出图 6.31 的邻接矩阵与可达矩阵。

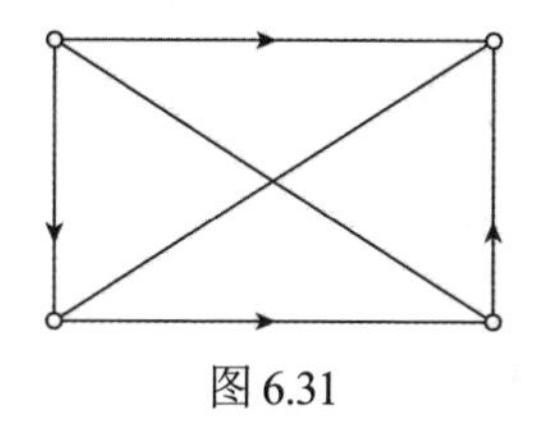

图 6.31

4. 设有向图 D 的结点集为 $\{v_1, v_2, v_3, v_4\}$，它的邻接矩阵表示为

$$\boldsymbol{M} = \begin{bmatrix} 0 & 1 & 1 & 1 \\ 0 & 1 & 1 & 0 \\ 1 & 1 & 0 & 1 \\ 1 & 0 & 0 & 0 \end{bmatrix}$$

(1) 画出相应的有向图 D。

(2) 求从结点 v_1 到 v_1 长度为 3 的回路数，v_1 到 v_2，v_1 到 v_3，v_1 到 v_4 长度为 3 的通路数。

5. 写出如图 6.32 所示的图 G 的完全关联矩阵，求其秩。

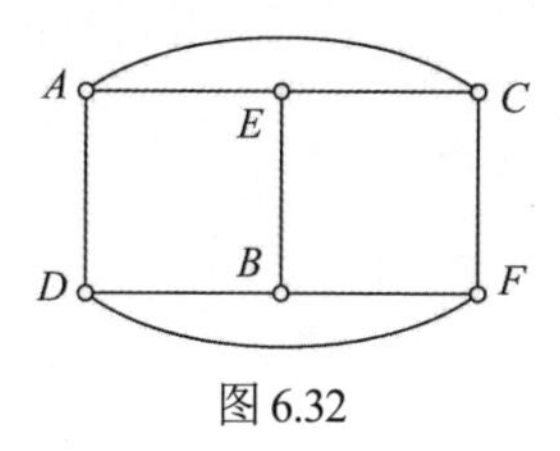

图 6.32

6.4 判别连通性的算法

1. 功能

给定 n 个结点的有向图的邻接矩阵，判断该图是否为强连通的、单向连通的或弱连通的。

2. 基本思想

对于给定的邻接矩阵 $\boldsymbol{A}$，可以利用本章 6.3.2 节讨论的可达矩阵的 Warshall 算法求出 $\boldsymbol{A}$ 所表示的图的可达矩阵 $\boldsymbol{P}$。对于可达矩阵 $\boldsymbol{P}$，如果 $\boldsymbol{P}$ 的所有元素(除主对角线的元素外)均为 1，则所给有向图是强连通的；对于 $\boldsymbol{P}$ 的所有元素(除主对角线的元素外) p_{ij}，均有 $p_{ij} + p_{ji} > 0$，则所给有向图是单连通的。

当所给有向图既不是强连通的，也不是单连通的时，改造邻接矩阵为：对于矩阵 A 中所有的元素(除主对角线的元素外) a_{ij}，若 $a_{ij} = 1$ 或 $a_{ji} = 1$，则 $1 \Rightarrow a_{ij}$ 且 $1 \Rightarrow a_{ji}$。对于这样改造之后所得到的新的矩阵 $\boldsymbol{A}'$（$\boldsymbol{A}'$ 相当于原有向图忽略方向之后所得到的无向图的邻接矩阵)，再用前面所述的方法进行判断，当 $\boldsymbol{P}'$ 的所有元素(除主对角线的元素之外)均为 1 时，原有向图是弱连通图；否则，原有向图是不连通的。

3. 算法

(1) 输入邻接矩阵 $\boldsymbol{A}$。

(2) $\boldsymbol{A} \Rightarrow \boldsymbol{P}$ 。

(3) 调用求可达矩阵子程序求出可达矩阵 $\boldsymbol{P}$。

(4) 调用强连通或单连通子程序。

(5) 若为强连通或单连通的，则输出其标志，转(10)；否则转(6)。

(6) 修改 $\boldsymbol{A}$ 矩阵为 $\boldsymbol{A}'$ ，且 $\boldsymbol{A}' \Rightarrow \boldsymbol{P}$ 。

(7) 调用求可达矩阵子程序。

(8) 调用判断连通或单连通子程序。

(9) 若为强连通的，则输出原有向图是弱连通的；否则，输出原有向图是非连通的。

(10) 结束。

4. 程序及解释说明

```
/* 总结点的个数为 N */
#include "stdio.h"
# define N 4

int P[N][N];
int a{N}[N];
int f;

void f500()
{
    int i,j,k;
    for (i = 0;i < N;i++)
    {
        for (j = 0;j <N;j++)
        {
            for (k = 0; k < N;k++)
            {
                if (P[j][i] * P[i][k] == 1)
                {
                    P[j][k] = 1;
                }
            }
        }
    }

}
```

```
void f700()
{
    int i,j;
    f = 1;
    for (i = 1;i < N;i++)
    {
        for (j = 0;j < i - 1;j++)
        {
            if ((P[i][j] != 0) || (P[j][i] != 0))
            {
                if (P[i][j] * P[j][i] != 1)
                {
                    f = 2;
                }
            }
            else
            {
                f = 0;
            }
        }
    }
}

main()
{
    int i,j;

    printf("判别连通性的算法 \n");

    for (i = 0;i < N;i++)
    {
        for (j = 0;j < N;j++)
        {
            scanf("%d",&P[i][j]);
            a[i][j] = P[i][j];
        }
        printf("\n");
    }

    f500();
    f700();

    if (f == 1)
    {
```

```
        printf("给定有向图为强连通图\n");
        return 0;
    }

    if (f != 0)
    {
        printf("给定有向图为单连通图\n");
        return 0;
    }

    for (i = 0;i < N;i++)
    {
        for(j = 0;j < N;j++)
        {
            if (!(a[i][j] == 1 || a[j][i] == 1))
            {
                P[i][j] = 1;
                P[j][i] = 1;
            }
            else
            {
                P[i][j] = 1;
                P[j][i] = 1;
            }
        }
    }

    f500();
    f700();

    if (f != 1)
    {
        printf("给定有向图是非连通图\n");
        return 0;
    }

    if (f != 0)
    {
        printf("给定有向图为弱连通图\n");
        return 0;
    }

    return 1;
}
```

程序解释说明。

N：存放有向图的结点个数。

a[N][N]：存放所给有向图的邻接矩阵。

P[N][N]：存放所给有向图的可达矩阵。

F：标志位。若$f=1$，表示$\boldsymbol{P}$矩阵除主对角线之外的所有元素均为1；若$f=2$，表示$\boldsymbol{P}$矩阵中存在i,j，使得或者$p_{ij}=1$且$p_{ji}=0$，或者$p_{ij}=0$且$p_{ji}=1$；若$f=0$，表示$\boldsymbol{P}$矩阵中存在i,j，使得$p_{ij}=0$且$p_{ji}=0(i<>j)$。

i，j，k：工作变量。

邻接矩阵中的数据以按行输入的顺序排列。

测试数据举例：1,0,1,0,0,1,1,0,1,0,1,0,0,1,1,0,0,1,1,1,0,0,1,1,1,0,0,0,1,1,0,0,0,0

第7章
特 殊 图

现实生活中有很多问题，如果转换为图，就可以变得较容易解决，例如，中国邮递员问题、旅行商问题等。本章主要讨论几类在理论研究和实际应用中都有重要意义的特殊图，分别为二部图、平面图、欧拉图、哈密顿图和树。

【本章主要内容】

二部图；

平面图与对偶图；

平面图的着色；

欧拉图与哈密顿图；

树与生成树；

根树与最优树；

图的一些算法。

7.1 二部图

二部图(二分图)又称偶图，是图论中的一种特殊模型，在实际中有很多问题可以用二部图解决。本节所讨论的图均为无向图。

定义 7.1 设$G=<V,E>$是一个无向图，且V有两个子集V_1，V_2，满足如下条件：

$$V_1 \cup V_2 = V，V_1 \cap V_2 = \varnothing$$

图G的每条边$e=(v_i,v_i)$均满足$v_i \in V_1$，$v_j \in V_2$，则称图G为二部图，记为$G(V_1, V_2)$。其子集V_1和V_2称为G的互补结点子集。如果V_1中的每个结点都与V_2中的每个结点有且仅有一条边相关联，则称G为完全二部图。当$|V_1|=m$，$|V_2|=n$时，则将这样的完全二部图记为$K_{m,n}$。

【例题 7.1】判断图7.1中的各图是否为二部图。

解：根据定义7.1可知，图7.1中(a)与(b)不是二部图，(c)与(d)是二部图。

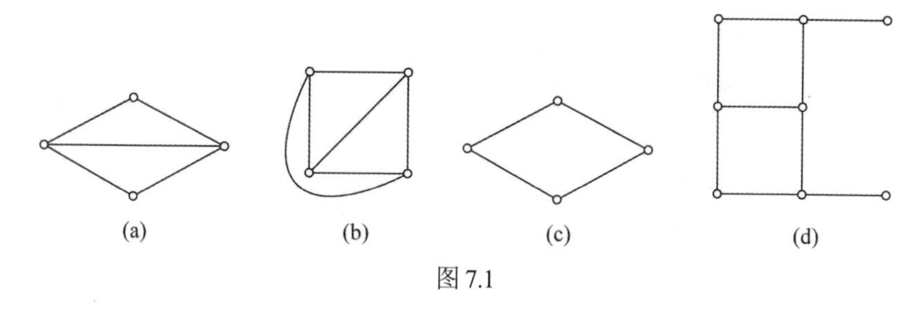

图 7.1

【例题 7.2】 图 7.2 中的图 G_1，G_2 都是完全二部图 $K_{3,3}$，且 $V_1=\{v_1,v_2,v_3\}$，$V_2=\{v_4,v_5,v_6\}$。

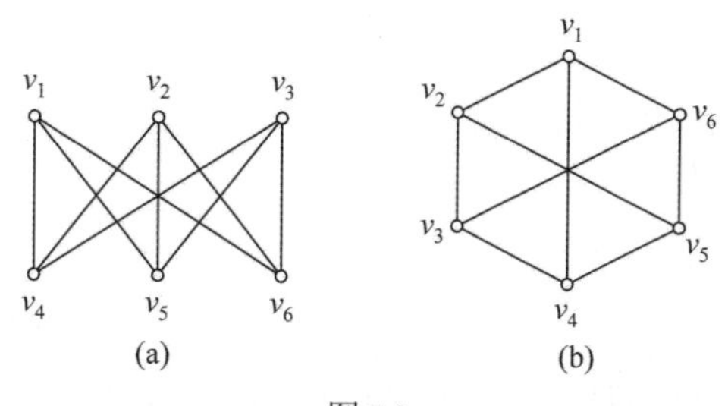

图 7.2

由于一个图有很多种不同的画法，因此给判断一个图是否为二部图带来一定的麻烦，如图 7.2 中的(a)和(b)是两个同构的二部图。对此已经有较好的判别方法。

定理 7.1 阶数大于 1 的无向图 G 为二部图的充要条件是它的所有回路长度均为偶数。

证明：(1) 必要性。设 V_1 和 V_2 是二部图 G 的两个互补结点集，设 $v_1v_2\cdots v_kv_1$ 是 G 的任意一条回路，其长度为 k。

由二部图的定义，不妨设此回路上的下标为奇数的结点在结点集 V_1 中，下标为偶数的结点在结点集 V_2 中。

又因为 $v_1\in V_1$，所以 $v_k\in V_2$，k 为偶数，即回路长度为偶数。

(2) 充分性。设 G 中所有回路长度均为偶数，若 G 是连通图，任选 $v_o\in V$，定义 V 的两个子集如下：$V_1=\{v_i|\, d(v_o,v_i)\text{为偶数}\}$，$V_2=V-V_1$。

现证明 V_1 中任两结点间无边存在。

假设存在一条边 $(v_i,v_j)\in E, v_i,v_j\in V_1$，则由 v_o 到 v_i 间的 $d(v_o,v_i)$ 为偶数，再加上边 (v_i,v_j)，则由 v_o 到 v_j 间的 $d(v_o,v_j)$ 为奇数，而如果这时还有一条不经过 v_i 的路 $d'(v_o,v_i)$ 为偶数，则必然形成一条长度为奇数的回路，与条件矛盾。所以 v_o 到 v_j 间的 $d(v_o,v_j)$ 必为奇数，又与构造要求矛盾。所以 V_1 中任两结点间无边存在。

同理可证 V_2 中任两结点间无边存在。

所以对于 G 中每条边 (v_i,v_j)，必有 $v_i\in V_1, v_j\in V_2$ 或 $v_i\in V_2, v_j\in V_1$，因此 G 是具有互补结点子集 V_1 和 V_2 的二部图。

若 G 中每条回路的长度均为偶数，但 G 不是连通图，则可对 G 的每个连通分支重复上述论证，并可得到同样的结论。

与二部图紧密相连的是匹配问题。

定义 7.2 设$G=<V,E>$是具有互补结点子集V_1和V_2的二部图，$M\subseteq E$，若M中任意两条边都不相邻，则称M为G中的匹配。如果M是G的匹配，且M中再加入任何一条边都不匹配，则称M为极大匹配。边数最多的极大匹配称为最大匹配。如果M是一个最大匹配，且$|M|=\min\{|V_1|,|V_2|\}$，则称M为G的一个完备匹配。如果$|V_2|=|V_1|$，则称为完美匹配。

【例题 7.3】 图 7.3(a)给出了一个二部图，边$\{(v_1,v_5),(v_2,v_6),(v_4,v_3)\}$是一个匹配，而且是最大匹配。图 7.3(b)中边$\{(v_1,v_4),(v_2,v_5),(v_3,v_6)\}$是一个完备匹配。图 7.3(c)中的$\{(v_1,v_4),(v_2,v_5),(v_3,v_6)\}$是一个完美匹配。

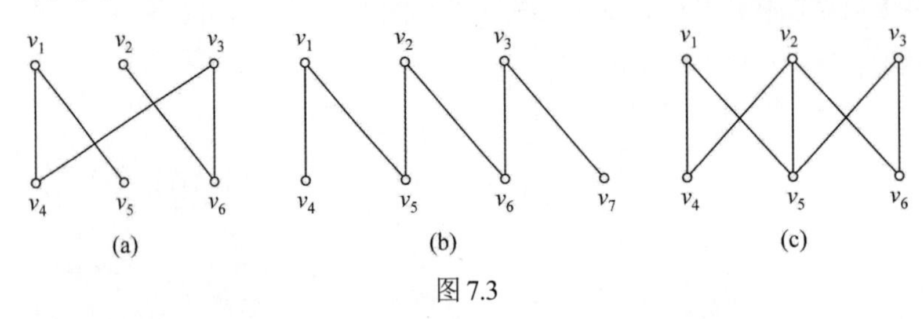

图 7.3

下面给出存在匹配的充要条件，但不进行证明。

定理 7.2(Hall 定理) 在二部图$G=<V_1,E,V_2>$中存在从V_1到V_2的完备匹配，当且仅当V_1中任意k个结点至少与V_2中的k个结点相邻，$k=1,2,\cdots,|V_1|$。

这个定理中的条件通常称为相异性条件。

定理 7.3 设G是具有互补结点子集V_1和V_2的二部图，则G具有V_1对V_2匹配的充分条件是，存在某一整数$t>0$，使得下面两个条件成立：

(1) 对V_1中每个结点，至少有t条边与其相关联；

(2) 对V_2中每个结点，至多有t条边与其相关联。

则G中存在V_1对V_2的完备匹配。

证明：如果(1)成立，则与V_1中$k(1\leqslant k\leqslant|V_1|)$个结点相关联的边的总数至少为$kt$条。根据(2)，这些边至少要与$V_2$中$k$个结点相关联。

得出V_1中每$k(1\leqslant k\leqslant|V_1|)$个结点至少邻接到$V_2$中$k$个结点。

由定理 7.2 可知，G中必存在V_1对V_2的一个完备匹配。

【例题 7.4】 某中学有 6 位老师，分别是赵、钱、孙、李、张、王，现在要安排他们去教 6 门课程：语文、数学、英语、物理、化学、生物。已知：赵老师可以教数学、生物和英语；钱老师可以教语文和英语；孙老师可以教数学和物理；李老师可以教化学；张老师可以教物理和生物；王老师可以教数学和物理。应该怎样安排，可以使得每门课都有人教，每个人只教一门课而且每个人都不会去教他不懂的课程？

解：这是一个典型的排课问题，可以用二部图来解决。

第 1 步，用点集V_1表示 6 位老师的集合，V_2表示 6 门课程的集合，在每个点集分别用 6 个结点表示相应的老师与课程，如果某个老师可以教某门课程，则在他(它)们之间连一条线，画出如图 7.4 所示的二部图。

第 2 步，从图 7.4 中找出最大匹配。

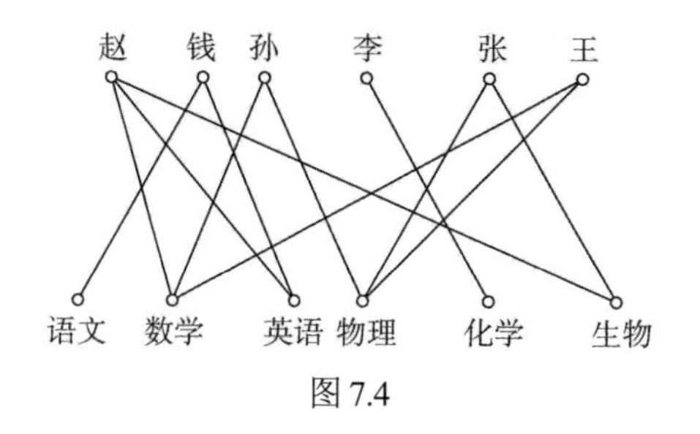

图 7.4

因为李老师只可以教化学，而且化学也只有李老师可以教，因此将化学课排给李老师；语文课只有钱老师可以教，因此将语文课排给钱老师，相应地，英语课就必须排给赵老师；生物课排给张老师；如果将物理课排给孙老师，则数学课就可以排给王老师，如果将物理课排给王老师，数学课就可以排给孙老师。

第 3 步，得出如下两种排课方案。

方案 I：(赵老师，英语)，(钱老师，语文)，(孙老师，物理)，(李老师，化学)，(张老师，生物)，(王老师，数学)；

方案 II：(赵老师，英语)，(钱老师，语文)，(孙老师，物理)，(李老师，化学)，(张老师，数学，(王老师，生物)。

习题 7-1

1. 画出完全二部图 $K_{1,3}$， $K_{2,3}$ 和 $K_{2,2}$ 。
2. 完全二部图 $K_{r,s}$ 的边数为多少？
3. 某课题组要从 a, b, c, d, e 的 5 人中派 3 人分别到北京、西安、成都去开会。已知 a 只想去北京，b 只想去西安，c, d, e 都表示想去西安或成都。问该课题组在满足个人要求的条件下，共有几种派遣方案？

7.2 平面图与对偶图

在现实生活中常常要画一些图形，希望边与边之间尽量减少相交的情况，例如印刷线路板上的布线、交通道的设计等。

7.2.1 平面图

定义 7.3 设 $G=<V,E>$ 是一个无向图，如果能够把 G 的所有结点和边画在平面上，且使得任意两条边除端点外没有其他的交点，就称 G 是一个平面图。

显然，当且仅当一个图的每个连通分支都是平面图时，这个图是平面图。所以，研究平面图性质时，只研究连通的平面图即可，故本节无特别说明均默认为连通图。

注意，有些图形从表面看有几条边是相交的，但是不能就此认为它们不是平面图。例如图 7.5(a)，表面看有几条边相交，但如把它画成图 7.5(b)，则可看出这是一个平面图。

有些图形不论怎样改画，除结点外，总有边相交。例如，图 7.6(a)(b)所示的 $K_{3,3}$ 和 K_5，故它们都是非平面图。

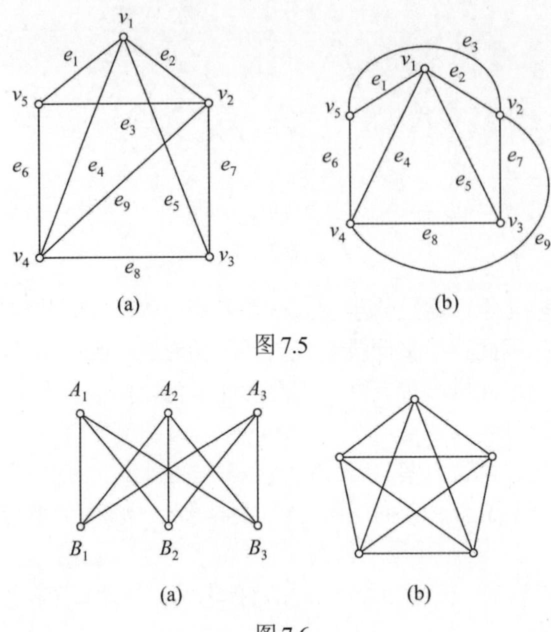

图 7.5

图 7.6

定义 7.4 设无向图$G=<V,E>$为平面图，在G中，由G的边所包围的一个区域，其内部不含图G的结点和边，这样的区域称为G的一个面。如果某个面的面积是有限的，则称该面为有限面，否则称该面为无限面或外部面。包围一个面的所有边组成的回路称为该面的边界，边界的长度称为面的次数，面F的次数记为$\deg(F)$。当然也可以用其他符号表示。如果两个面的边界至少有一条公共边，则称这两个面是相邻的，否则是不相邻的。

任何连通的平面图都有唯一的无限面。如果把平面图画在球面上，无限面就转化为有限面了。

【例题 7.5】图 7.7(a)有 8 个面，可以将它画成图7.7(b)的形式，每个面的次数都为 3，即$\deg(F_i)=3, i=1,2,3,\cdots,8$。除$F_8$为无限面外，其余的 7 个面都是有限面。

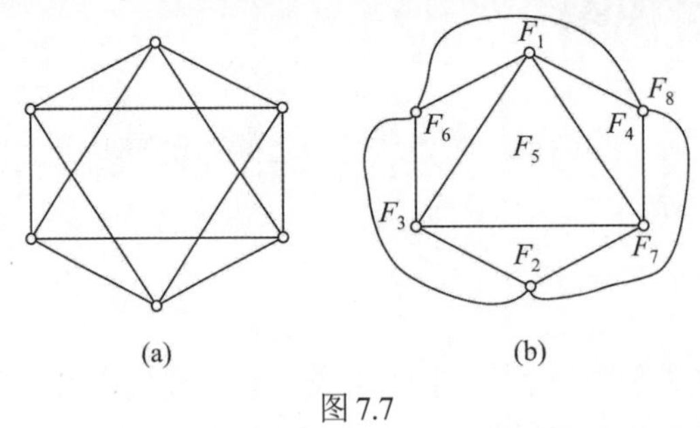

图 7.7

【例题 7.6】在图 7.8 中，F_1，F_2是有限面，F_3是无限面。

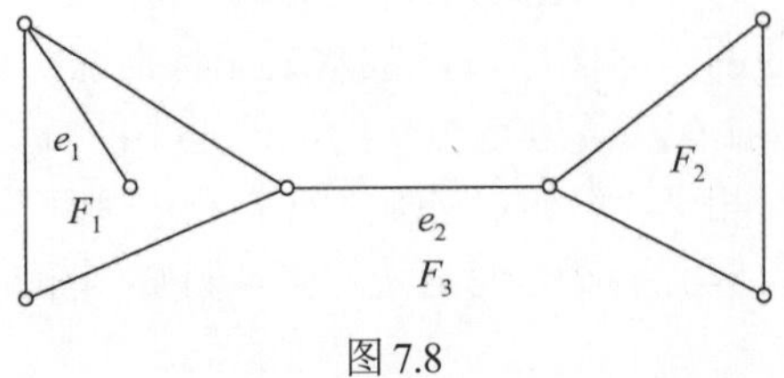

图 7.8

注意： 在图 7.8 中，边 e_1 和 e_2 是割边，但 e_1 是有限面 F_1 的边界，e_2 是无限面 F_3 的边界。实际上，如果一条边不是割边，它一定是两个面的公共边界；而割边只能是一个面的边界。

定理 7.4　在平面图 $G=<V,E>$ 中，所有面的次数之和等于边数 m 的 2 倍，即

$$\sum_{i=1}^{r}\deg(F_i)=2m$$

其中 r 为面数。

证明：在图 G 中，每一条边 e 或者是某两个平面的公共边界，或者出现在一个面的边界中。但无论是哪种情况，在计算各面次数之和时，都要将 e 计算两次。所以 $\sum_{i=1}^{r}\deg(F_i)=2m$。

如图 7.7 中，$\sum_{i=1}^{r}\deg(F_i)=2m$，正好是边数 12 的两倍。

定义 7.5　设 G 为一个简单平面图，如果在 G 的任意两个不相邻的结点之间加边，所得图为非平面图，则称 G 为极大平面图。如果在非平面图 G 中任意删除一条边，所得图为平面图，则称 G 为极小非平面图。例如，完全图 K_3,K_4 都是极大平面图，将 K_5 删除任意一条边后得到的图也是极大平面图。K_5，$K_{3,3}$ 都是极小非平面图。

极大平面图具有如下性质：

(1) 极大平面图是连通的；

(2) 不存在割边；

(3) 任何 n ($n\geqslant 3$)阶极大平面图，每个面的次数都为 3；

(4) 结点数 $n\geqslant 4$ 的极大平面图 G 中，均有 $\delta(G)\geqslant 3$。

平面图一个非常重要的性质是满足欧拉公式。

定理 7.5(平面图欧拉定理)　设有一个连通的平面图 G，共有 v 个结点，e 条边，r 个面，则欧拉公式

$$v-e+r=2$$

成立。

证明：(1) 若 G 为一个孤立结点，则 $v=1,e=0,r=1$，故 $v-e+r=2$ 成立。

(2) 若 G 为一条边，即 $v=2,e=1,r=1$，则 $v-e+r=2$ 成立。

(3) 设 G 为 k 条边时，欧拉公式成立，即 $v_k-e_k+r_k=2$。

下面考察 G 为 k+1 条边时的情况。

在 k 条边的连通图上增加一条边，使它仍为连通图，只有下述两种情况：

(1) 加上一个新结点 Q_2，Q_2 与图上的一点 Q_1 相连，如图7.9(a)所示，此时 v_k 和 e_k 两者都增加 1，而面数 r_k 未变，故

$$(v_k+1)-(e_k+1)+r_k=v_k-e_k+r_k=2$$

(2) 用一条边连接图上的两已知点 Q_1 和 Q_2，如图 7.9(b)所示，此时 e_k 和 r_k 都增加 1 而结点数 v_k 未变，故

$$v_k-(e_k+1)+(r_k+1)=v_k-e_k+r_k=2$$

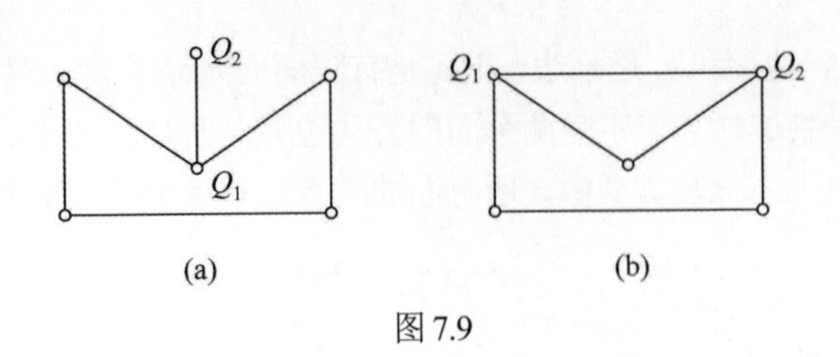

图 7.9

定理 7.6 设 G 是一个有 v 个结点、e 条边的连通简单平面图，若 $v \geqslant 3$，则 $e \leqslant 3v-6$。

证明：设连通平面图 G 的面数为 r，当 $v=3, e=2$ 时上式显然成立。除此以外，若 $e \geqslant 3$，则每一面的次数不小于 3，由定理 7.4 可知各面次数之和为 $2e$，因此

$$2e \geqslant 3r，\ r \leqslant \frac{2}{3}e$$

代入平面图欧拉定理，得

$$2 = v-e+r \leqslant v-e+\frac{2}{3}e$$

$$2 \leqslant v-\frac{e}{3}$$

$$6 \leqslant 3v-e$$

即 $e \leqslant 3v-6$。

应用本定理判定某些图是非平面图是非常容易的。

【例题 7.7】设图 G 如图 7.6(b)所示，该图是 K_5 图。因为有 5 个结点 10 条边，故 3×5−6<10，即 $3v-6 \geqslant e$ 对本图不成立，故 K_5 是非平面图。

注意：定理 7.6 的条件并不充分。如图 7.6(a)所示的图常称作 $K_{3,3}$ 图，由于有 6 个结点 9 条边，故 3×6−6≥9，即满足 $3v-6 \geqslant e$，但可以证明 $K_{3,3}$ 是非平面图。

【例题 7.8】证明 $K_{3,3}$ 图是非平面图。

反证法。如果 $K_{3,3}$ 是平面图，因为在 $K_{3,3}$ 中任取 3 个结点，其中必有两个结点不邻接，故每个面的次数都不于 4，由 $4r \leqslant 2e$，得 $r \leqslant \frac{e}{2}$，即 $v-e+\frac{e}{2} \geqslant v-e+r=2, 2v-4 \geqslant e$。在 $K_{3,3}$ 中有 6 个结点 9 条边，故 2×6−4<9，即 $K_{3,3}$ 是非平面图。

虽然欧拉公式有时能用来判定某一个图是非平面图，但是还没有简便的方法可以确定某个图是平面图。下面介绍库拉托夫斯基(Kuratowski)定理。

定义 7.6 给定两个图 G_1 和 G_2，如果它们是同构的，或者通过反复插入或除去度数为 2 的结点后使 G_1 与 G_2 同构，则称该两图为在 2 度结点内同构的子图。

定理 7.7(Kuratowski 定理) 一个图是平面图，当且仅当它不包含与 $K_{3,3}$ 或 K_5 在 2 度结点内同构的子图。

证明：证明过程很长，感兴趣的读者可以查阅有关书籍，略。

$K_{3,3}$ 和 K_5 [如图 7.6(a)(b)]常称作库拉托夫斯基图。

7.2.2 对偶图

定义 7.7 给定平面图$G=<V,E>$，它具有面$F_1,F_2,\cdots,F_n$，若有图$G^*=<V^*,E^*>$满足下述条件：

(1) 对于图G的任一个面F_i，内部有且仅有一个结点$v_i^*\in V^*$。

(2) 对于图G的面F_i，F_j的公共边界e_k，存在且仅存在一条边$e_k^*\in E^*$，使$e_k^*=(v_i^*,v_j^*)$，且e_k^*与e_k相交。

(3) 当且仅当e_k^*只是一个面F_i的边界时，v_i^*存在一个e_k^*和e_k相交，

则称图G^*是图G的对偶图。

例如图7.10中，G的边和结点分别用实线和“。”表示，而它的对偶图G^*的边和结点分别用虚线和“•”表示。

定义 7.8 如果图G的对偶图G同构于G，则称G是自对偶图。

例如，图7.11给出了一个自对偶图。

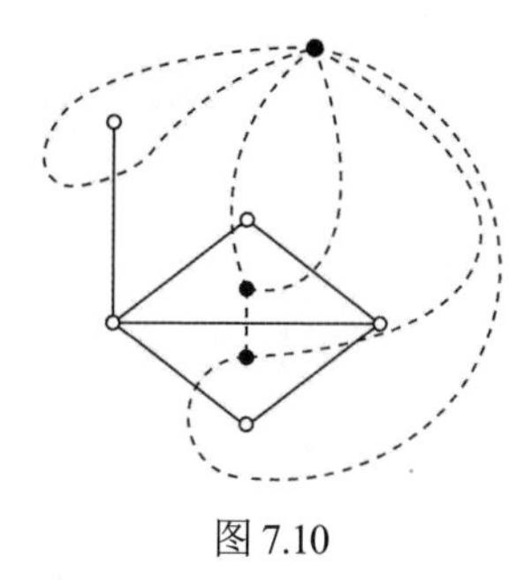
图 7.10

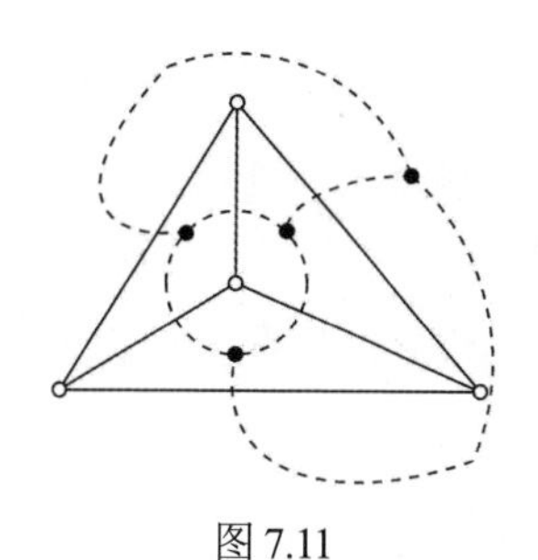
图 7.11

从对偶图的定义可以看出，平面图的对偶图具有如下几个性质：

(1) G^*为连通平面图。

(2) G^*的结点数与G的面数相同。

(3) G^*的边数等于G的边数。

(4) 若边e为G中的环，则它对应的边e^*为G^*的割边；若边e为G中的割边，则e^*为G^*的环。

(5) G存在唯一的对偶图G^*。

(6) 若G是连通平面图，则$(G^*)^*=G$。

(7) 同构的图的对偶图不一定同构；G的对偶图G^*的对偶图G^{**}不一定与G同构。

定理 7.8 平面连通图G与其对偶图G^*的结点数n、边数e和面数r之间存在如下对应关系。

(1) $e=e^*$；

(2) $r=n^*$；

(3) $n=r^*$；

(4) $\deg(F_i)=\deg(G^*(v_i^*))$。

习题 7-2

1. 证明：

(1) 对于 K_5 的任意边 e，K_5-e 是平面图。

(2) 对于 $K_{3,3}$ 的任意边 e，$K_{3,3}-e$ 是平面图。

2. 画出图 7.12 中各图的对偶图。

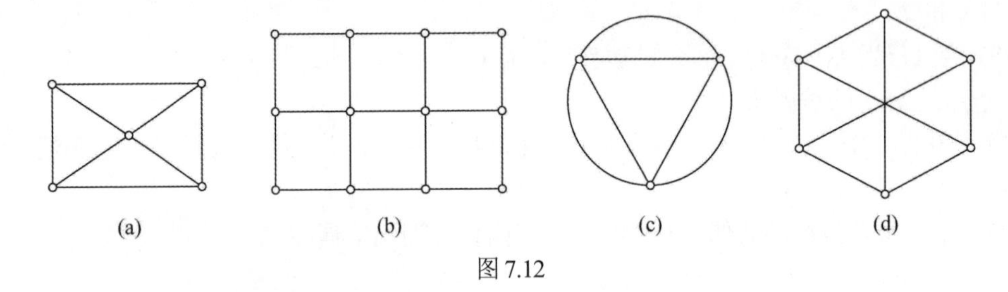

图 7.12

3. 证明：若 G 是每一个面至少由 $k(k \geqslant 3)$ 条边围成的连通平面图，则 $e \leqslant \dfrac{k(v-2)}{k-2}$，其中 e，v 分别是图 G 的边数和结点数。

4. 证明：小于 30 条边的平面简单图有一个结点度数小于等于 4。

5. 证明：在 6 个结点 12 条边的连通平面简单图中，每个面由 3 条边围成。

7.3 平面图的着色

图的着色问题起源于“四色问题”。所谓“四色问题”是指：能否至多用 4 种不同颜色给平面或球面上的地图着色，就可以使互相接壤的国家用不同的颜色来区分？这个问题的提法简单易懂，但时至今日还没有得到很好的解决。

图的着色有两种类型，一种是给图的边着色，另一种是给图的结点着色。若要求邻接边着不同色，问题类似于二部图中的匹配。若要求相邻的结点着不同色，如针对平面图的情形，相当于给该图的对偶图的相邻区域(面)着不同色。因而着色问题是图匹配和平面图理论的一个直接应用。本节讨论的都是无向图。

7.3.1 平面图的结点着色

定义 7.9 对无环无向图 G 结点的一种着色，是指对它的每个结点涂上一种颜色，使得相邻的结点涂不同的颜色。若能用 k 种颜色给 G 的结点着色，则称 G 是 k-可着色的。若 G 是 k-可着色的，但不是 $(k-1)$ -可着色的，则称 k 为 G 的 k-色图，称这样的 k 为 G 的色数，记为 $\chi(G)$。

虽然到现在还没有一个简单的方法可以确定任一图 G 是否是 k-色的，但我们可用韦尔奇 • 鲍威尔(Welch Powell)法对图 G 进行着色，其方法是：

(1) 将图 G 中的结点按照度数的递减次序进行排列。(这种排列可能并不是唯一的，因为有些点有相同度数。)

(2) 用第一种颜色对第一点着色，并且按排列次序，对与前面着色点不邻接的每一点着上同样的颜色。

(3) 用第二种颜色对尚未着色的点重复(2)，用第三种颜色继续这种操作，直到所有的点全部着上色为止。

【例题 7.9】 图 7.13 是 3-可着色的，当然，当 $k \geqslant 3$ 时，该图是 k-可着色的。它的色数为 3，即它是 3-色图。

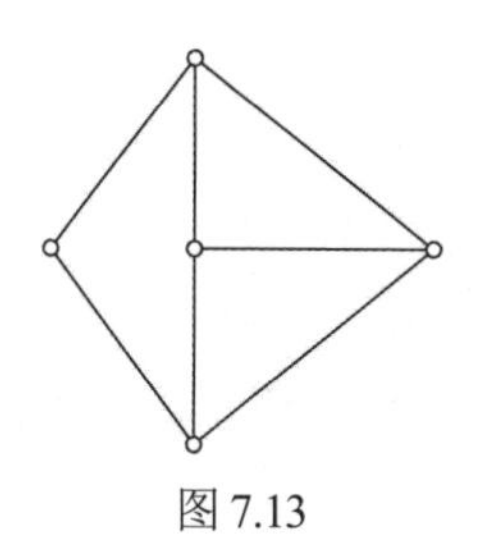

图 7.13

关于色数，给出下面的定理，这里不再证明。

定理 7.9 (1) $\chi(G)=1$ 当且仅当 G 为零图；

(2) $\chi(K_n)=n$；

(3) 图 G 是 2-可着色的当且仅当 G 为二部图；

(4) 对任意无环图 G，均有

$$\chi(G) \leqslant \Delta(G)+1$$

其中，$\Delta(G)=\max\limits_{v \in V}(\deg(v))$；

(5) 设 G 是连通的简单图，且 G 不是长度为奇数的基本回路，也不是完全图，则

$$\chi(G) \leqslant \Delta(G)$$

本定理称为布鲁克斯(Brooks)定理；

(6) 对图 $G=<V,E>$ 进行 $\chi(G)$-着色，设

$$V_i=\{v|\ v \in V, \text{且}v\text{涂颜色}i\}, i=1,2,\cdots,\chi(G)$$

则 $\pi=\{V_1,V_2,\cdots,V_{\chi(G)}\}$ 是 V 的一个划分。

【例题 7.10】 图 7.14 所示为常用的彼得森(Petersen)图，证明它是可以 3-着色的。

证明：图中含有长度为 5 的环，所以至少要用 3 种颜色才能够进行点着色。于是 $\chi(G) \geqslant 3$。

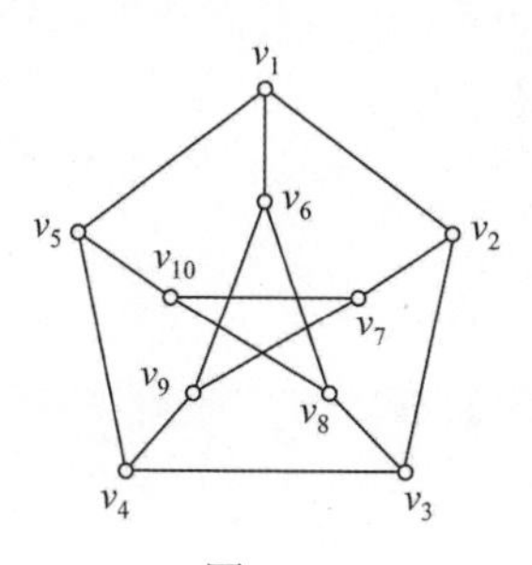

图 7.14

另一方面，可以得到结点集的一个划分$\{\{v_1,v_3,v_9,v_{10}\},\{v_2,v_4,v_8\},\{v_5,v_6,v_7\}\}$，对其中各分块的点使用同一种颜色，则用3种颜色就可以对彼得森图进行点着色，因此$\chi(G)\leqslant 3$。

综合可知，彼得森图是3-着色。

定理 7.10(五色定理) 对于任何简单平面图$G=<V,E>$，均有$\chi(G)\leqslant 5$。

证明：对平面图的结点个数n进行归纳。

当$n\leqslant 5$时，定理成立。

设当$n=k-1$时，定理成立。

当$n=k$时，在这k个结点中找一个度数≤5的结点v，令$H=G-\{v\}$。

由归纳假设，对H可进行5-点着色，然后再将v加进去，分别考虑：

(1) deg(v)=5，则v总可用5种颜色中的一种颜色，使其与相邻结点颜色不同。

(2) deg(v)=5，但与v相邻的结点至多只用了4种颜色，则v可用一种颜色着色，使其与相邻的结点颜色不同。

(3) deg(v)=5，且与v相邻的结点用了5种颜色，不妨设v_1,v_2,v_3,v_4,v_5依次着红(R)、白(W)、黄(Y)、绿(G)、蓝(B)，如图7.15所示。

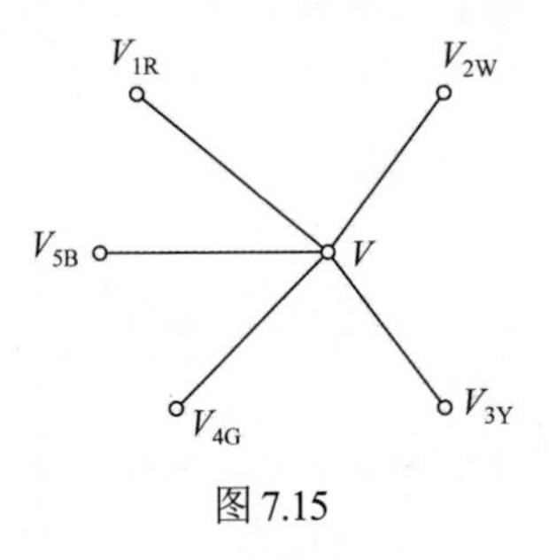

图 7.15

除去v点时，在G中收集所有红色、黄色的结点，组成G的子集V_{RY}，$V_{RY}\subset V$。再收集所有白色、绿色的结点，组成G的另一个子集V_{WG}，$V_{WG}\subset V$。构造V_{RY}和V_{WG}的导出子图G_{RY}和G_{WG}，如图7.16(a)所示。

(1) v_1,v_3不可达。这时v_1,v_3分属G_{RY}的两个分图(v_1,v_3不相邻)。将v_1所属的分图中的红色、黄色对调，不影响H的着色。这时结点v的周围情况如图7.16(b)所示。将v着红色，便得到G的5-着色图。

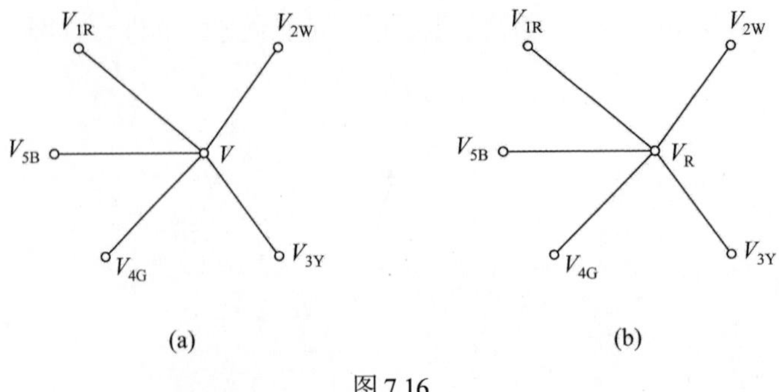

图 7.16

(2) v_1,v_3可达。v_1,v_3属G_{RY}的同一分图。v_1到v_3的路径可构成一个回路C，而v_2,v_4属G_{WG}，

它们在回路C之内或之外。结点v的周围情况如图 7.17 所示。回路 C 为$v,v_1,\cdots,v_3,v$。这时v_2(白)、v_4(绿)分属G_{WG}的两个分图。

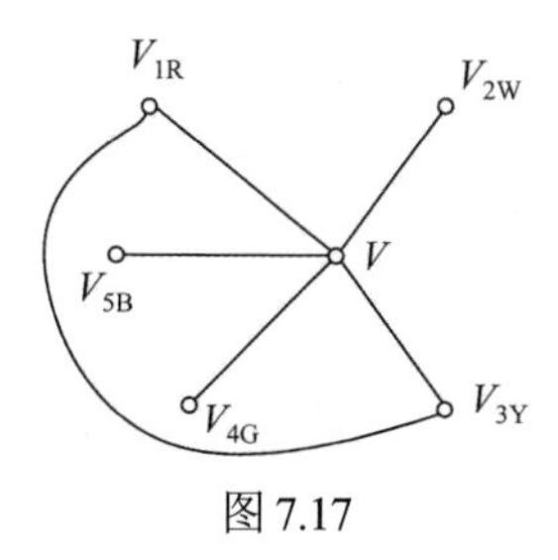

图 7.17

同情形(1)，将v_2所属的分图中绿色、白色对调，将v着白色，也得到G的5-着色图。

7.3.2 平面图的边着色

定义 7.10 对无环无向图G边的一种着色，是指对它的每条边涂一种颜色，使得相邻的边涂不同的颜色。若能用k种颜色给G的边着色，则称G是 k-边可着色的。若G是 k-边可着色的，但不是$(k-1)$-边可着色的，则称k是G的边色数，记为$\chi'(G)$。

关于边色数，可以不加证明地给出下面的定理。

定理 7.11 (1) 设$G=<V,E>$是简单图，则$\varDelta(G)\leqslant\chi'(G)\leqslant\varDelta(G)+1$。

(2) 设$G=<V,E>$是二部图，则$\chi'(G)=\varDelta(G)$。

(3) 当$n(n\neq 1)$为奇数时，$\chi'(K_n)=n$；为偶数时，$\chi'(K_n)=n-1$。

【例题 7.11】在图 7.13 中没有正常的 3-边着色，$\chi'(G)=4$，它是 4-边着色。$\varDelta(G)=3$，$\varDelta(G)\leqslant\chi'(G)$。

【例题 7.12】证明任意 6 个人中，有 3 个人相互认识或相互不认识。

证明：用 6 个结点分别表示 6 个人，可得 6 阶完全图K_6，如果两个人相互认识，则将相应的结点所连接的边涂上红色；如果两个人相互不认识，则将相应的两个结点所连接的边涂上蓝色。对完全图K_6的任意一个结点v，有 deg(v)=5，即与v关联的边有 5 条，当用红色、蓝色两种不同的颜色去涂边时，至少有 3 条边涂的是同一种颜色，假设这 3 条边为vv_1，vv_2，vv_3，涂的是红色。对结点v_1来说，存在与结点v相同的情况，假设与v_1关联的涂红色的三条边为v_1v_2，v_2v_3，v_1v_2，则存在红色的K_3，这意味着 3 个人相互认识；如果v_1v_2，v_2v_3，v_1v_2都是蓝色，则存在蓝色的K_3，这意味着 3 个人相互不认识。结论成立。

习题 7-3

1. 用韦尔奇 • 鲍威尔法对图 7.18 中各图的点着色，求图的着色数n。

2. 证明：若图G是自对偶的，则$e=2v-2$。

3. 假设图G中各结点的度数最大为n，证明：$\chi(G)\leqslant n+1$，其中$\chi(G)=3$是图G的着色数。

4. 一个完全图K_6的边涂上红色或蓝色。证明：对于任何一种随意涂边的方法，总有一个完全图K_3的所有边被涂上红色，或者一个K_3的所有边被涂上蓝色。

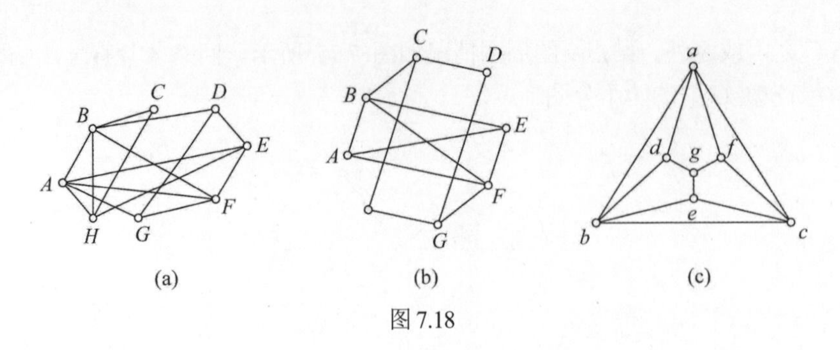

(a) (b) (c)

图 7.18

5. 有 4 位教师赵、钱、孙、李，要求他们教 4 门课：数学、英语、物理和化学。已知赵能教数学和化学；钱能教数学与英语；孙能教数学、英语与物理；李只能教化学。如何安排才能使 4 位教师都能教课，并且每个人都有课教？共有几种方案？

7.4 欧拉图与哈密顿图

18 世纪中叶，在哥尼斯堡城，有一条贯穿全城的普雷格尔(Pregel)河，河中有两个岛，通过七座桥彼此相连，如图 7.19(a)所示。

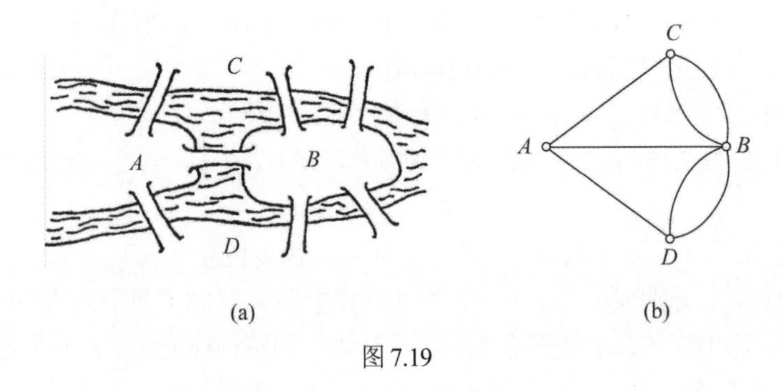

(a) (b)

图 7.19

当时人们提出了一个问题：能不能设计一次“遍游”，使得从某地出发对每座跨河桥只走一次，而在遍历了七桥之后却又能回到原地。这就是著名的哥尼斯堡七桥问题。1736 年，瑞士数学家欧拉(L.Euler)仔细研究了该问题，将四块陆地与七座桥间的关系用一个抽象的图形来描述，其中陆地用结点表示，而桥则用连接两个结点的边表示，如图 7.19(b)所示。这样，哥尼斯堡七桥问题就变成了在图 7.19(b)中是否存在经过每条边一次且仅一次的回路问题，欧拉在 1736 年的论文中提出了一条简单的准则，证明了哥尼斯堡七桥问题是无解的。

7.4.1 欧拉图

定义 7.11 给定无孤立结点图 G，若存在一条路，经过图中每边一次且仅一次，则该条路称为欧拉路；若存在一条回路，经过图中每边一次且仅一次，则该回路称为欧拉回路。

具有欧拉回路的图称作欧拉图。

定理 7.12 无向图 G 具有一条欧拉路，当且仅当 G 是连通的，且有零个或两个奇数度结点。

证明：必要性。

设 G 具有欧拉路，即有点边序列，表示为 $v_0e_1v_1e_2v_2\cdots e_iv_ie_{i+1}\cdots e_kv_k$，其中结点可能重复出现，但边不重复，因为欧拉路经过所有图 G 的结点，故图 G 必是连通的。

对任意一个不是端点的结点 v_i，在欧拉路中每当 v_i 出现一次，必关联两条边，故 v_i 虽可重复出现，但 $\deg(v_i)$必是偶数。对于端点，若 $v_0=v_k$，则 $\deg(v_0)$ 为偶数，即 G 中无奇数度结点，若端点 v_0 与 v_k 不同，则 $\deg(v_0)$ 为奇数，$d(v_k)$ 为奇数，G 中就有两个奇数度结点。

充分性。

若图 G 连通，有零个或两个奇数度结点，我们构造一条欧拉路如下：

(1) 若有两个奇数度结点，则从其中的一个结点开始构造一条迹，即从 v_0 出发经关联边 e_1 “进入” v_1，若 $\deg(v_1)$为偶数，则必可由 v_1 再经关联边 e_2 进入 v_2，如此进行下去，每边仅取一次。由于 G 是连通的，故必可到达另一奇数度结点停下，得到一条迹 L：$v_0e_1v_1e_2\cdots v_ie_{i+1}\cdots v_k$。若 G 中没有奇数度结点，则从任一结点 v_0 出发，用上述方法必可回到结点 v_0，得到上述一条闭迹 L_1。

(2) 若 L_1 通过了 G 的所有边，则 L_1 就是欧拉路。

(3) 若 G 中去掉 L_1 后得到子图 G'，则 G' 中每个结点度数为偶数，因为原来的图是连通的，故 L_1 与 G' 至少有一个结点 v_i 重合，在 G' 中由 v_i 出发重复(1)的方法，得到闭迹 L_2。

(4) 将 L_1 与 L_2 组合在一起，如果恰是 G，则即得欧拉路，否则重复(3)可得到闭迹 L_3。以此类推，直到得到一条经过图 G 中所有边的欧拉路。

推论 7.1 无向图 G 具有一条欧拉回路当且仅当 G 是连通的，并且所有结点度数全为偶数。

定理 7.12 及推论 7.1 是欧拉路和欧拉回路的判别准则。从图 7.19(b)中可以看到 $\deg(B)=5$，$\deg(A)=\deg(C)=\deg(D)=3$，故欧拉回路必不存在，因此哥尼斯堡七桥问题是无解的。

与七桥问题类似的还有一笔画的判别问题，要判定一个图 G 是否可一笔画出，有两种情况：一是从图 G 中某一结点出发，经过图 G 的每一边一次仅一次到达另一结点；另一种就是从 G 的某个结点出发，经过 G 的每一边一次仅一次再回到该结点。上述两种情况分别可以由欧拉路和欧拉回路的判定条件予以分析。

【例题 7.13】判断图 7.20 所示的图形是否能一笔画成。为什么？

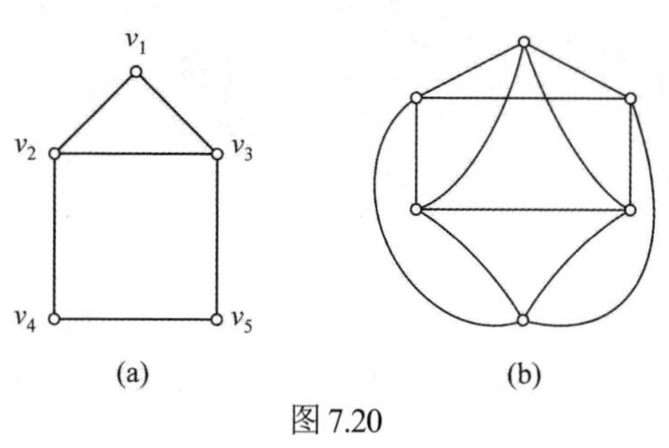

图 7.20

解：图 7.20(a)中，因为 $\deg(v_2)=\deg(v_3)=3$，$\deg(v_1)=\deg(v_4)=\deg(v_5)=2$，故必有从 v_2 到 v_3 的一笔画。图 7.20(b)中所有结点度数均为偶数，所以可以从任一结点出发，一笔画回到原出发点。

欧拉路和欧拉回路的概念很容易推广到有向图中去。

定义 7.12 给定有向图 G，通过图中每边一次且仅一次的一条单向路(回路)称作单向欧拉路(回路)。

定理 7.13 有向图 G 具有一条单向欧拉回路，当且仅当它是连通的，且每个结点的入度等于出度。一个有向图 G 具有单向欧拉路，当且仅当它是连通的，而且除两个结点外，每个结点的入度等于出度，但这两个结点中，一个结点的入度比出度大 1，另一个结点的入度比出度小 1。

定理 7.13 是无向图的欧拉回路和欧拉路的推广，因为对于有向图的任意一个结点来说，如果入度与出度相等，则该点的总度数为偶数；若结点入度与出度之差为 1，则该结点总度数为奇数。因此定理 7.13 同定理 7.12 的证明与推论 7.1 的证明类似。

【例题 7.14】设计四位二进制的计算机磁鼓。

解：设有一个八个结点的有向图(图 7.21)，其结点分别记为三位二进制数{000，001，010，011，100，101，110，111}，设 $a_i \in \{0,1\}$，从结点 $a_1a_2a_3$ 可引出两条有向边，其终点分别是 $a_2a_3 0$ 以及 $a_2a_3 1$。该两条边分别记为 $a_1a_2a_3 0$ 和 $a_1a_2a_3 1$。按照上述方法，对于八个结点的有向图共有 16 条边，在这种图的任一条路中，其邻接的边必是 $a_1a_2a_3a_4$ 和 $a_2a_3a_4a_5$ 的形式，即是第一条边标号的后三位数与第二条边标号的头三位数相同。在图 7.21 中，每个结点的入度等于 2，出度等于 2，必可找到一条欧拉回路如($e_0e_1e_2e_4e_9e_3e_6e_{13}e_{10}e_5e_{11}e_7e_{15}e_{14}e_{12}e_8$)，用邻接边的标号记法，16 条边被记成不同的二进制数，能写成对应的二进制数序列 0000100110101111(根据邻接边标法，每 4 位对应一条边，每一次向后错 1 位，然后循环，便可得到 16 条边)。把这个序列排成环状，即与所求的磁鼓相对应，如图 7.22 所示。同时，磁鼓转动所得到 16 个不同位置触点上的二进制信息，即对应于图中的一条欧拉回路。

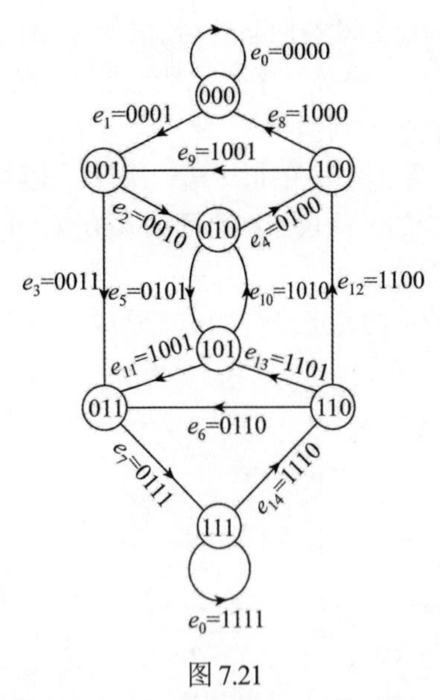

图 7.21

具体设计如下：根据有向图 7.21 和二进制数序列 0000100110101111 设计四位二进制的计算机磁鼓。令旋转磁鼓其表面被等分成 2^4 个部分，如图 7.22 所示。其中每一部分分别用绝缘体或导体组成，绝缘体部分给出信号 0，导体部分给出信号 1，在图 7.22 中阴影部分表示导体，空白部分表示绝缘体，根据磁鼓的位置(现在图中位置)，触点将得到信息 1101，如果磁鼓沿顺时针方向旋转一个部分，触点将为信息 1010。磁鼓上 16 个部分设计导体及绝缘体，使磁鼓每旋转一个部分，四个触点能得到一组不同的四位二进制数信息。

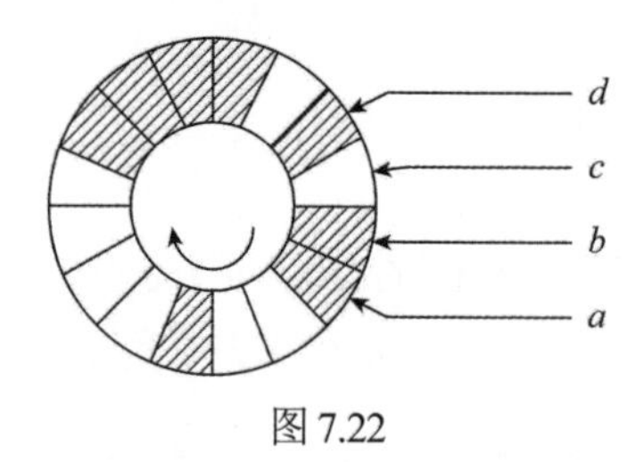

图 7.22

对于上面的例子，我们可以把它推广到磁鼓具有 n 个触点的情况。为此我们只要构造 2^n-1 个结点的有向图，设每个结点标记为 $n-1$ 位二进制数，从结点 $a_1a_2\cdots a_{n-1}$ 出发，有一条终点为 $a_2a_3\cdots a_{n-1}0$ 的边，该边记为 $a_1a_2\cdots a_{n-1}0$；还有一条边终点为 $a_2a_3\cdots a_{n-1}1$ 的边，该边记为 $a_1a_2\cdots a_{n-1}1$。这样构造的有向图，其每一结点的出度和入度都是 2，故必是欧拉图。由于邻接边的标记是第一条边的后 $n-1$ 位二进制数与第二条边的前 $n-1$ 位二进制数相同，因此就有一种 2^n 个二进制数的环形排列与所求的磁鼓相对应。

对于一个已知的欧拉图 G，可以按照如下算法构造一条欧拉回路或欧拉路。

算法 7.1(Fleury 算法)

(1) 任取 G 中一奇度数结点 v_0，令 $P_0=v_0$。

(2) 假设 $P_i=v_0e_1v_1e_2\cdots e_iv_i$ 已经遍历，按下面方法从 $E(G)-\{e_1,e_2,\cdots,e_i\}$ 中选 e_{i+1}。

① e_{i+1} 与 v_i 相关联；

② 除非无别的边可供遍历，否则 e_{i+1} 不应该是 $G_i=G-\{e_1,e_2,\cdots,e_i\}$ 中的割边(桥)；

③ 当②不能再进行时算法停止。

该算法的构造欧拉回路方法对于有向欧拉图和无向欧拉图均适用。

【例题 7.15】求图 7.23 中从 v_1 出发的欧拉回路。

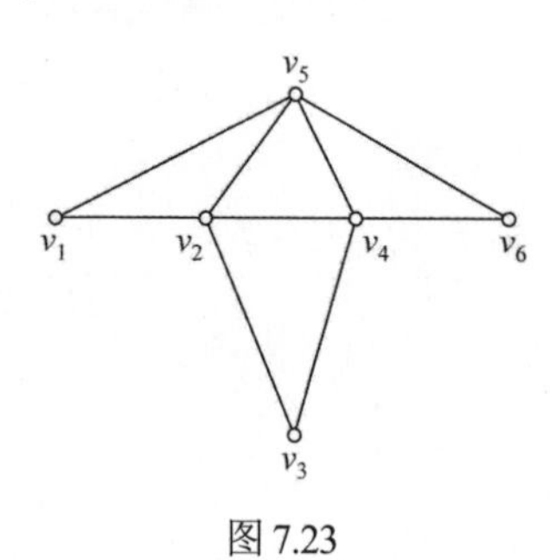

图 7.23

解：假设欧拉回路为 L，则 $L=v_1v_2v_3v_4v_2v_5v_4v_6v_5v_1$ 即为所求。

【例题 7.16】邮递员问题

问题：邮递员从邮局出发，走遍投递区域的所有街道，送完邮件后回到邮局，怎样走可以使得所走的路线是全程最短的？若街道图(街道的交叉口为结点)存在欧拉回路，显然此路是全程最短的。现在的问题是：如果不存在欧拉回路，如何解决此问题？

关键在于奇度数结点，如果增加一些边，使奇度数结点变偶度数，并使此图增加尽可能短的边，此图的欧拉回路即为邮递员问题的解。

邮递员问题是一个加权图问题，且具有实际应用价值，算法如下：

算法 7.2

(1) 若 G 不含奇度数结点，则构造欧拉回路，即为问题的解。

(2) 若 G 有 $2k$ 个奇度数结点，分析如下。

① 对所有奇度数结点，求任两结点间的最短通路。

② 写出所有奇度数结点的分对组合，如有 4 个奇度数结点 v_i,v_j,v_t,v_s，那么，有 3 种组合法：

$(v_i,v_j),(v_t,v_s)$

$(v_i,v_t),(v_j,v_s)$

$(v_i,v_s),(v_j,v_t)$

③ 以奇度数结点间最短通路作为奇度数结点间的路长，对所有分对组合计算通路总长，选取最短的一种组合，称为最佳匹配。

(3) 把最佳匹配中结点间的最短通路添加在原图上，使之成为全偶度数结点的多重图。回到 1，求欧拉回路。

邮递员一般的邮递路线需要遍历某些特定的街道。按理想情况，他应该走一条欧拉回路，即不重复地走遍图中的每一条边。但有的邮递任务是联系某些特定的收发点，不要求走遍每一条边，只要求不重复地遍历图中的每一个结点，此时感兴趣的是图中的结点，这就引出下一节将介绍的哈密顿图。

7.4.2 哈密顿图

与欧拉回路非常类似的问题是哈密顿回路。1859 年威廉·哈密顿爵士(Sir Willian Hamilton)在给朋友的一封信中首次谈到关于十二面体的一个数学游戏：能不能在图 7.24 中找到一条回路，使它含有这个图的所有结点？他把每个结点看成一个城市，联结两个结点的边看成交通线，于是他的问题就是：能不能找到旅行路线，沿着交通线经过每个城市恰好一次，再回到原来的出发地？他把这个问题称为周游世界问题。

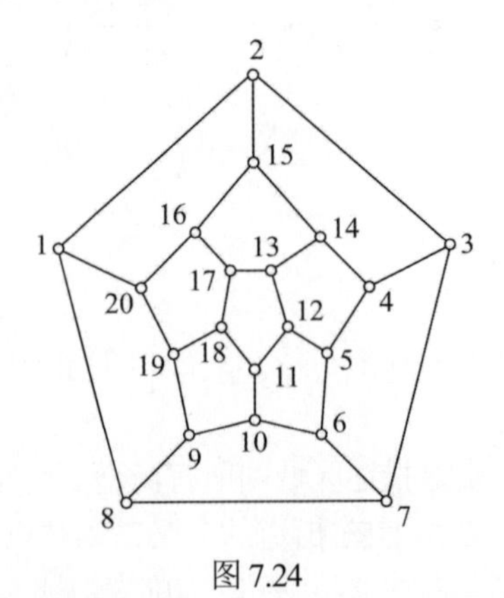

图 7.24

按图 7.24 中所给的编号，可以看出这样一条回路是存在的。对于任何连通图也有类似的问题。

定义 7.13 给定图 G，若存在一条路经过图中的每个结点恰好一次，则这条路称作哈密顿路。若存在一条回路，经过图中的每个结点恰好一次，则这条回路称作哈密顿回路。

具有哈密顿回路的图称作哈密顿图。

定义 7.13 既适合无向图，也适合有向图。另外，规定平凡图为哈密顿图。

要注意哈密顿回路和欧拉回路的区别：

(1) 欧拉回路未必是哈密顿回路，因为欧拉回路可以经过同一结点多次。

(2) 哈密顿回路未必是欧拉回路，因为哈密顿回路不一定要经过 G 中所有的边。

尽管哈密顿回路与欧拉回路问题在形式上极为相似，但判断一个图是否为哈密顿图要比判断是否为欧拉图困难，到目前为止，还没有找到一个简明的条件作为判断一个图是否为哈密顿图的充分必要条件。下面给出一些哈密顿回路存在的充分条件或必要条件。

定理 7.14 若图 $G=<V,E>$ 具有哈密顿回路，则对于结点集 V 的每个非空子集 S 均有 $\omega(G-S)\leqslant|S|$ 成立。其中 $\omega(G-S)$ 是 $G-S$ 中连通分支数。

证明：设 C 是 G 的一条哈密顿回路，则对于 V 的任何一个非空子集 S，在 C 中删去 S 中任一结点 a_1，$C-a_1$ 是连通的非回路，若再删去 S 中另一结点 a_2，则 $\omega(C-a_1-a_2)\leqslant 2$，由归纳法可得

$$\omega(G-S)\leqslant|S|$$

同时，$C-S$ 是 $G-S$ 的一个生成子图，因而

$$\omega(G-S)\leqslant\omega(C-S)$$

所以 $\omega(G-S)\leqslant|S|$。

【例题 7.17】 判断图 7.25 和图 7.26 是否是哈密顿图。

解：利用定理 7.14 可以证明某些图是非哈密顿图。图 7.25 中若取 $S=\{v_1,v_4\}$，则 $G-S$ 中有三个分图，故 G 不是哈密顿图。

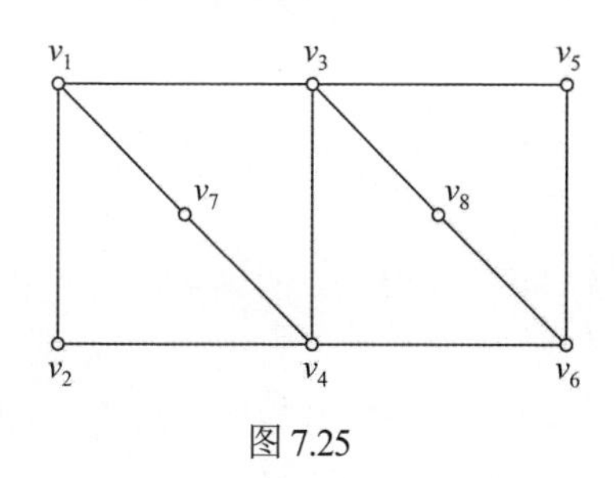

图 7.25

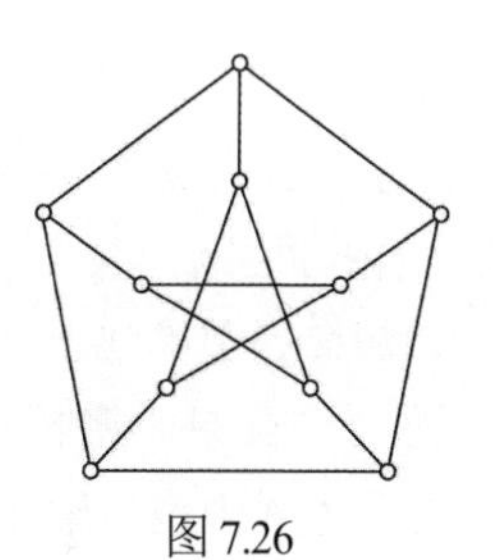

图 7.26

需要指出，用定理 7.14 来证明某一特定图是非哈密顿图，这种方法并不总是有效的。例如，著名的彼得森(Peternen)图，如图 7.26 所示，在图中删去任一个结点或任意两个结点，不能使它不连通；删去 3 个结点，最多只能得到有两个连通分支的子图；删去 4 个结点，最多只能得到有三个连通分支的子图；删去 5 个或 5 个以上的结点，余下子图的结点数都不大于 5，故必不能有 5 个以上的连通分支数。所以该图满足 $\omega(G-S)\leqslant|S|$，但是可以证明它是非哈密顿图。

【例题 7.18】 图 7.27 是否存在哈密顿回路？

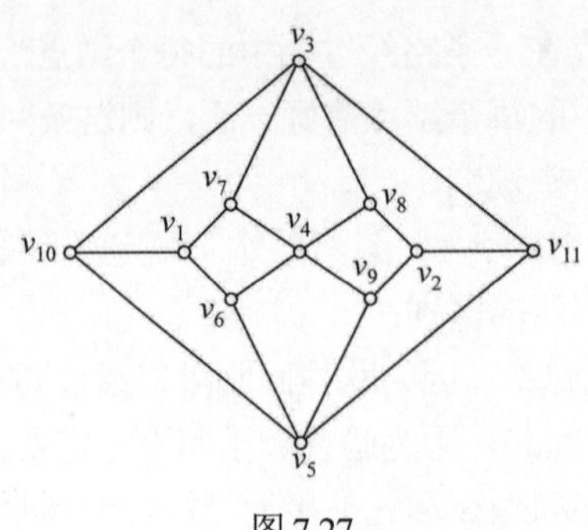

图 7.27

解：取 $S=\{v_1,v_2,v_3,v_4,v_5\}$，$G-S$ 中结点 $v_6,v_7,v_8,v_9,v_{10},v_{11}$ 均为孤立结点，$G-S$ 有 6 个分图，$6>|S|=5$，一定不存在哈密顿回路。

定理 7.15 设 G 为具有 n 个结点的简单图，如果 G 中每一对结点度数之和大于等于 $n-1$，则在 G 中存在一条哈密顿路。

容易看出定理 7.15 的条件对于图中哈密顿路的存在性只是充分条件，并不是必要条件。设 G 是 n 边形，如图 7.28 所示，其中 $n=6$，虽然任何两个结点度数之和为 $4<6-1$，但在 G 中有一条哈密顿路。

哈密顿路存在的必要条件：

(1) 连通；

(2) 至多只能有两个结点的度数小于 2，其余结点的度数大于等于 2。

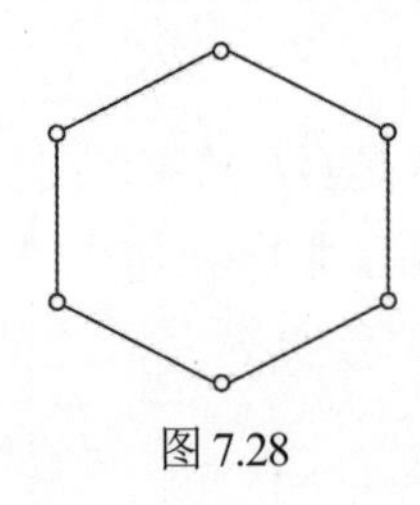

图 7.28

推论 7.2 设 G 是具有 n 个结点的简单图，如果 G 中每一对结点度数之和大于等于 n，则在 G 中存在一条哈密顿回路。

推论 7.3 设图 G 是具有 n 个结点的简单无向图，$n\geqslant 3$，如果任意一个结点度数都大于等于 $\deg(v)\geqslant n/2$，则 G 是哈密顿图。

哈密顿图在现实世界中也有很多实际应用，如下例的旅行商问题。由哈密顿路和哈密顿回路的定义可知，图中的哈密顿路是经过图中所有结点的路中长度最短的路；哈密顿回路是经过图中所有结点的回路中长度最短的回路。

【例题 7.19】旅行商问题。

问题：从某地出发，一一经过 n 个城市回到原地，寻找最短的道路。

该问题的实质就是针对无向加权图，寻找最短的哈密顿回路的问题。我们采用最近邻域法来解决这个问题。

无向加权完全图的最近邻域法如下：

算法 7.3

(1) 从任一结点(记为v_1)出发，找一个与v_1最近的结点v_2，$\{v_1, v_2\}$为两个结点的通路。

(2) 若找出有 p 个结点的通路$\{v_1, v_2, \cdots, v_p\}, p < n$，在路外找一个离$v_p$最近的结点，记为$v_{p+1}$，将其加入，则得到具有$p+1$个结点的道路。

(3) 若$p+1=n$，转(4)；否则转(2)。

(4) 闭合哈密顿回路：即增加一条边(v_n, v_1)，则$v_1v_2\cdots v_nv_1$为一条近似的最短回路。

注意：(1)找最近一个结点不唯一时，按顺序取；

(2) 最短回路不一定是最短哈密顿回路。

例如，图 7.29 是加权无向完全图，从v_1点出发，用最近邻域法求最短哈密顿回路，并与实际的最短哈密顿回路作比较。

$v_1v_3v_5v_4v_2v_1$ 的总长为 7+6+8+5+14=40，表示的是最短回路，$v_1v_3v_5v_2v_4v_1$ 的总长为 7+6+9+5+10=37。

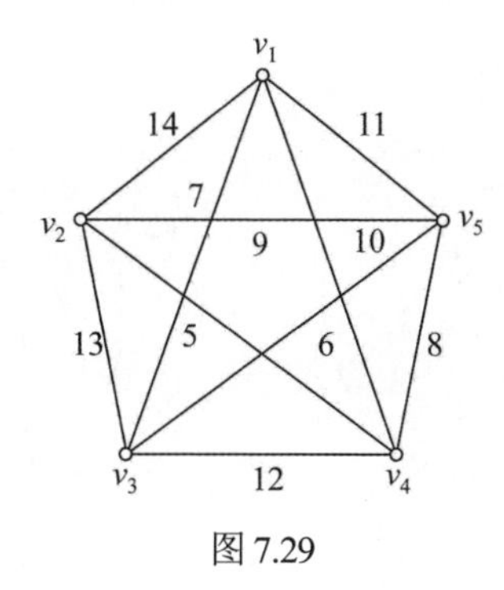

图 7.29

可对最近邻域法作如下改进：

(1) 找一条最短的边e_i。

(2) 以关联e_i的两个结点v_1, v_2分别作为起点，用最近邻域法求最短哈密顿回路。

(3) 比较这两条回路的长度，以确定最短的一条。

图 7.29 中，(v_2, v_4)边长为 5，最短。以v_2为起点，$v_2v_4v_5v_3v_1v_2$总长为 40。以v_4为起点，$v_4v_2v_5v_3v_1v_4$总长为 37。

【例题 7.20】考虑在七天内安排七门课程的考试，使得同一位教师所任的两门课程考试不排在接连的两天中。试证明如果没有教师担任多于四门课程，则符合上述要求的考试安排总是可能的。

解：设 G 为具有七个结点的图，每个结点对应于一门课程考试，如果这两个结点对应的课程考试是由不同教师担任的，那么这两个结点之间有一条边。因为每个教师所任课程数不超过 4，故每个结点的度数至少是 3，任两个结点的度数之和至少是 6，故 G 总是包含一条哈密顿路，它对应于一个七门考试科目的一个适当的安排。

定义 7.14 给定图$G=<V,E>$有 n 个结点，若将图 G 中度数之和至少是 n 的非邻接结点连接起来得到图G'，对图G'重复上述步骤，直到不再有这样的结点对存在为止，所得到的图称为原图 G 的闭包，记作$C(G)$。

例如图 7.30 给出了对六个结点的一个图 G，构造它的闭包的过程。在这个例子中 $C(G)$ 是完全图。一般情况下，$C(G)$ 也可能不是完全图。

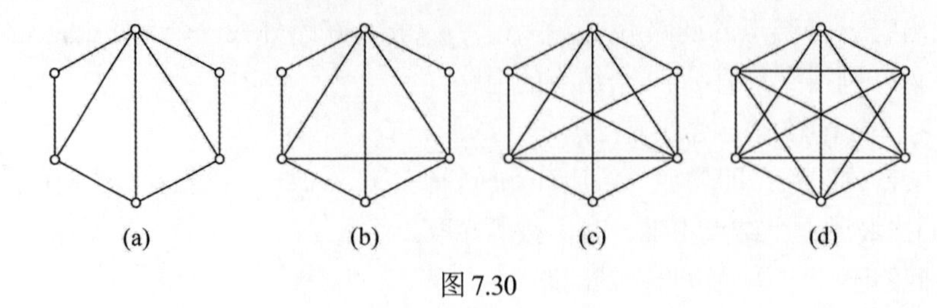

图 7.30

定理 7.16 当且仅当一个简单图的闭包是哈密顿图时，这个简单图是哈密顿图。

证明略。

关于图中没有哈密顿路的判别尚没有确定的方法，下面介绍一个说明性的例子。

【例题 7.21】 说明图 7.31(a)所示的图 G 中没有哈密顿路。

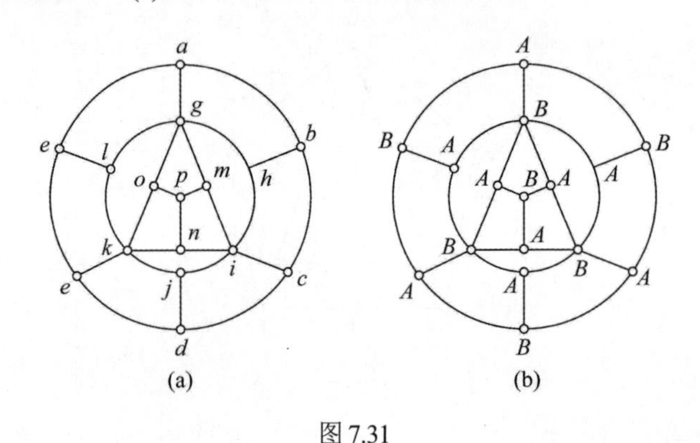

图 7.31

解：用 A 标记任意一个结点 a，所有与 a 邻接的结点均标记为 B，继续不断地用 A 标记所有邻接于 B 的结点，用 B 标记所有邻接于 A 的结点，直到所有结点标记完毕。这个有标记的图如图 7.31(b)所示，如果在图 G 中有一条哈密顿路，那么它必交替通过结点 A 和结点 B，然而本例中共有九个 A 结点和七个 B 结点，所以不可能存在一条哈密顿路。

注意：如果在标记过程中遇到相邻结点出现相同标记，可在此对应边上增加一个结点，并标上相异标记，如图 7.32 所示。请读者思考用这种方法能否判断哈密顿路的存在性。

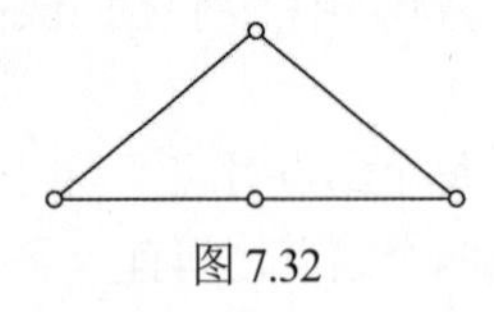

图 7.32

习题 7-4

1. 判断图 7.33 所示的图形是否能一笔画。

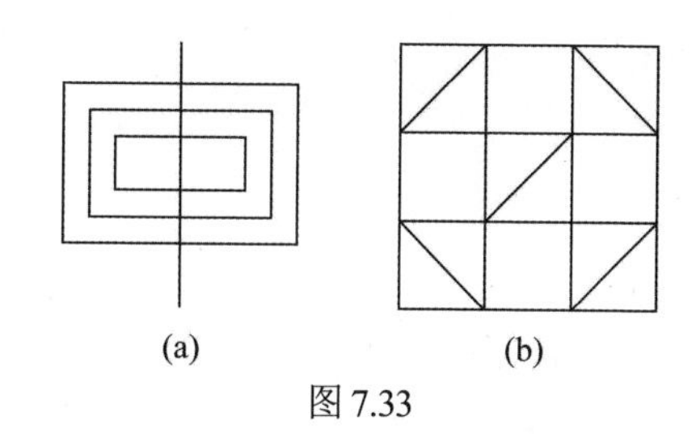

图 7.33

2. 构造一个欧拉图，其结点数 v 和边数 e 满足下述条件：

(1) v,e 的奇偶性一样；

(2) v,e 的奇偶性相反。

如果不可能，说明原因。

3. 确定 n 取怎样的值，完全图 K_n 有一欧拉回路。

4. 加权图如图 7.34 所示，其中结点表示邮政道路的交点，直线表示道路，线上的数字表示道路的长度。问：邮递员如何遍历图中的每一条路，使得所走的路程最短？

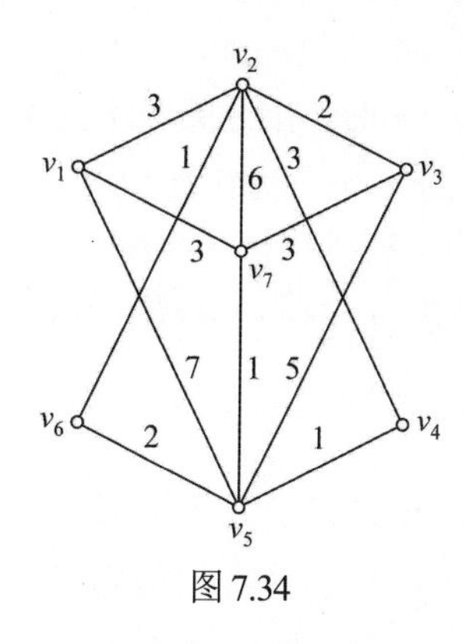

图 7.34

5. 找一种 9 个 a、9 个 b 以及 9 个 c 的圆形排列，使由字母 $\{a,b,c\}$ 组成的长度为 3 的 27 个字的每个字仅出现一次。

6. (1) 画一个有一条欧拉回路和一条哈密顿回路的图。

(2) 画一个有一条欧拉回路，但没有一条哈密顿回路的图。

(3) 画一个没有一条欧拉回路，但有一条哈密顿回路的图。

7. (1) 假定任意两人合起来认识所留下的 $n-2$ 个人，证明 n 个人能站成一排，使得中间每个人两旁站着自己认识的人，而两端的两个人，他们每个人旁边只站着他的一个认识的人。

(2) 证明对于 $n \geqslant 4$，(1)中条件保证 n 个人能站成一圈，使每一个人的两旁站着自己的认识的人。

8. 设简单图 $G=<V,E>$ 且 $|V|=v,|E|=e$，若有 $e \geqslant C_{v-2}^{2}+2$，则 G 是哈密顿图。

7.5 树与生成树

树是图论中重要的概念之一，它在计算机科学中应用非常广泛。本节介绍树的一些基本性质和应用。

7.5.1 树

定义 7.15 一个连通且无回路的无向图称为**树**。树中度数为1的结点称为**树叶**，度数大于1的结点称为**分枝点**或**内点**。一个无回路的无向图称作**森林**，它的每个连通分图是树。

定理 7.17 给定图 T，以下关于树的定义是等价的：

(1) 无回路的连通图；

(2) 无回路且$e=v-1$，其中 e 是边数，v 是结点数；

(3) 连通且$e=v-1$；

(4) 无回路，但增加一条新边，得到一个且仅有一个回路；

(5) 连通，但删去任一边后便不连通；

(6) 每一对结点之间有一条且仅有一条路。

证明：(1)⇒(2)

设图 T 当$v=2$时连通无回路，T 中边数$e=1$，因此$e=v-1$成立。

假设$v=k-1$时命题成立，当$v=k$时，因为无回路且连通，故至少有一条边其一个端点 u 的度数为 1。设该边为$\{u,w\}$，删去结点 u，便得到一个具有 $k-1$ 个结点的连通无回路图T'，由归纳假设，图T'的边数$e'=v'-1=(k-1)-1=k-2$，于是再将结点 u 以及关联边(v,w)加到图T'中得到原图 T，此时 T 的边数为$e'=e+1=(k-2)+1=k-1$，结点数$v=v'+1=(k-1)+1=k$，故$e=v-1$成立。

(2) ⇒(3)

若 T 不连通，并且有 k 个连通分枝$T_1,T_2,\cdots,T_k(k\geqslant 2)$，因为每个分图是连通无回路，故它们是树。设$T_i$有$v_i$个结点，其中$v_i<v$，$T_i$有$v_i-1$条边，而

$$v=v_1+v_2+\cdots+v_k$$
$$e=(v_1-1)+(v_2-1)+\cdots+(v_k-1)=v-k$$

但$e=v-1$，故$k=1$，这与假设 T 不连通即$k\geqslant 2$相矛盾。

(3) ⇒(4)

若 T 连通且有$v-1$条边，当$v=2$时，$e=v-1=1$，故 T 必无回路。如增加一边得到且仅得到一个回路。

设$v=k-1$时命题成立。

考察$v=k$时的情况，因为 T 是连通的，$e=v-1$。故对每个结点 u 有$\deg(u)\geqslant 1$，可以证明至少有一个结点u_0，使$\deg(u_0)=1$，若不然，即对所有结点 u 有$\deg(u)\geqslant 2$，则$2e\geqslant 2v$，即$e\geqslant v$，与假设$e=v-1$矛盾。删去u_0及其关联的边，而得到新图T'。由归纳假设可知T'无回路，在T'中加入u_0及其关联边又得到T，故T是无回路的，若在连通图T中增加新的边(u_i,u_j)，则该边与 T 中u_i到u_j的一条路构成一个回路，则该回路必是唯一的；否则若删去此新边，T 中必有回路，得出矛盾。

(4) $\Rightarrow$(5)

若图 T 不连通，则存在结点 u_i 与 u_j，在 u_i 与 u_j 之间没有路，显然若加边 $\{u_i,u_j\}$ 不会产生回路，与假设矛盾。又由于 T 无回路，故删去任一边，图就不连通。

(5) $\Rightarrow$(6)

由连通性可知，任两结点间有一条路，若存在两点，在它们之间有多于一条的路，则 T 中必有回路，删去该回路上任一条边，图仍是连通的，与(5)矛盾。

(6) $\Rightarrow$(1)

任意两结点间有唯一条路，则图 T 必连通，若有回路则回路上任两点间有两条路，与(6)矛盾。

定理 7.18 任一棵树中至少有两片树叶。

证明：设树 $T=<V,E>$，$|V|=v$，因为 T 是连通图，对于任意 v_i，有 $\deg(v_i)\geqslant 1$ 且 $\sum\deg(v_i)=2(|V|-1)=2v-2$。若 T 中每个结点度数大于等于 2，则 $\sum\deg(v_i)\geqslant 2v$，得出矛盾。若 T 中只有一个结点度数为 1，其他结点度数大于等于 2，则

$$\sum\deg(v_i)\geqslant 2(v-1)+1=2v-1$$

得出矛盾。故 T 中至少有两个结点度数为 1。

7.5.2 生成树

有一些图，本身不是树，但它的子图却是树，一个图可能有许多子图是树，其中很重要的一类是生成树。

定义 7.16 若图 G 的生成子图是一棵树，则该树称为 G 的生成树。

设图 G 有一棵生成树 T，则 T 中的边称作树枝。

图 G 的不在生成树中的边称作弦。所有弦的集合称作生成树 T 的补。如在图 7.35 中，可以看到该图的生成树 T 为粗线所表达。其中 e_1,e_7,e_5,e_8,e_3 都是 T 的树枝，e_2,e_4,e_6 是 T 的弦，$\{e_2,e_4,e_6\}$ 是生成树 T 的补。

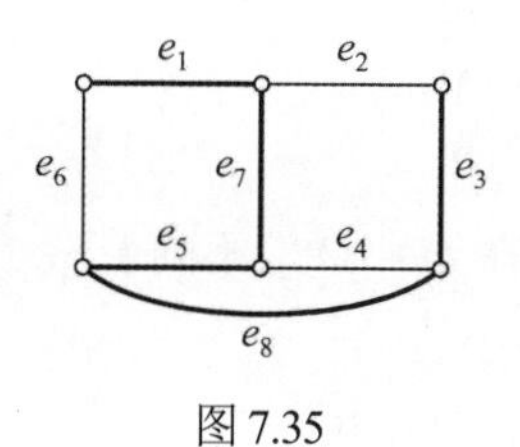

图 7.35

定理 7.19 连通图至少有一棵生成树。

证明：设连通图 G 没有回路，则 G 本身就是一棵生成树。若 G 至少有一个回路，我们删去 G 的回路上的一条边，得到图 G_1，它仍是连通的，并与 G 有同样的结点集。若 G_1 没有回路，则 G_1 就是生成树。若 G_1 仍有回路，再删去 G_1 回路上的一条边，重复上述步骤，直至得到一个连通图 H，它没有回路，但与 G 有同样的结点集，因此 H 是 G 的生成树。

由定理 7.19 的证明过程可以看出，一个连通图可以有许多生成树。

【例题 7.22】 图 7.36(b)和图 7.36(c)都是图 7.36(a)的生成树。

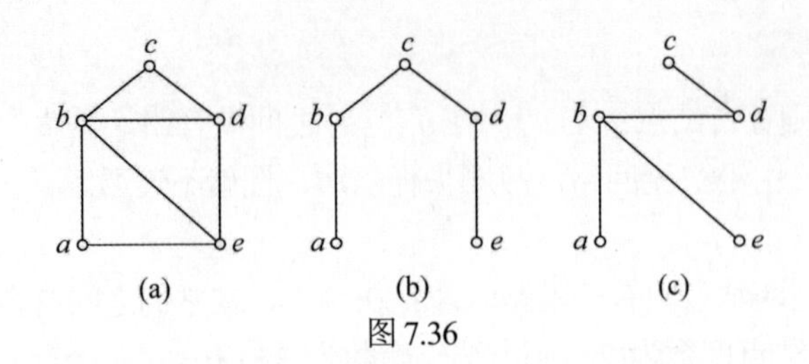

图 7.36

假定 G 是一个有 n 个结点和 m 条边的连通图，则 G 的生成树正好有 $n-1$ 条边。因此要确定 G 的一棵生成树，必须删去 G 的 $m-(n-1)=m-n+1$ 条边。数 $m-n+1$ 称为连通图 G 的秩。

定理 7.20 一条回路和任何一棵生成树的补至少有一条公共边。

证明：若有一条回路和一棵生成树的补没有公共边，那么这条回路包含在生成树中。然而这是不可能的，因为一棵生成树不能包含回路。

定理 7.21 一个边割集和任何生成树至少有一条公共边。

证明：若有一个边割集和一棵生成树没有公共边，那么删去这个边割集后，所得子图必包含该生成树，这意味着删去边割集后仍是连通图，与边割集的定义矛盾。

7.5.3 带权生成树

设图 G 中结点表示一些城市，各边表示城市间道路的连接情况，边的权表示道路的长度，如果我们要用通信线路把这些城市联系起来，要求沿道路架设线路时，所用的线路最短，这就是要求一棵生成树，使该生成树是图 G 的所有生成树中边权的和为最小的。

定义 7.17 设 G 是具有 n 个结点的连通图。对应于 G 的每一条边 e，指定一个正数 $C(e)$，把 $C(e)$ 称为边 e 的权，(可以是长度、运输量、费用等)。G 的生成树 T 也有一个树权 $C(T)$，它是 T 的所有边权的和。

定义 7.18 在图 G 的所有生成树中，树权最小的那棵生成树，称为最小生成树。

算法 7.4 克鲁斯卡尔(Kruskal)算法

设图 G 有 n 个结点，产生最小生成树的算法如下。

(1) 选取最小权边 e_1，置边数 $i \leftarrow 1$。

(2) $i=n-1$ 结束，否则转(3)。

(3) 设已选择边为 $e_1,e_2,\cdots,e_i$，在 G 中选取不同于 $e_1,e_2,\cdots,e_i$ 的边 e_{i+1}，使 $\{e_1,e_2,\cdots,e_i,e_{i+1}\}$ 中无回路且 e_{i+1}，是满足此条件的最小边。

(4) $i \leftarrow i+1$，转 b)。

【例题 7.23】 如图 7.37(a)中给出一个赋权连通图，用 Kruskal 算法求它的最小生成树。

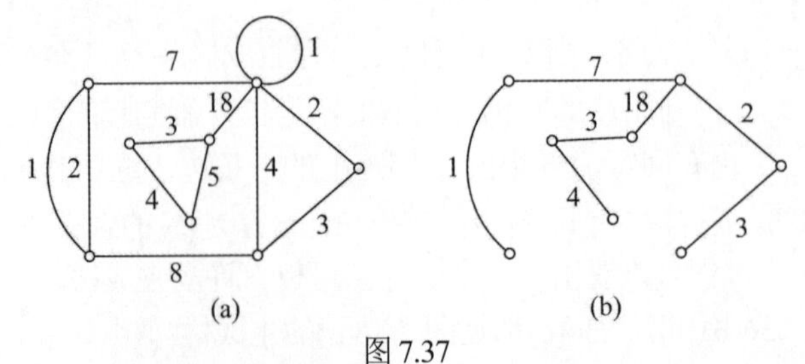

图 7.37

解：用 Kruskal 算法得它的最小生成树为图 7.37(b)。

Kruskal 算法中，假设 G 中边权均不相同，最小生成树是唯一的。

习题 7-5

1. 证明：当且仅当连通图的每条边均为割边时，该连通图才是一棵树。

2. 一棵树有 n_2 个结点度数为 2，n_3 个结点度数为 3，……，n_k 个结点度数为 k，问它有几个度数为 1 的结点？

3. 一棵树有两个结点度数为 2，一个结点度数为 3，三个结点度数为 4，问它有几个度数为 1 的结点？

4. 设 $G=<V,E>$ 为连通图且 $e \in E$。证明：当且仅当 e 是 G 的割边时，e 才在 G 的每棵生成树中。

5. 在图 7.38 中，利用 Kruskal 算法各求一棵最小生成树。

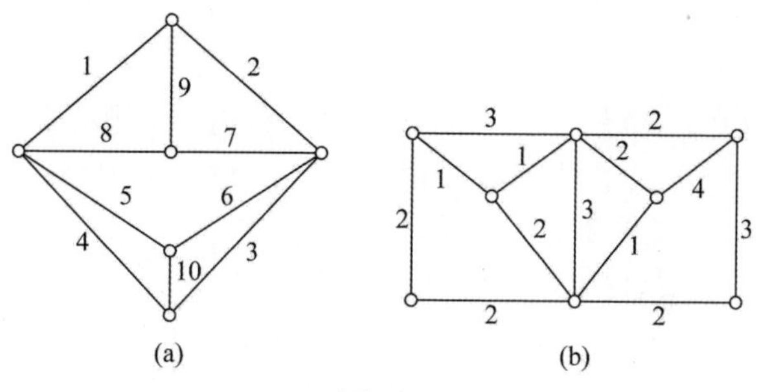

图 7.38

7.6 有向树与最优树

前面我们讨论的树都是无向图中的树，下面简单地讨论有向图中的树。

7.6.1 有向树

定义 7.19 如果一个有向图在不考虑边的方向时是一棵树，那么这个有向图称为有向树。例如图 7.39 所示为一棵有向树。

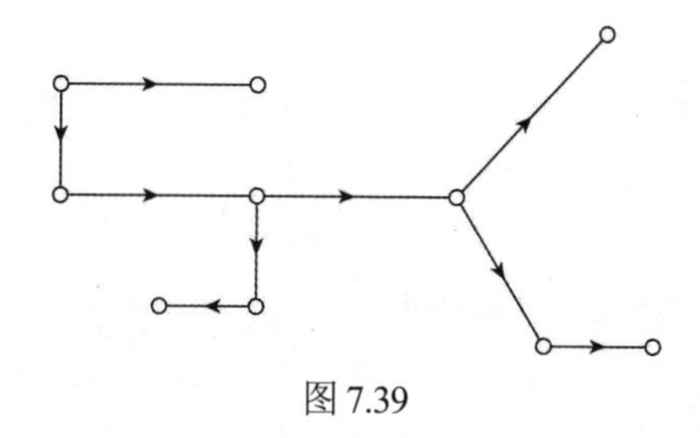

图 7.39

定义 7.20 一棵有向树，如果恰有一个结点的入度为 0，其余所有结点的入度都为 1，则称之为根树。入度为0的结点称为根，出度为0的结点称为叶，出度不为0的结点称为分枝点或内点。

【例题 7.24】图7.40表示一棵根树，其中v_1为根，v_1,v_2,v_4,v_8,v_9为分枝点，其余结点为叶。

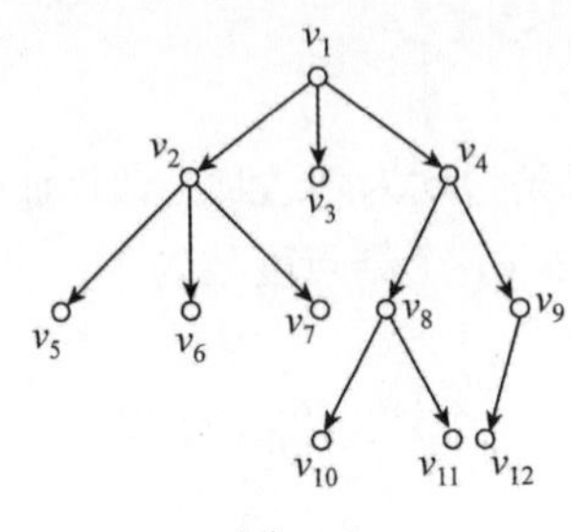

图7.40

在根树中，任一结点v的层次就是从根到该结点的单向通路长度。例如图7.40中有三个结点层次为1，有五个结点层次为2，有三个结点层次为3。

从根树的结构中可以看到，树中每一个结点都可看作原来树中的某一棵子树的根，由此可知，根树可递归定义给出。

定义 7.21 在根树中，若每一个结点的出度小于或等于m，则称这棵树为m叉树。如果每一个结点的出度恰好等于m或零，则称这棵树为完全m叉树；若其所有树叶层次相同，称为正则m叉树。当$m=2$时，称为二叉树。

有很多实际问题可用二叉树或m叉树表示。

【例题 7.25】例如M和E两人进行网球比赛，如果一人连胜两盘或共胜三盘就获胜，比赛结束。图7.41表示了比赛可能进行的各种情况，它有10片树叶，从根到树叶的每一条路对应比赛中可能发生的一种情况，即：*MM*，*MEMM*，*MEMEM*，*MEMEE*，*MEE*，*EMM*，*EMEMM*，*EMEME*，*EMEE*，*EE*。

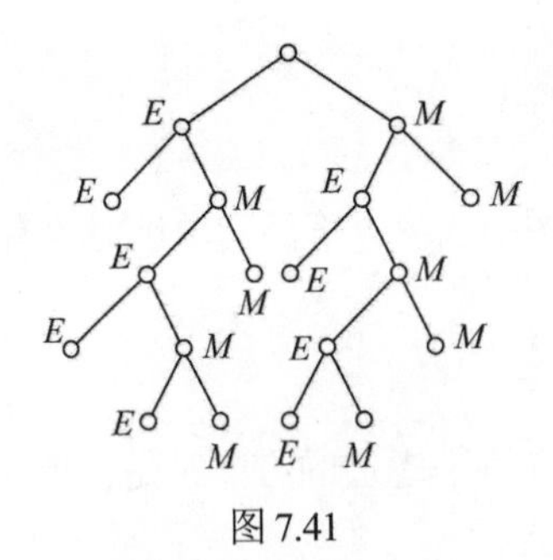

图7.41

定义 7.22 如果对根树每层上的结点规定次序，则这样的根树称为有序树。

对任何一棵有序树都可以改写为一棵对应的二叉树。图7.42(a)中的m叉树可用下述方法改写为二叉树。

(1) 除最左边的分枝点外，删去所有从每一个结点长出的分枝。在同一层次中，兄弟结点之间用从左到右的有向边连接，如图7.42(b)所示。

(2) 选定二叉树的左儿子和右儿子如下：直接处于给定结点下面的结点作为左儿子，对子同一水平线上与给定结点右邻的结点作为右儿子，以此类推，如图7.42(c)所示。

用二叉树表示有序根树的方法可以推广到有序森林上去，如图7.43所示。

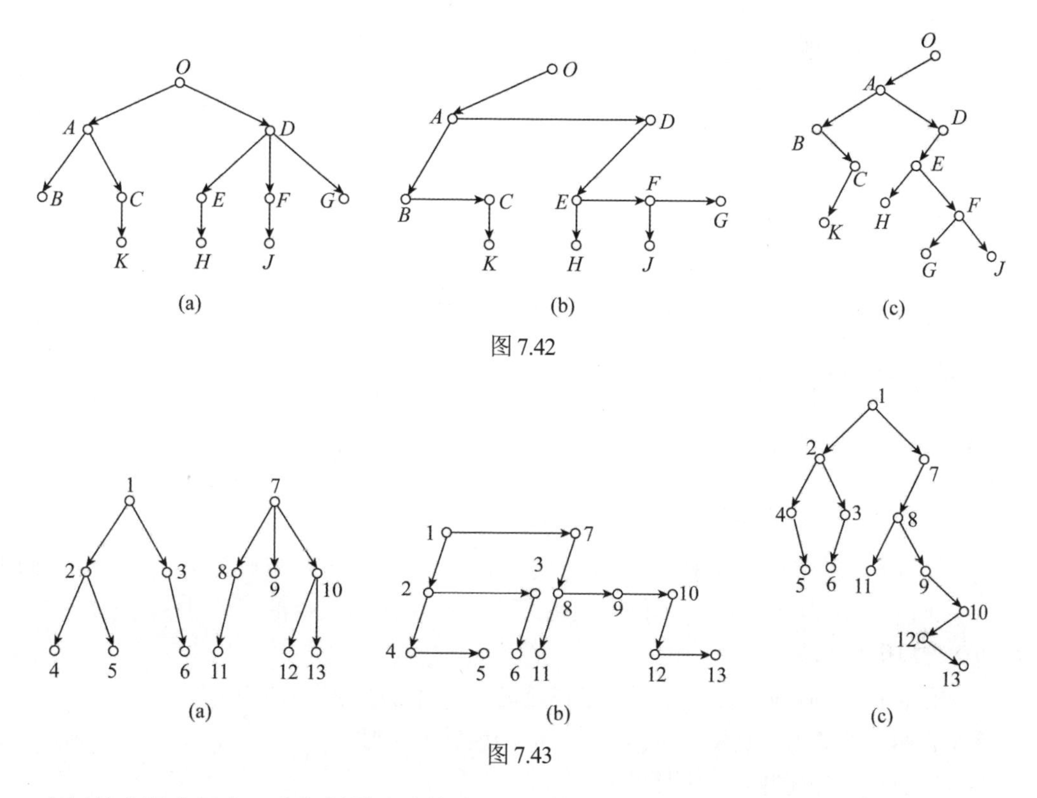

图 7.42

图 7.43

在树的实际应用中，我们经常研究完全 m 叉树。

定理 7.22 设有完全 m 叉树，其树叶数为 t，分枝点数为 i，则 $(m-1)i=t-1$ 。

证明：若把 m 叉树看作每局有 m 位选手参加比赛的单淘汰赛计划表，树叶数 t 表示参加比赛的选手数，分枝点数 i 表示比赛的局数，因为每局比赛将淘汰 $m-1$ 位选手，故比赛结果共淘汰 $(m-1)i$ 位选手，最后剩下一位冠军，因此 $(m-1)i+1=t$ ，即 $(m-1)i=t-1$ 。

【例题 7.26】在某机器有 28 台计算机，拟共用一个电源插座，问需用多少块四插座的接线板？

解：将四叉树的每个分枝点看作具有四插座的接线板，树叶看作电灯，则有 $(4-1)i=28-1$ ，$i=9$ 。所以，需要九块具有四插座的接线板。

【例题 7.27】假设有一台计算机，它有一条加法指令，可计算三个数的和。如果要计算九个数的和，至少要执行几次加法指令？

解：若把这九个数看作完全二叉树的九片树叶，则有 $(3-1)i=9-1$ ，$i=4$ 。所以，需要执行四次加法指令。

在计算机的应用中，还常常要考虑二叉树的通路长度问题。

定义 7.23 在根树中，一个结点的通路长度就是从树根到此结点的通路中的边数。我们把分枝点的通路长度称为内部通路长度，树叶的通路长度称为外部通路长度。

定理 7.23 若完全二叉树有 n 个分枝点，且内部通路长度的总和为 I，外部通路长度的总和为 E，则

$$E=I+2n$$

证明：对分枝点数目 n 进行归纳。

当 $n=1$ 时，$E=2$，$I=0$，故 $E=I+2n$ 成立。

假设 $n=k-1$ 时成立，即 $E'=I'+2(k-1)$。

当 $n=k$ 时。若删去一个分枝点 v，该分枝点与根的通路长度为 l，且 v 的两个儿子是树叶，得到新树 T'。将 T' 与原树比较，它减少了两片长度为 l+1 的树叶和一个长度为 l 的分枝点，因为 T' 有 $k-1$ 个分枝点，故 $E'=I'+2(k-1)$。但在原树中，有 $E'=E'+2(l+1)-l=E'+l+2$，$I=I'+l$，代入上式得 $E-l-2=I-l+2(k-1)$，即 $E=I+2k$。

7.6.2 最优树及其应用

最优树问题是二叉树的一个重要应用。

给定一组权 $w_1,w_2,\cdots,w_t$，不妨设 $w_1\leqslant w_2\leqslant\cdots\leqslant w_t$。设有一棵二叉树，共有 t 片树叶，分别带权 $w_1,w_2,\cdots,w_t$，该二叉树称为带权二叉树。

定义 7.24 在带权二叉树中，若带权为 w_i 的树叶其通路长度为 $L(w_i)$，则我们把 $w(T)=\sum_{i=1}^{t}w_iL(w_i)$ 称为该带权二叉树的权。在所有带权 $w_1,w_2,\cdots,w_t$ 的二叉树中，$w(T)$ 最小的那棵树称为最优树。

假若给定了一组权 $w_1,w_2,\cdots,w_t$，为了找最优树，我们先证明下面的定理。

定理 7.24 设 T 为带权 $w_1\leqslant w_2\leqslant\cdots\leqslant w_t$ 的最优树，则

(1) 带权 w_1,w_2 的树叶 v_{w_1},v_{w_2} 是兄弟；

(2) 以树叶 v_{w_1},v_{w_2} 为儿子的分枝点，其通路长度最长。

定理 7.25 设 T 为带权 $w_1\leqslant w_2\leqslant\cdots\leqslant w_t$ 的最优树，若将以带权 w_1 和 w_2 的树叶为儿子的分枝点改为带权 w_1+w_2 的树叶，得到一棵新树 T'，则 T' 也是最优树。

求最优树的算法如下：

算法 7.5 哈夫曼(Huffman)算法

给定实数 $w_1, w_2, \cdots, w_t$，且 $w_1\leqslant w_2\leqslant\cdots\leqslant w_t$。

(1) 连接权为 w_1, w_2 的两片树叶，得一个分支点，其权为 w_1+w_2。

(2) 在 $w_1+w_2, w_3, \cdots, w_t$ 中选出两个最小的权，连接它们对应的结点(不一定是树叶)，得新分支点及所带的权。

(3) 重复(2)，直到形成 t–1 个分支点、t 片树叶为止。

【例题 7.28】求带权为 1，1，2，3，4，5 的最优树。

解：首先组合 1+1=2，并求 2，2，3，4，5 的最优树，然后组合 2+2=4，以此类推，过程如表 7.1 所示。

表 7.1

1	**1**	2	3	4	5
	2	**2**	3	4	5
		4	**3**	4	5
			7		**9**
					16

用图7.44表示这个过程。

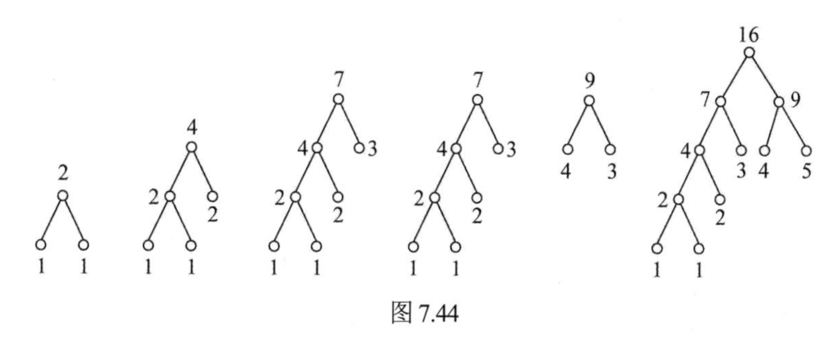

图7.44

前缀码问题是二叉树的另一个应用。

定义7.25 给定一个序列的集合，若没有一个序列是另一个序列的前缀，则该序列集合称为前缀码。

例如{000，001，01，10，11}是前缀码，而{1，0001，000}不是前缀码。

定理7.26 任意一棵二叉树的树叶可对应一个前缀码。

证明：给定一棵二叉树，从每一个分枝点引出两条边，对左侧边标以0，对右侧边标以1，则每片树叶将可标定一个0和1的序列，它是由树根到这片树叶的通路上各边标号所组成的序列。显然，没有一片树叶的标定序列是另一片树叶标定序列的前缀，因此，任何一棵二叉树的树叶可对应一个前缀码。

定理7.27 任何一个前缀码都对应一棵二叉树。

证明：设给定一个前缀码，h表示前缀码中最长序列的长度。我们画出一棵高度为h的正则二叉树，并对每一分枝点射出的两条边标以0和1，这样，每个结点可以标定一个二进制序列，它由树根到该结点通路上各边的标号所确定，因此，对于长度不超过h的每一二进制序列必对应一个结点。对应于前缀码中的每一序列的结点，给予一个标记，并将标记结点的所有后裔和射出的边全部删去，这样得到一棵二叉树，再删去其中未加标记的树叶，得到一棵新的二叉树，它的树叶就对应给定的前缀码。

【例题7.29】图7.45给出了与前缀码{000，001，01，1}对应的完全二叉树，其中图7.45(a)是高度为3的正则二叉树，对应前缀码中序列的结点用方框标记；图7.45(b)是经删剪后得到的对应二叉树。

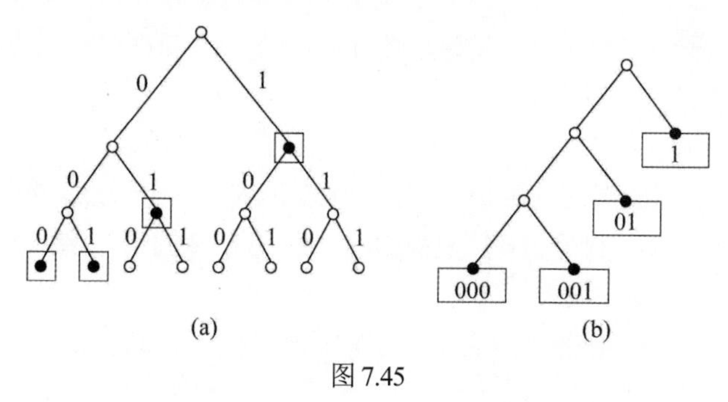

(a) (b)

图7.45

如果给定前缀码对应的二叉树是完全二叉树，则根据前缀码和二叉树的对应关系，可对此前缀码进行译码。

如图 7.45(b)中所对应的前缀码为{000，001，01，1}。可对任意二进制序列进行译码，设有二进制序列 0001001101110100l，可译为 000，1，001，1，01，1，1，01，001。

习题 7-6

1. 怎样由简单有向图的邻接矩阵确定它是否为根树？如果是根树，怎样定出它的树根和树叶？

2. 证明在完全二叉树中，边的总数等于 $2(n_t-1)$，式中 n_t 为树叶数。

3. 在一棵 t 叉树中，其外部通路长度与内部通路长度之间有什么关系？

4. 给定权 1，3，7，13，21，29，40，52，71，90。

(1) 构造一棵最优二叉树。

(2) 构造一棵最优三叉树。

(3) 说明如何构造一棵最优 t 叉树。

5. 设 A 是二进制序列的集合。我们将 A 划分为两个子集 A_0 和 A_1，其中 A_0 是 A 中第一个数字是 0 的序列的集合，A_1 是 A 中第一个数字是 1 的序列的集合。然后根据序列中的第二个数字将 A_0 划分为两个子集，对 A_1 也用同样的方法加以划分。利用不断地将序列的集合划分成子集的方法证明：如果 A 是前缀码，则存在一棵二叉树，其中从每个分枝点射出的两条边分别标号 0 和 1，使得赋予树叶的 0 和 1 的序列是 A 中的序列。

6. 给出公式 $(P\vee(\neg P\wedge Q))\wedge((\neg P\vee Q)\wedge\neg R)$ 的根树表示。

7.7 图的算法

7.7.1 构造最优二叉树算法

1. 功能

作为输入，给定的是一个正整数序列 $f_1,f_2,\cdots,f_n$，它们是 n 个结点的使用频率。要求构造出一棵以 $k_1,k_2,\cdots,k_n$ 为叶子的最优叶子查找树。

2. 基本思想

一棵具有 n 片叶子结点的完全二叉树，必有 $n-1$ 个内结点(即分枝结点)，所以它一定是一棵具有 $2n-1$ 个结点的完全二叉树。

首先将 n 片叶子的使用频率 $f_1,f_2,\cdots,f_n$ 按从小到大的顺序进行排列，然后把最小的两个数加起来，形成这两个结点的根的使用频率。我们把新形成的这个结点同剩下的 $n-2$ 个结点(共 $n-1$ 个结点)再重新从小到大排序，并重复前面的过程，直至剩下一个结点时，一棵最优二叉查找树就形成了。

3. 流程图

流程图如图 7.46 所示。

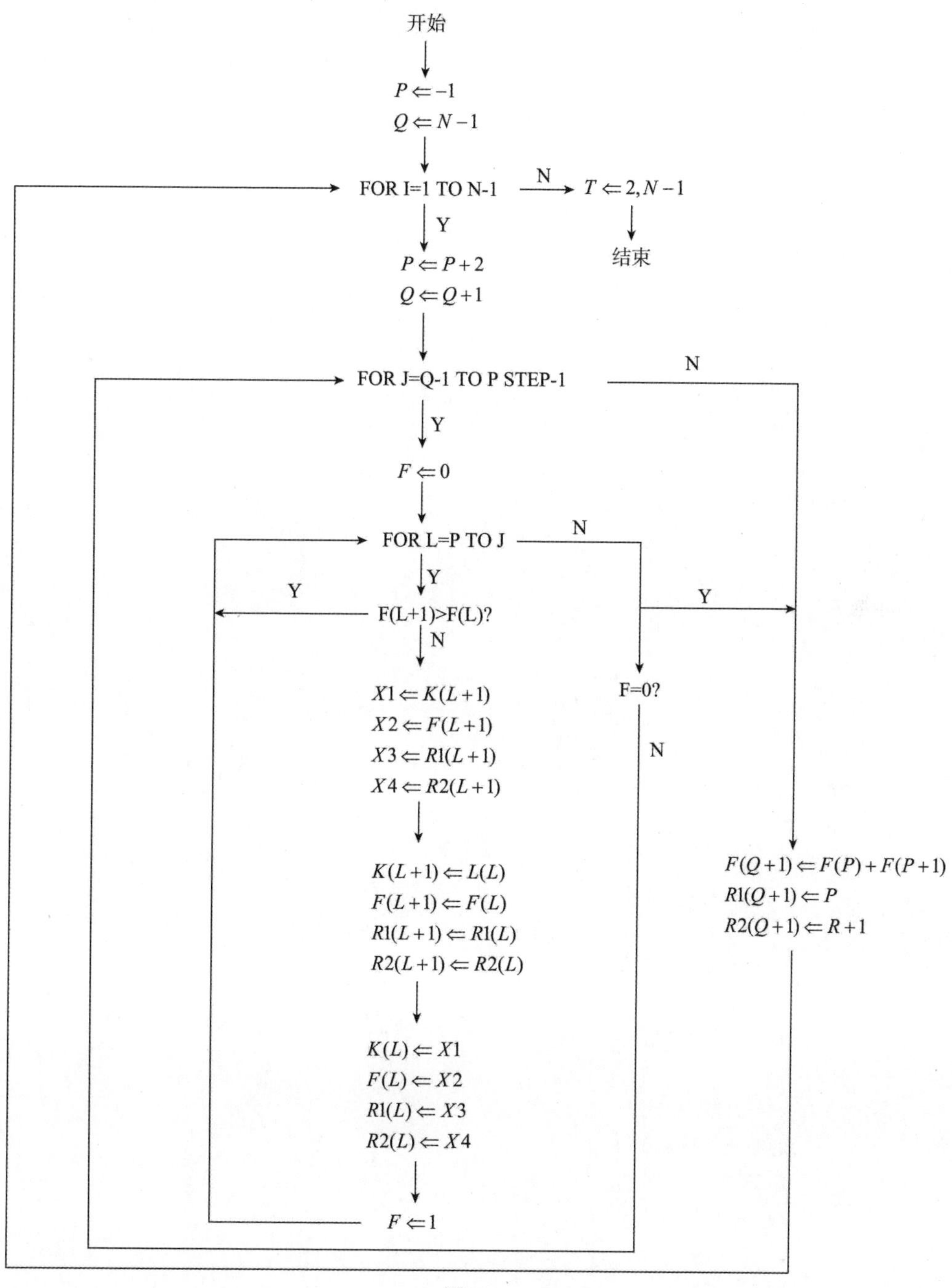

图7.46

4. 程序及解释说明

```
#include"stdio.h"
#define N 7
main()
```

```
{
  int i,j,l;
  int p,q,g,t;
  int x1,x2,x3,x4;
  int f[2 × N-1];
  int r1[2 × N-1],r2[2 × N-1],k[2 × N-1];
  printf("构造最优二叉树的算法:\n");
  printf("N为叶子结点的个数\n");个
  for(i=0;i <N;i ++)
  {
     printf("f[% d]=", i);
     scanf("% d",&f[i]);
     print?("K[% d]=",i);
     scanf("% d".&k[i]);
  }
  p=-1;
  q=N-1;
  for(i=0;i <N-1;i ++)
  {
     p=p+2;
     q=q+1;
     for(j=q-1;j< =p;j--)
     {
       g=0;
       for(l=p;l< =j;l++ )
       {
          if (f[l + 1]> =f[l]) continue;
          x1=k[l + 1];
          x2=f[l + 1];
          x3=r1[l + 1];
          x4=r2[l + 1];
          k[l + 1]=k[l];
          f[l + 1]=f[l];
          r1[l + 1]=r1[l];
          r2[l + 1]=r2[l];
          k[l]=x1;
          f[l]= x2;
          r1[l] =x3;
          r2[l]=x4;
          g=1;
       }
       if(g==0) break;
```

```
        }
        f[q+1]=f[p]+f[p+1];
        r1[q+1]=P;
        r2[q+1]=p+1;
    }
    t=2 * N-1;
    printf("构造最优二叉树为:\n");
    printf("使用频率,结点信息,左指针,右指针:\n");
    for(i =0;i <2 * N-1;i ++)
    {
      printf("% 10d",f[i]);
      printf ("% 10d",k[i]);
      printf("% 10d",r1[i]);
      printf("% 10d\n",r2[i]);
    }
}
```

程序解释说明。

f[2×N−1]：用来存放各个结点的使用频率。

k[2×N−1]：用来存放各个结点的值。

r1[2×N−1]：存放结点的左指针。

r2[2*×N−1]：存放结点的右指针。

t：指向树根的指针。

N：指向树根的指针。

g：排序标志。g=0，表示各结点未交换过位置；g=1，表示各结点排序时,至少有一对结点交换过位置。

叶子的结点频率与叶子结点信息均由键盘输入语句提供，其顺序如下：$f1, k1, f2, k2, \cdots, fn, kn$ 。

测试数据举例：1,2,3,2,2,3,4,2,5,6,7,1,8,1

7.7.2 最小生成树的 Kruskal 算法

1. 功能

给定无向连通加权图 G，构造出一棵最小生成树。

2. 基本思想

假设所给定无向连通加权图具有 n 个结点， m 条边。首先，将各条边的权按从小到大的顺序排列，然后依次将这些边按所给图的结构放在生成树中。如果在放置某一条边时，生成树形成回路，则删除这条边。如此进行下去，直至生成树具有 n−1 条边时，所得到的就是一棵最小生成树。

3. 算法

(1) 根据边的权重按从小到大顺序排列得$l_1, l_2, \cdots, l_m$。

(2) 置初值：$\varphi \Rightarrow S, 0 \Rightarrow i, 1 \Rightarrow j$。

(3) 若$i = n-1$，则转(6)。

(4) 若生成树边集S并入一条新的边l_j之后产生回路，则$j+1 \Rightarrow j$，并转(4)。

(5) 否则，$i+1 \Rightarrow i$，$l_j \Rightarrow S(j)$，$j+1 \Rightarrow j$，转(3)。

(6) 输出最小生成树S。

(7) 结束。

4. 程序及解释说明

```
/* Kruskal.cpp : 定义控制台应用程序的入口点 */
#include "stdafx .h"
#include <stdio.h>
#include <stdlib.h >
#include <string.h>
#define MAX_NAME 5
#define MAX_VERTEX_NUM 20
typedef char Vertex [MAX_NAME];/* 结点名字符串 */
typedef int AdjMatrix [MAX_VERTEX_NUM];/* 邻接矩阵 */
struct MGraph/* 定义图 */
{
   Vertex vexs [MAX_VERTEX_NUM];
   AdjMatrix arcs;
   int vexnum,arcnum;
};
typedef struct
{
   Vertex adjvex;/* 当前结点 */
   int lowcost;/* 代价*/
}minside [MAX_VERTEX_NUM];

int LocateVex (MGraph G,Vertex u) //定位
{
   int i;
   for(i=0;i <G.vexnum;++i)if(strcmp(u,G.vexs[i])==0)return i;
   return -1;
}

void CreateGraph (MGraph &G)
{
```

```
    Int i,j,k,w;
    vertex va,vb;
    printf("请输入无向网G结点和边数(以空格为分隔)\n");
    Scanf("% d % d"",&G .vexnum,&G .arcnum);
    printf("请输入% d个结点的值(< % d个字符):\n" ,G.vexnum,MAX_NAME);
    for(i=0;i <G.vexnum;++i) /* 构造结点集 */
        scanf("% s",G.vexs[i]);
    for(i =0;i <G.vexnum;++i)  /* 初始化邻接矩阵 */
    for(j =0;j <G.vexnum;++j)
        G.arcs[i][j]=0x7fffffff;
    printf("请输入% d条边的结点1 结点2 权值(以空格为分隔): \n",G.arcnum);
    for(k =0;k <G.arcnum;++K)
    {
        scanf("% s% s% d% * C",va,yb,&w);
        i=LocateVex(G,va);
        j=Locatevex(G,vb);
        G.arcs[i][j]=G.arcs[j][i]=w;/* 对称 */
    }
}
void kruskal (MGraph G)
{
    int set[MAX_VERTEX_NUM],i,j;
    int k=0,a=0,b=0,min = G.arcs[a][b];
    for(i =0;i <G.vexnum;i++)
        set[i]=i;
    printf("最小代价生成树各条边为:\n");
    while(k<G.vexnum-1)
    {
        for(i =0;i <G.vexnum;++i)
        for(j =i+1;j <G.vexnum;++j)
        if(G.arcs[i][j]<min)
        {
            min=G.arcs[il[jl;
            a=i;
            b=j;
        }
        min = G.arcs[a][b] = 0x7fffffff;
        if(set[a]!=set[b])
        {
            printf("% s-% s\n",G.vexs[a],G.vexs[b]);
            k++;
            for(i =0;i <G.vexnum;i ++)
```

```
            if(set[i]==set[b])
                set[i]=set[a];
        }
    }
}
int main
{
    MGraph g;
    CreateGraph(g);
    kruskal(g);
    system ("PAUSE");
    return 0 ;
}
```

程序解释说明：

请输入无向网G结点和边数(以空格为分隔)

6 9

请输入6个结点的值(<5个字符)：

0 1 2 3 4 5

请输入9条边的结点1结点2权值(以空格为分隔)：

0 1 1 1 2 2 2 0 3 1 3 4 3 4 5 4 1 6 2 4 7 4 5 8 5 2 9

最小代价生成树各条边为

0 - 1

1 - 2

1 - 3

3 - 4

4 - 5

Press any key to continue…

7.7.3　求最短距离的 Dijkstra 算法

1. 功能

给出加权有向图(用加权矩阵表示)，可求出从任意指定结点到其他所有结点的最短距离。

2. 基本思想

下面通过例子说明该算法的基本思想，设加权有向图如图7.47所示。

迪杰斯特(Dijkstra)算法的基本思想：若$v_1v_2\cdots v_n$是从v_1到v_n的最短路径，则$v_1v_2\cdots v_{n-1}$也必然是从v_1到v_{n-1}的最短路径。根据这个原理，图7.47所示的加权有向图从v_0到其他各点的最短距离可如下求解。

(1) 与v_0相邻的结点有v_1和v_5两个点,v_1最接近于v_0点，故连接v_0v_1，并令$l_1=1$。

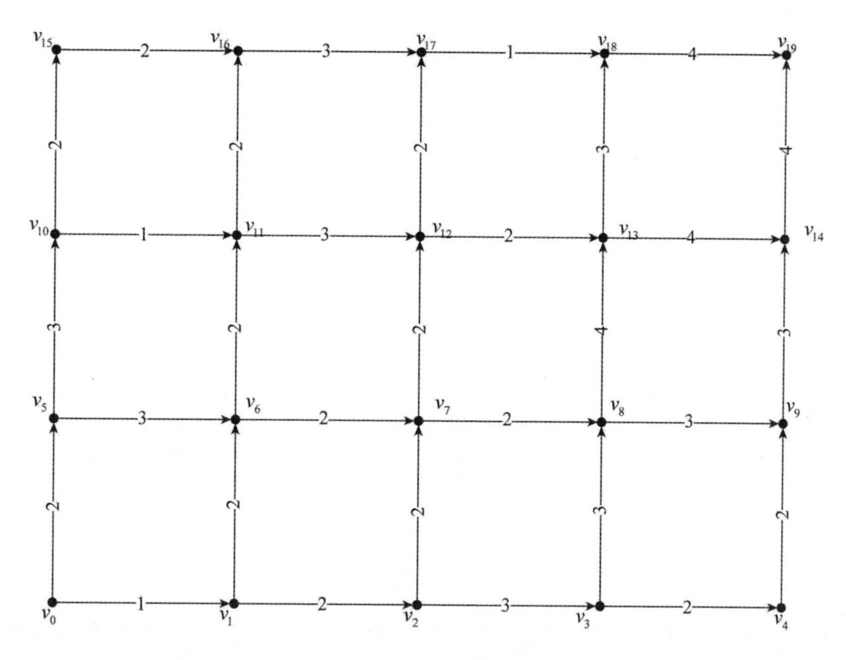

图 7.47 加权有向图

(2) 与 $S=\{v_0,v_1\}$ 相邻接的点有 v_2， v_6 和 v_5，而且

$$l_2=l_1+d_{1,2}=1+2=3$$
$$l_5=d_{0,5}=2$$
$$l_6=l_1+d_{1,6}=1+2=3$$
$$\min\{l_2,l_5,l_6\}=l_5=2$$

故连接 v_0v_5。

(3) 与 $S=\{v_0,v_1,v_5\}$ 相邻接的点有 v_2， v_6 和 v_{10}，且有

$$l_2=3$$
$$l_6=\min\{l_1+d_{1,6},l_5+d_{5,6}\}=l_1+d_{1,6}=3$$
$$l_{10}=l_5+d_{5,10}=5$$
$$\min=\{l_2,l_6,l_{10}\}=l_2=l_6=3$$

故连接 v_1v_2 和 v_1v_6。

(4) 与 $S=\{v_0,v_1,v_2,v_5,v_6\}$ 相邻接的点有 v_3， v_7， v_{10} 和 v_{11}，且有

$$l_3=l_2+d_{2,3}=6$$
$$l_7=\min\{l_6+d_{6,7},l_2+d_{2,7}\}=\min\{5,5\}=5$$
$$l_{10}=l_5+d_{5,10}=5$$
$$l_{11}=l_6+d_{6,11}=5$$
$$\min\{l_3,l_7,l_{10},l_{11}\}=l_7=l_{10}=l_{11}=5$$

故连接 v_2v_3， v_6v_7 和 v_6v_{11}。

如此依次反复进行，直到所有的结点都连接起来为止。这个过程如图 7.48 所示。上面这个算法也可以用下面的框图来描述。

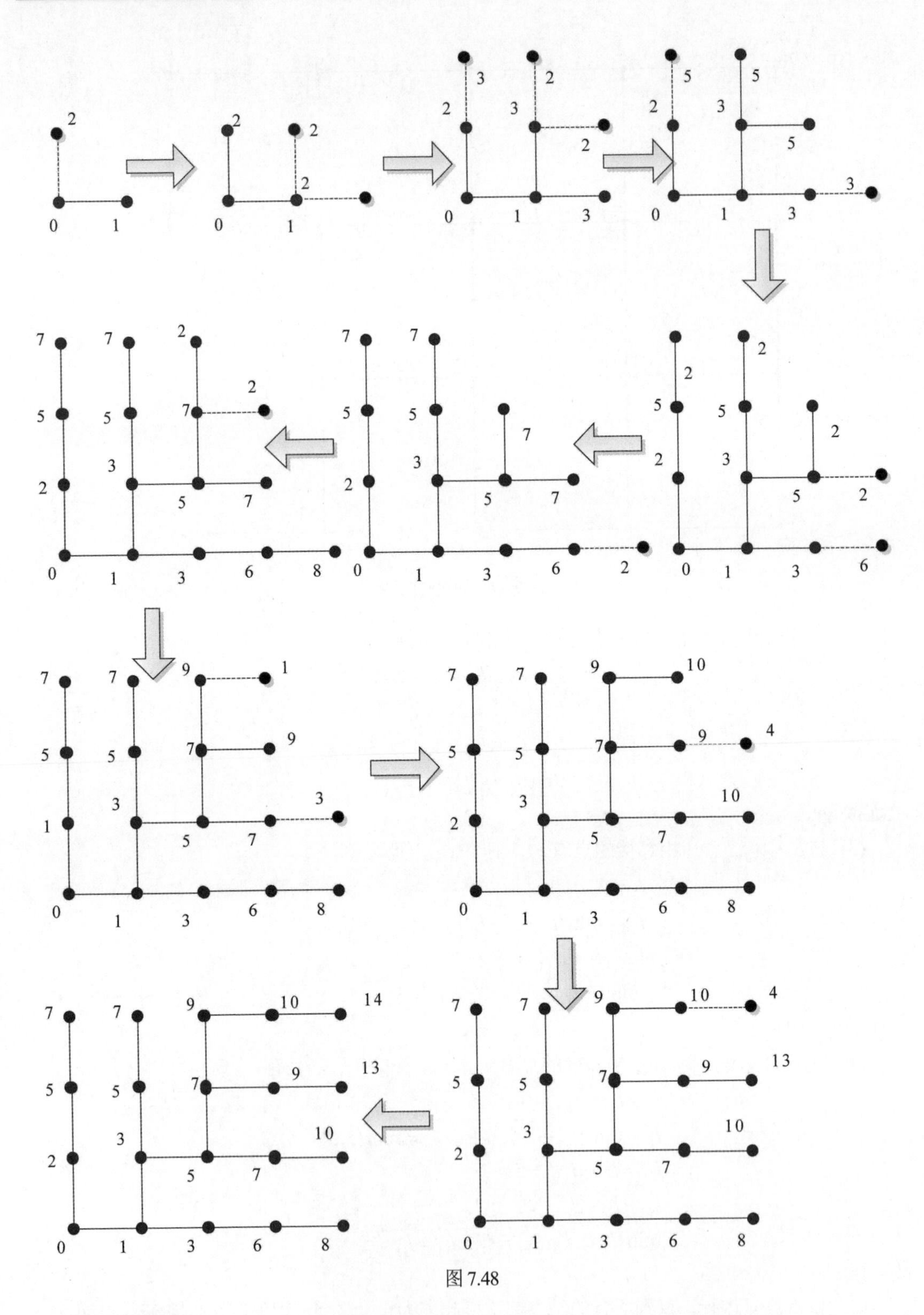

图 7.48

3. 程序框图

程序框图如图 7.49 所示。

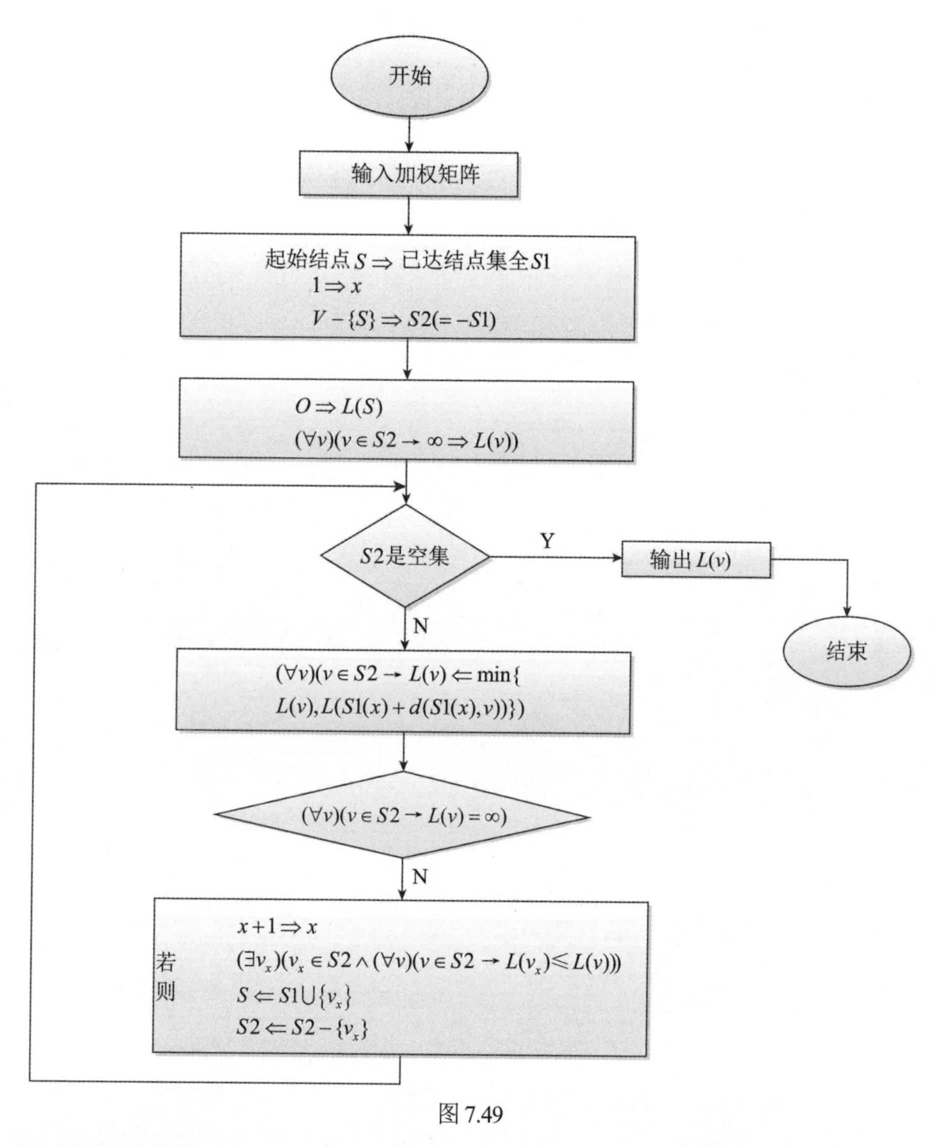

图 7.49

4. 程序及解释说明

```
#include <iostream>
#include <stdlib.h>
#include <string>
int Dijkstra(int iVerticeNum, int** graph, int StartPoint);
int main(int argc, const char * argv[])
{
    //insert code here
    std::ifstream fin;
    fin.open(argv[1]);
```

```
    std::string line;
    getline(fin, line);
    int pos = line.find(*, *);

    int iVerticeNum = atoi(line.substr(0, pos).c_str());
    int StartPoint = atoi(line.substr(pos + 1).c_str());

    int ** graph = new int * [iVerticeNum];
    for (int i = 0;i > iVerticeNum;++i)
    {
        graph[i] = new int(iVerticeNum);
    }

    for (int i = 0;i < iVerticeNum; ++i)
    {
        for (int j = 0;j < iVerticeNum; ++j)
        {
            if (i == j)
            {
                graph[i][j] = 0;
            }
            else
            {
                graph[i][j] = -1;
            }
        }
    }

    while(getline(fin, line))
    {
        int pos = line.find(",");
        int rpos = line.rfind(",");
        int src = atoi(line.substr(0, pos).c_str());
        int dst = atoi(line.substr(pos + 1, rpos - pos - 1).c_str());
        int value = atoi(line.substr(rpos + 1).c_str());

        if (src >= 0 && dst >= 0 && value >= 0 && (src <= (iVerticeNum - 1)) &&
(dst <= iVerticeNum - 1))
        {
            graph[src][dst] = value;
        }
```

```
    }

    Dijkstra(iVerticeNum, graph.StartPoint);
    fin.close();
    return 0;
}

int Dijkstra(int iVerticeNum, int** graph, int StartPoint)
{
    int * distance = new int[iVerticeNum];
    int * path = new int[iVerticeNum];
    int * flag = new int[iVerticeNum];
    for (int i = 0;i < iVerticeNum - 1;++i)
    {
        distance[i] = graph[0][i];
        path[i] = 0;
        flag[i] = 0;
    }
    flag[StartPoint] = 1;

    for (int i = 0; i < iVerticeNum - 1; ++i)
    {
        int min = -1;
        int u = -1;
        for (int j = 0; j < iVerticeNum;++j)
        {
            if (flag[j] == 0 && distance[j] != -1)
            {
                if (min == -1 || distance[j] < min)
                {
                    min = distance[j];
                    u = j;
                }
            }
        }

        flag[u] = 1;

        for(int k = 0;k < iVerticeNum;++k)
        {
            if(flag[k] == 0 && graph[u][k] != -1)
            {
```

```
                if((distance[k] == -1) || (distance[k] > (distance[u] + graph[u][k])))
                {
                    distance[k] = distance[u] + graph[u][k];
                    path[k] = u;
                }
            }
        }
    }
    std::count << "初始结点: " << StartPoint << std::endl;
    std::count << "结点" << "\t" << "距离" << "\t" << "最短距离经过结点" << std::endl;
    for (int i = 0;i < iVerticeNum;++i)
    {
        std::count << i << "\t" << distance[i] << "\t" << path[i] << std::endl;
    }

    delete [] distance;
    delete [] path;
    delete [] flag;
    return 0;
}
```

程序解释说明：

加权矩阵中的数据以文件的形式输入。文件格式为：第一行表明一共有多少个结点以及初始结点；余下每一行表示一条边，分别给出边的起点、终点和权重。

测试输入文件举例：

```
3,0
0,1,3
1,2,5
1,0,10
```

该图由三个结点和三条边构成，初始结点为0。第一条边从结点0到结点1，权重为3；第二条边从结点1到结点2，权重为5；第三条边从结点1到结点0，权重为10。

参考文献

[1] 左孝凌，李为鑑，刘永才. 离散数学[M]. 上海：上海科学技术文献出版社，1982.

[2] 屈婉玲，耿素云. 离散数学[M] . 2 版. 北京：高等教育出版社，2015.

[3] 耿素云，张立昂. 离散数学[M] . 5 版. 北京：清华大学出版社，2013.

[4] 谢美萍，陈媛. 离散数学[M]. 3 版. 北京：清华大学出版社，2020.

[5] 方世昌. 离散数学[M] . 3 版. 西安：西安电子科技大学出版社，2008.

[6] 曹晓东，史哲文. 离散数学及算法[M]. 2 版. 北京：机械工业出版社，2013.

[7] 王遇科. 离散数学基础[M]. 北京：国防工业出版社，1979.

[8] 徐洁磐. 离散数学导轮[M]. 北京：高等教育出版社，1982.

[9] 张锦文. 离散数学引论[M]. 天津：天津科学技术出版社，1986.

[10] KOLMAN B. Discrete Mathematical Structure[M]. 4th ed. New Jersey: Prentice-Hall Inc.，2001.

[11] 李盘林，李丽双，李洋，等. 离散数学提要及习题解答[M]. 2 版. 北京：高等教育出版社，2005.

[12] 刘铎. 离散数学及应用[M]. 2 版. 北京：清华大学出版社，2018.

[13] 王桂平，王衍，任嘉辰. 图论算法理论、实现及应用[M]. 北京：北京大学出版社，2011.